KB184773

굿 라이프

20세기 주거건축의 사상을 찾아서

이냐키 아발로스 지음 | 엄지영 옮김

*일러두기
이 책은 2019년 스페인의 GG 출판사에서 나온 『La buena vida』의 개정판을 완역한 것입니다.
번역 과정에서 영어판 『The good life』(2019, Park Books)를 참조했으나 본문 레이아웃과 판형은
스페인어판을 따랐습니다. 본문의 사진과 도판 설명은 독자의 이해를 돕기 위해 편집팀에서 추가
한 것입니다.

집은 누구를 위한 것이고
집을 가질 자격은 누구에게 있으며,
우리는 어떤 방식으로
집을 정의하는가?

아버지를 기리며

목차

제2판 서문

『굿 라이프』제2판의 출간을 계기로 짤막한 서문을 써달라는 요청을 받았다. 하지만 그사이 글을 전혀 수정하지 않았던 터라 나로서는 이책을 쓰기 시작한 지 20년이 지난 지금 내용을 어떻게 리뷰할 것인가에 관해서만 언급할 것이다. 따라서 본 서문은 이 책에 대한 독자들의 반응이나 평가보다 당시 내가 했던 개인적인 생각에 초점을 맞출 것이다. 이 점에 대해 독자 여러분께 미리 양해의 말씀을 구한다.

『굿 라이프』는 내게 글쓰기의 커다란 기쁨을 알려준 책이자 건축가로서 성장이 절실했던 시기에 내 인생과 경력에 중요한 전환점이 되어준 책이다. 젊은 시절 복수의 전공 분야를 공부해본 이들이라면 잘 알겠지만, 나는 사상의 역사에 대한 관심을 나의 전공 영역에 통합하는 작업을 지속하고 나아가선 그 두 가지를 하나로 묶어내려고 노력해야 한다는 것을 절실하게 느꼈다. 이처럼 나는 다른 분야가 지닌 매력에 강하게 이끌렸지만, 집중을 요하는 건축 실무에 몰두하다 보니 더 이상 이 문제에 신경을 쓸 수가 없었다. 하지만 나는 이 두 분야를 접목시킬 방법을 찾는 과정에서 그당시 건축 분야의 고정 관념과 상투성에 대한 비판 작업도 동시에 가능하리라고 느꼈다.

사상의 역사와 사회 정치적 행동의 역사는 거의 접하지 않는 두 세계로 인식되는 것이 일반적이지만 실제로 사상이 뒷받침되지 않는 사회적 실천은 존재할 수 없고, 사회 또는 개인들에게 아무 영향을 미치지 못하는 사상 또한 존재할 수 없다. 건축 행위를 한다는 것은 개인 및 그 주체성의 형성과 매우 강한 관계를 맺어야 하는 행위이다. 도시는 시간을 통해 일어나는 이러한 상호작용이 반영된 것에 지나지 않는다. 푸코의 표현대로 "자기의 테크놀로지tecnolgías del yo"[001]라는 개념과 흔히 물질문화라고 불

---

001   미셸 푸코가 생애 말년에 몰두했던 주제 가운데 하나다. 그는 '개인'의 존재란 역사 속에서 만들어지

리는 도시 건설 테크놀로지라는 개념은 우리 삶의 양면을 이룬다. 우리의 주체성 구성과 물질의 구성은 동시에 발생할 가능성이 상존한다.

내가 큰 어려움 없이 이 책을 써내려 갈 수 있었던 것은 이런 관계를 탐구하기 위해 "안내자와 함께하는 탐방"이라는 글쓰기 방식을 활용했기 때문이다. 그래서 이 책은 건축가뿐만 아니라 우리 모두가 잘 알고 있는 대상, 적어도 18세기 말부터 건축적 아이디어를 보다 자유롭고 정확하게 탐구할 수 있는 실험실 역할을 했던 주택으로 연구 범위를 한정시켰다.

그런 의미에서 이 책의 구조는 내가 건축 이론의 전통적인 형식과 거기에 내재된 보편성을 향한 열망보다 "건축 프로젝트를 위한 프로젝트"라고 부를 수 있는 디자인 이론 연구에 더 집중할 수 있게 해주었다. 다시 말해 내가 하고 싶은 것을 어떻게 할 것인가라는 질문 앞에서 객관적 사실로 인식되는 전통과 일상에 의문을 제기하고, 이에 따라 주체성을 의식적으로 확장하는 방법을 구축하기 위한 연구에 더 집중할 수 있었다. 나는 오늘날의 건축 담론에서 이러한 예비 단계가 생략되고 있다는 사실에 늘 놀라움을 느끼곤 했는데, 지금도 그렇다. 이는 "어떻게"의 측면이 가장 큰 관심을 받는 영역에서 특히 작가, 음악가, 조형 예술가들 사이에 이루어지는 소통 형식과 비교할 때 분명하게 드러난다(이 문제와 관해서는 레이몽 루셀[002]의 『나는 내 책들을 어떻게 썼는가』를 빼놓을 수 없을 것이다).

20년이라는 세월이 지난 지금 되돌아보면 일상에 대한 문제 제기와 설계할 때 우리 스스로에게 던지는 질문들, 그리고 이를 더 정확한 것으로 만들어 우리가 도달하려는 목표에 가까이 가기 위해서 어떻게 할 것인지(달리 말하면, 우리 앞에 놓인 함정을 어떻게 피할 것인가)를 성찰하는 작업이 이 책의 가장 중요한 주제라는 것이 더 분명해진다. 이 책에는 하나의 장치

는 것으로 보고 권력의 지배로 주체성을 잃은 개인은 진보적인 사회를 이룩하는 능력을 상실한다고 했다. 그러면서 일상 속에서 적극적으로 자유를 실천하는 개인을 꿈꾼다. 그는 자신의 저서 『자기의 테크놀로지』에서 근대에 이르기까지 서구적 사유의 핵심이던 '자기 인식'의 한계를 넘어서고자 고대 그리스의 '자기 배려'라는 개념을 다시 살피며 이를 실천하는 기술, 즉 자신의 몸과 정신에 귀를 기울이는 방법을 구체적으로 논한다.

002 레이몽 루셀Raymond Roussel(1877~1933)은 프랑스의 시인이자 소설가이다. 그는 『나는 내 책들을 어떻게 썼는가Comment j'ai écrit certains de mes livres』(1935)에서 자신의 대표작들이 쓰여진 '방법'에 대해 논한다.

나 삶을 위한 기계로까지 취급되는 집의 물질성에 내재된 거주자의 주체적 역량técnicas de la subjetividad과 이를 오브제로 구현하는 디자인 방법 사이의 관계를 체계적으로 설명하는 내용이 담겨 있다. 사실 이는 내가 그동안 직업상으로나 학문적으로 계속 다루어온 주제이면서 앞서 언급한 직업적 문제의식을 어떤 식으로든 요약하고 종합한 주제이기도 하다.

아울러 이 책이 스페인어, 포르투갈어, 이탈리아어, 영어, 중국어 등 여러 언어로 출간되는 과정에서 열정적인 지원을 해준 'GG 에디토리얼'의 모니카 힐리와 초판의 디자인을 존중하면서 새로운 편집으로 멋진 개정판을 만들어준 '파크북스'의 토마스 크래머에게 감사의 말을 전한다. 아무쪼록 새로운 독자들이 이 책에 관심을 갖고 이 책을 통해 더 좋은 삶을 꾸려갈 수 있기를 소망한다.

들어가는 말

『굿 라이프』는 오늘날 존재하는 다양한 사상과 주거 형식, 그리고 집을 설계하고 거주하는 라이프 스타일 사이의 관계를 탐구한다. 이 책에서 필자는 20세기에 지어진 일곱 개의 특별한 주택을 일곱 개의 장 혹은 여정으로 나눠 독자들을 안내할 것이다. 이 과정에서 주거 공간을 사유하고 설계하는 방식 중 가장 널리 알려졌고 또 오늘날 건축가들 사이에서도 여전히 널리 통용되는 방식이, 집과 라이프 스타일을 하나의 원형적 관념으로 구체화한 것에 불과하다는 점을 보여주고자 한다. 이런 원형적 관념은 이미 그 타당성과 유효성이 사라진 실증주의 사상에 근거하는 것이기 때문이다. 따라서 필자는 아주 다른 디자인 전략을 제시하면서 전문가들 사이에 여전히 회자되는 것과는 완전히 다른 주거 공간 개념이 존재한다는 것을 밝히려고 한다.

하지만 이 책은 주거건축을 위한 매뉴얼도 아닐 뿐더러 무엇을 해야 하는지에 관해 정확한 지침을 제시할 의도도 없다. 요컨대 이 책에는 직접적이고 실용적인 목적이 없다. 목적이 있다면, 독자들의 주의를 환기하면서 다양한 사고방식과 세계관, 라이프 스타일 등이 디자인 전략과 어떤 연관성을 갖는지에 대한 인식을 높이는 데 있다고 하겠다. 여기서 말하는 디자인 전략은 중립적이지 않으며 오히려 우리의 작업이 갖는 비판적인 기능을 제한하기도 하고 드러내기도 한다.

이 책은 실제 또는 가상의 소규모 주택들을 안내자와 함께 탐방하는 방식으로 구성되는데, 이를 통해 우리가 20세기로부터 물려받을 수 있었던 유산을 묘사한 파노라마가 펼쳐진다. 각 장은 현대 사상을 받아들이면서 다양한 방식으로 이상화된 사적 영역, 즉 집을 방문하는 데 할애되어 있다. 탐방이라고 해봐야 잠깐 머무는 것에 불과하지만, 보는 눈과 충분한 상상력을 가진 독자라면 그 의미를 어렵지 않게 이해할 수 있을 것이다. 실제로 집을 방문하는 경우에도 그렇지만, 이 책 또한 건축 교육을 전혀 받지 않았더라도 한 시대를 상징하는 주거건축에 대해 관심이 있거나 조금이라도 알기를 원하는 사람이라면 누구라도 반길 것이다. 이 책의 궁극적인 목적은 지난 한 세기에 걸쳐 건축가들이 가장 많은 시간과 정열을 바쳐온 문제를 기술하는 것이다. 필자는 가급적 전문 용어를 사용하지 않으려고 했으며, 엄밀하게 말해 건축 분야보다 문화 영역에 속하는 내용을 더 많이 다루려고 했다. 관심 있는 독자들과 건축가들에게 이 책은 단순히 설계 기술을 다룬다기보다, 라이프 스타일과 사적 또는 공적인 공간을 활용하는 방식, 즉 '좋은 삶'과 당대의 주거 문화에 관한 고찰이 될 것이다.

건축가나 학생들 사이에서 흔히 이루어지는 주택 탐방은 효과적인 실습 과정으로서 흥미로운 장점을 갖는다. 건축가들은 이러한 탐방 과정에서 자연스럽게 사무실이나 학교에서 배운 편견을 대부분 자연스럽게 버리게 된다. 다른 집을 방문하게 되면 건축가는 거주자의 관점에서 집을 사유하면서 평소와는 다른 태도를 취하게 된다. 그는 타인의 집과 그 안에 담긴 삶과 질서를 실제로 경험하는 동안 그 힘에 압도당한 나머지, 건축을 배우면서 얻게 된 갑옷을 모두 버리게 되는 것이다. 이것이 바로 우리가 이 책을 통해 유도하거나 자극하려 했던 태도 또는 성향이다. 이는 전문가라는 관점에서 벗어나야만 우리 자신의 눈으로 관찰할 수 있고, 우리가 정말 보고 싶은 게 무언지를 식별하는 법을 배울 수 있다는 확신에서 비롯된 것이다.

이를 이루기 위해서는 원형에 해당하는 일련의 건물을 선택하고, 그 원형의 두드러진 특성을 규정함으로써 이를 가시화하는 단순화 작업이 필요하다. 캐리캐처에서 인물의 특정한 측면을 강조하다 보면 실제 모습에서 멀어지는 것처럼 원형의 경우도 마찬가지인데, 결국 얼굴을 그 캐리커처에서 분리하는 것은 거리다. 이는 하나의 '실존적' 집이나 '현상학적' 집이 있다는 것이 아니라, 현실은 그보다 훨씬 더 복잡하고 미묘한 양상으로 가득 차 있고, 사물의 모든 힘과 생명 또한 이러한 양상 안에 있다는 것을 의미한다. 말하자면 엄밀한 의미에서 '실용주의적인' 접근 방식은 존재하지 않는다는 이야기다. 만약 그러한 주장이 극단으로 치달으면 망상적인 생각으로 이어질 수도 있다. 우리가 앞으로 방문하게 될 집들은 대부분 서로 다른 자료들을 조합해서 만든 가상의 공간이다. 이 같은 아이디어에 일정하게 일관성을 부여하기 위해 지어진 건물을 소개할 필요가 있는 경우에도, 이를 완전한 사례라기보다 여러 요소가 혼합된 결과로서 다루었다. 따라서 본론에 들어가도 현대 건축가들이 지은 걸작은 만나지 못할 것이라는 점을 독자들에게 미리 알려야 할 것 같다. 빌라 사부아,[003] 낙수장,[004] 투겐타트 주택[005] 모두 교육적 목적을 위해 분해될 수 있는 원형과는 관련이 없다. 만약 이러한 건축물들에 대해 엄밀하게 접근하고 싶다면 가장 먼저 짚어야 할 것은 바로 이들이 지닌 복합성이다. 하지만 앞서 언급한 바와 같이 이 글의 동기와 목적은 전혀 다른 데 있다.

이와 더불어 이 책에 나오는 다양한 건축적 원형의 순서와 그 숫자는 연대순이나 중요성을 고려한 학문적 논리에 따른 것이 아니라는 점 또한 독자들에게 미리 알려야 할 것 같다. 오히려 그것은 필자의 상상 속에서 원형을 떠올리며 이들 간의 상호 의존적인 형식을 구상함으로써 정해졌고, 방문하는 집을 묘사하는 어조나 관점도 주관적인 순서를 갖게 되었다. 그런 이유로 가장 먼저 나와야 마땅해 보이는 실증주의적 집이 세 번째 장에 자리 잡게 되었다(이 책의 나머지 사례들은 대부분 근대 건축 운동의 결과인 실증주의에 대항해서 지어진 것이다). 다양한 건축 원형들 속에 실증주의적인 집을 하나 추가한 결과, 애초에 이 책이 설정한 가설이 강화되는 듯했던 것도 그 이유다. 아울러 이 책에서 선택한 논의의 형식, 즉 이러한 상상의 집들이 점차 제 모습을 갖추게 된 당위성이나 필요성에 맞는 설명 방식을 고려했다. 방문 대상으로 선정된 집이 일곱 채인 이유, 그리고 주거건축과 관련하여 20세기에 나타난 여러 사유 방식을 배제한 것에 어떤 의미가 있는지를 묻는다면 책의 전체 구성을 감안할 때 그렇게 되는 것이 가장

003   빌라 사부아Villa Savoye는 프랑스 파리의 외곽 푸아시Poissy에 있는 빌라로, 건축가 르코르뷔지에와 그의 사촌 피에르 잔느레에 의해 1928년부터 1931년 사이에 지어졌다.

004   낙수장Fallingwater은 미국 건축가인 프랭크 로이드 라이트가 펜실베이니아주 피츠버그 교외에 지은 별장이다. 비대칭성과 공간의 연결, 수평성을 강조하면서 주변 자연환경에 세심하게 조응하는 프레이리 스타일의 초기 사례에 속하는 건물이다.

005   체코 남부 브르노에 있는 투겐타트 주택Tugendhat house(1928~1930)은 미스가 바르셀로나 파빌리언과 같은 시기에 설계한 작품으로, 초기 모더니즘의 걸작에 속한다. 이 집은 근대 산업 생산이 제공한 건축기술과 재료를 이용하여 새로운 라이프 스타일에 대한 요구를 미스의 방식으로 보여주었다는 점에서 특별한 가치가 있다.

합당해 보였다고 말할 수밖에 없다. 게다가 각자가 흥미롭다고 느낄 수 있는 여러 생각과 태도가 이후에 더 발전을 이루게 된다면 그것만큼 좋은 일도 없을 것이다.

여기에 소개된 집들은 주거의 영역에만 한정되진 않는다. 원형으로서 우리가 방문하는 집들은 한 걸음 더 나아가 공적인 것과 사적인 것의 관계를 살피고 이를 통해 도시의 영역을 사유하는 방식으로 다루어진다. 그런 점에서 이 책을 쓰도록 한 열망이 결코 순수하다고 할 수는 없지만, 필자는 그저 이 주제를 다루고 이러한 연관성을 지적하되 그 나머지는 독자의 상상력에 맡기고자 했을 뿐이다. 사실 우리가 예상치 못한 방식으로 활용되고 발전할 수 있는 책이야말로 최고의 건축 서적이라는 확신을 가지고, 텍스트가 비교적 빠르고 가벼운 리듬으로 전개되도록 하는 것이 목표였다.

마지막으로 이 책은 사회적 이상주의에 기반한 주거 문제와 아울러 모더니즘 특유의 면적중심planimetrico의 평면적 접근법을 되살리려는 최근의 여러 시도에 반론을 펴고자 한다. 이는 대부분 유럽에서 시도되는 것으로, 자신들이 벗어나고자 하는 이념적 감옥에 갇힌 상태에서 이루어지는 순진한 시도라고 볼 수 있다. 『굿 라이프』는 수많은 갈등과 과도한 이상화 현상으로 들끓는 우리 시대에 맞는 비전을 위한 첫걸음으로 그 감옥의 단단한 벽을 허무는 데 기여할 수 있기를 소망한다. 그리고 이 책은 다른 분야로 과감하게 시선을 돌리고, 상상력과 경험이 제 역할을 하게 하여 상대적인 지혜, 즉 그 분야 특유의 방향성을 획득함으로써 그 목표를 이루고자 한다. 필자는 스페인의 위대한 건축가 알레한드로 데 라 소타가 세상을 떠나기 얼마 전 그와 오랜 시간에 걸쳐 대화를 나누었다. 그 자리에서 그는 매우 분명한 어조로 조언을 해주었다. "진정으로 건축을 즐기려면 가슴에 상상을 품고 여행하고, 또한 비상할 줄 알아야 한다."

내용 중에 혹시라도 실수나 부족한 점이 있다면 오롯이 필자의 탓이지만, 이 책은 20세기 주거건축의 다양성을 상찬하면서 열정적으로 집을 설계하고 거주하는 기쁨을 마음껏 누리기 위해서, 궁극적으론 아직 존재하지 않는 집이 등장하기를 바라는 마음으로 가슴에 환상을 품고 함께 여행을 떠나자는 초대장이다.

1.
차라투스트라의 집

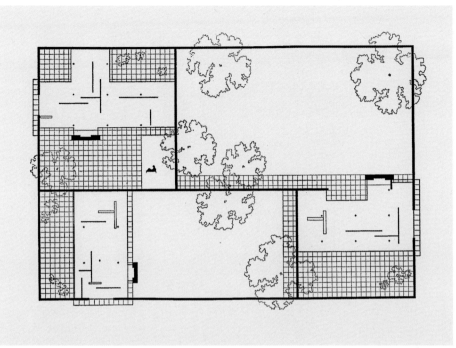

「중정이 있는 집」, 미스 반 데어 로에, 1938년.

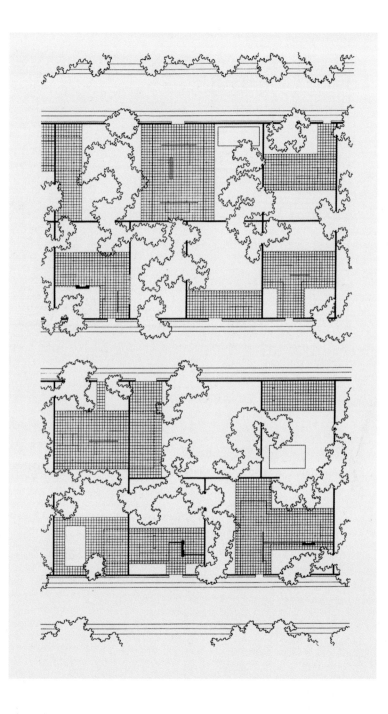

「호프하우스」, 미스 반 데어 로에, 1931년경.

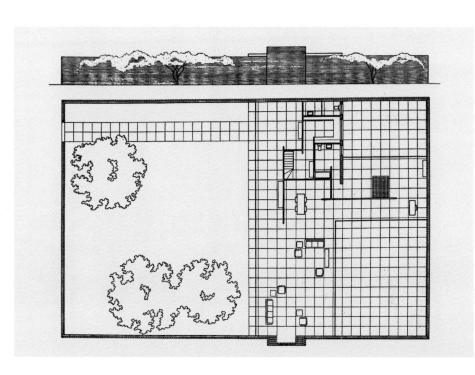

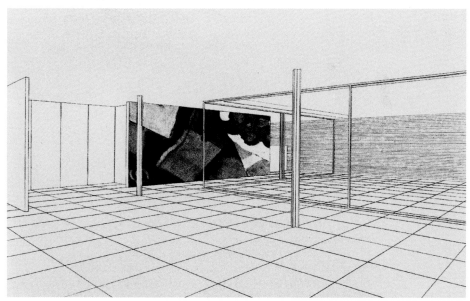

「세 개의 중정이 있는 집」의 입면과 평면, 미스 반 데어 로에, 1938년.
조르주 브라크의 작품 「과일 접시와 악보, 항아리」로 콜라주한 실내 이미지.

미스 반 데어 로에, 체코슬로바키아 브르노의 투겐타트 주택의 거실에서.
사진: 프리츠 투겐타트, 1930년경.

미스 반 데어 로에, 시카고에 있는 자신의 아파트에서.

20세기 주택 중에서 미스 반 데어 로에가 45세이던 1931년부터 1938년까지 거의 8년에 걸쳐 설계한 집합 주거 「중정이 있는 집」만큼 수많은 건축가로부터 큰 찬사를 받은 경우는 거의 없을 것이다. 그렇지만 그와 같은 찬사에도 불구하고 이 프로젝트의 의도와 의미에 대한 일관성 있는 설명은 아직 미흡한 실정이다. 건축가 자신의 침묵뿐 아니라 계획 대상지를 특정하지 않은 점, 그리고 지중해적 뉘앙스를 띠면서도 역사주의적인 그 명칭의 모호성과 같은 복합적 요인들로 인해 비평가들은 이를 분석하는 데 큰 어려움을 겪어왔다. 결국 이 주택에 대한 비평은 주거형 건축물로서의 미적 요인과 가치뿐만 아니라 바르셀로나 독일관[006]의 공간 구성 원리와의 명백한 상관관계, 그리고 이 주택의 모델이 된 모더니즘 건축과의 관계를 극찬하는 데 그치고 있다.

이러한 해석적 공백은 미스 자신이 남긴 시각 자료와 더불어 우리가 여정을 시작하기에 충분한 동기가 되어준다. 미스는 어디를 가든 설계도면 중 하나ㅡ다소 모호한 도시적 환경에 여러 채의 집합 주택을 설계한 도면ㅡ를 늘 지니고 있었을 뿐만 아니라 그의 작업실 벽에 붙여둘 정도로 강한 애착을 가지고 있었다. 이런 자료를 다시 보며 그런 공간에서 살면 어떨지 머릿속으로 상상하다 보면, 미스와 함께 이 집을 처음부터 다시 계획하면서 그가 이 프로젝트를 구상한 이유와 목적을 완전히 우리의 것으로 만들고 싶은 유혹이 인다. 미스는 대체 무슨 생각을 가지고 있었던 걸까? 의뢰한 사람도 없는데 그는 무슨 이유로 이처럼 방대한 프로젝트를 구상하기 시작한 것일까? 그리고 1934년에 「세 개의 중정이 있는 집」이라는 정교한 결실을 낳을 정도로 끈질기게 무엇을 모색하고 어떤 결론에 이르렀던 것일까?

우리는 미스가 이 시기에 개인적으로나 공적으로 힘든 시간을 보냈다는 것을 잘 알고 있다. 1921년엔 알 수 없는 이유로 그동안 꾸려온 가정을 떠났지만 디자이너로서 엄청난 명성을 얻었고, 친구들 및 문화계 인사들과 활발하게 교류하면서 창의력을 공고하게 다져가고 있을 무렵 국가사

006　1929년 바르셀로나 만국박람회 당시 독일관으로 개관된 건축물로, 미스 반 데어 로에가 설계했다.

회주의가 부상했다. 그는 자신의 개인적인 삶은 물론 건축가로서의 삶에도 회의를 품게 되었다. 이 시기에 교류한 인물 가운데 특히 그의 고객이던 알로이스 리엘을 빼놓을 수 없다. 그는 『프리디리히 니체, 예술가이자 사상가Friedrich Nietzsche der Kunstler und der Denker』라는 제목의 첫 번째 책을 썼고, 고전 언어 문헌 학자인 베르너 예거[007]와 미술사학자인 하인리히 뵐플린[008]과 같은 영향력 있는 지식인들을 미스에게 소개해준 인물이다. 그리고 이 시기에 그는 한스 리히터[009], 발터 벤야민[010], 로마노 과르디니[011] 등과도 만난다. 프리츠 노이마이어[012]는 물론, 프란츠 슐체[013], 프란체스코 달 코[014]는 각자의 저서에서 미스의 지적 형성 과정이 체계화되던 시기의 여러 측면을 상세하게 다루면서, 그에게 가장 강렬하고 결정적인 영향을 미친 작가로 위대한 반실증주의 사상가인 니체와 신학자 로마노 과르디니를 언급한다. 미스는 1927년에 이렇게 썼다. "오직 철학적 사고와 이해를 통해서만 우리의 과제에 관한 올바른 순서가 밝혀지고, 또 이를 통해서 우리 존재의 의미와 존엄성이 드러난다."[015] 그렇게 해서 그

007 　베르너 예거Werner Jaeger(1888~1961)는 독일 출신의 고전 문헌학자로 제3의 인문주의 운동을 주도했다.

008 　하인리히 뵐플린Heinrich Wölfflin(1864~1945)은 스위스 출신 미술사학자로 『미술사의 기초 개념 Kunstgeschichtliche Grundbegriffe』(1915)이 대표작이다.

009 　한스 리히터Hans Richter(1888~1976)는 독일 출신의 전위주의 화가이자 그래픽 디자이너, 영화감독이다.

010 　발터 벤야민Walter Benjamin(1892~1940)은 독일의 문예학자이자 철학가, 작가로 현대 미학을 비롯한 사유 전반에 큰 영향을 미쳤다.

011 　로마노 과르디니Romano Guardini(1885~1961)는 이탈리아 출신의 가톨릭 사제이자 개혁적 신학자, 작가로 20세기 가톨릭 지성인 중 가장 중요한 인물로 평가받고 있다.

012 　프리츠 노이마이어Fritz Neumeyer(1946~)는 독일의 대표적인 건축 이론가이다. 대표작으로는 『루트비히 미스 반 데어 로에의 프리드리히가 고층 건축물 프로젝트Ludwig Mies van der Rohe. Hochhaus am Bahnhof Friedrichstrae』(1992)가 있다.

013 　프란츠 슐체Franz Schultze(1927~2019)는 미국의 예술 비평가이자 교수로 20세기를 대표하는 건축가의 생애와 작품에 관한 저서를 많이 남겼다. 대표작으로는 『미스 반 데어 로에: 비평적 전기Mies van Der Rohe: A critical essay』(1985)가 있다.

014 　프란체스코 달 코Francesco Dal Co(1945~)는 이탈리아의 건축 사학자이다. 대표작으로는 『건축과 사상계의 인물들: 독일 건축 문화:1880-1920Figures of Architecture & Thought: German Architecture Culture: 1880-1920』(1990)가 있다.

015 　Mies van der Rohe, Ludwig, Cuaderno de notas de 1928 (1928년 연구 노트), Fritz Neumeyer, Das Kunstlose Wort. Gedanken zur Baukunst, Siedler Verlag, Berlin, 1986에서 재인용. (스

는 자신이 경험한 재교육에 부여한 의미를 설명했는데, 이 과정은 주로 실증주의, 즉 오늘날의 설계 프로젝트 전반에 영향을 미치고 있는 정신으로부터 거리두기를 전제한다. 다시 말하자면 그의 독특한 작품 세계뿐만 아니라 자신의 존재 자체를 구성하게 되는 고립의 중요성을 강조한 셈이다. 그러면 그와 동시대에 활동한 건축가들, 즉 같은 도시에서 동시에 중정 주택의 아이디어를 치열하게 고민하던 후고 해링[016], 하네스 마이어[017], 루트비히 힐버자이머[018] 같은 이들의 연구와 미스의 연구 사이에 존재하는 엄청난 간극을 한번 주목해 보자. 이러한 건축가들의 연구 목적은 저비용으로 체계화가 가능한 건물 유형의 개발, 양호한 일조 조건, 다양한 가족 유형, 노동자, 혹은 부르주아 계급을 위한 최적의 택지 활용 방법을 찾는 것이다. 이 건축가들의 모든 설계도에서 나타나는 동일한 단위세대의 반복은 이러한 프로그램의 대규모 배치를 암시하는 모티프이다. 이런 경우 집

저고층 혼합형 주거계획(L자형 단독 주택 및 고층 아파트 단지 조감도), 루트비히 힐버자이머, 1930년경.

페인어 번역본, Mies van der Rohe. *La palabra sin artificio. Reflexiones sobre arquitectura 1922/1968* [꾸밈없는 언어. 1922/1968 건축에 대한 성찰], El Croquis Editorial, Madrid, 1995, p.76.) [원주]

016 후고 해링Hugo Häring(1882~1958)은 독일의 표현주의 건축가이자 작가로, 특히 그의 '유기적 건축론'이 유명하다.

017 하네스 마이어Hannes Meyer(1889~1954)는 스위스 출신의 건축가로 르코르뷔지에와 러시아 구성주의의 영향을 받아 건축의 사회적 측면을 강조한 '건축비교예술론'을 주장했다.

018 루트비히 힐버자이머Ludwig Hilberseimer(1885~1967)는 독일의 건축가로 도시계획 사업 분야에 큰 영향을 미쳤다. 1938년 미국으로 이주, 일리노이 공대 도시계획과 교수로 활동했으며, 주요 저서로 『새로운 도시The New City』(1944)가 있다.

은 산업화의 위대한 패러다임인 1908년 출시된 포드 자동차의 '모델T'와 흡사한 대량 생산 품목이 된다. 하지만 미스의 설계도에선 이런 모습을 전혀 찾을 수 없다. 그가 모색한 것은 대다수의 현대 건축가들의 관심사는 물론, 노동자 가족을 위한 표준화된 주거 유형을 최적화시킬 목적으로 시도한 최소한의 주거*Existenzminimum* 연구와도 분명 거리가 멀다. 연립주택의 기본 스케치(1931)를 제외하고 중정주택에 대한 연구를 하는 동안 미스는 표준화된 반복을 전제하는 아이디어와 전혀 관계 없는 일련의 개별적인 프로젝트를 발전시켜 나간다. 사실 한 채 이상의 주거가 배치된 극히 드문 도면을 보면, 기껏해야 건물의 상이한 배치나 택지의 가로세로 비율, 깊이와 방향 등 지형과 관련된 문제 또는 택지 규모, 건축 면적의 조정 등 계량적 문제를 통해 차별화되고 의도적으로 명백하게 개별화한 구성 단위의 집단적 배치 정도만 확인할 수 있을 뿐이다. 결국 그 도면에서 유일한 불변 요소는 이런 것들을 구체화하기 위해 사용한 시스템밖에 없다.

이러한 공통점은 순수한 기술이나 시공, 혹은 구조적 측면으로 환원될 수 없다. 그것은 유리와 평평한 지붕만을 사용하는 것도, 실내 공간을 구획하는 벽을 이용하거나 지붕 슬래브를 지탱하기 위해 그물망 구조물의 도움을 받는 것도 아니다. 여기서 중요한 것은 "시스템"을 개별화하는 것으로, 시공이나 공간 구조상 다양하고 완전한 결과를 얻기 위한 몇 가지 변수를 다루는 아이디어다. 따라서 시스템 그 자체는—여기서 우리는 한스 제들마이어[019]가 미스에게 미친 영향을 쉽게 확인할 수 있다— 유일한 것으로, 유사한 것들 중에서도 가장 특이해서 마치 자동차의 움직임을 따라 설계한 듯 실내가 곡선으로 이루어진 집에서도 온전하게 남아있게 될 유일한 요소다. 하지만 주택은 언제나 개별적이고 특수화된 것이어서, 대량 생산되는 "기본 유형objeto-tipo"의 개념과는 전혀 무관하다. 따라서 무엇보다 주택의 개별적 특성을 강조하려는 분명한 의도가 드러난다.

이 집의 크기를 살펴보면 '최소한의 주거'와는 전혀 다른 시도라는 것

---

019 한스 제들마이어Hans Sedlmayr(896~1984)는 오스트리아 출신의 미술사학자로 예술작품의 미적 성격을 규명하기 위한 구조분석에 몰두했다. 대표작으로는 『중심의 상실』(1948), 『근대예술의 혁명』(1955) 등이 있다.

을 이해할 수 있다. 이 집의 경우 건축 면적은 200~300m^2인데, 여기에 중정의 면적 – 공용이든 개인용이든 – 을 더하면 대지 면적은 1,000m^2에 이른다. 페레 조안 라베트야트[020]는 이 중정을 공적 용도와 사적 용도에 따라 유형화하고, 아트리움과 주랑[021]으로 구성된 건물 조직이란 관점에서 이를 폼페이 주택과 비교 분석하면서 그 유사성을 상세하게 연구했다.[022] 예를 들어 이 연구와 하네스 마이어의 엄격한 기능주의적 모더니즘 사이에는 분명한 차이가 보인다는 것이다. 폼페이 주택과의 유사성을 제기했다는

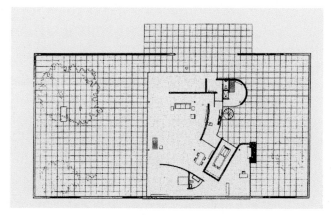

미스 반 데어 로에의 「중정이 있는 집」 평면, 1934년경.

것이 옳든 그르든 간에 그 이미지를 선택한 것은 적절하다고 볼 수 있다. 적어도 그 차이점, 즉 서로 다른 전제와 목적을 내포하는 접근법의 차이를 분명하게 드러내기 위해서 말이다(1871년 니체가 『비극의 탄생』을 출간하면서 오스발트 슈펭글러부터 베르너 예거에 이르기까지 수많은 독일 지식인들이 이에 매료되어 그리스와 헬레니즘 문화에 관한 학문적 주제

---

020   페레 조안 라베트야트Pere Joan Ravetllat(1956~)는 바르셀로나의 건축가로 바르셀로나 고등 건축 기술학교의 교수로 재직 중이다. 주로 주거지 설계 및 건물 재건축 분야를 연구한다.

021   초기 기독교 건축물에 딸린 안마당. 중앙부에 분수가 있고 회랑回廊이나 주랑柱廊으로 둘러싸여 있는 것이 특징이다.

022   Ravetllat, Pere Joan, *La casa pompeyana: referencia al conjunto de casas patio realizadas por Ludwig Mies van der Rohe en la década 1930~1940* (폼페이 주택: 1930~1940년 사이에 루트비히 미스 반 데어 로에가 설계한 집합주거 중정 주택에 관한 연구), 미간행 박사학위 제출 논문, Escuela Técnica Superior de Barcelona, 1993. [원주]

들을 재검토하기 시작했던 점을 떠올려보자).[023]

 이러한 연구의 출발점 또는 근원을 이해하려면, 더 나아가 그것이 지속적인 생명력을 지니고 있는 이유를 이해하려면, 건물의 재료나 물리적 특징보다 오히려 주거로서의 목적이나 용도에 관해 질문을 던져야 할 것이다. 이러한 집들은 누구를 위한 것인가? 어떤 사람 또 어떤 종류의 삶에 적합하도록 만들어진 것인가? 또한 공적인 공간과 관련해서 이러한 주택은 어떤 가치를 내포하고 있는가? 이는 물론 논박을 통해서만 밝혀질 문제지만 이런 질문도 던져야 할 것이다. 주체는 누구인가? 이 집들은 인간을 어떤 방식으로 추상화시키기 위해 설계되었는가? 그리고 어떤 전형적인 양식이나 선례와 관련되어 있는가?

 여기서 우리는 의뢰인을 상정하지 않고 추상적으로 계획된 중정 주택에는 항상 가족을 위한 프로그램이 전혀 없다는 사실을 주목할 필요가 있다. 이러한 집에는 가족이 존재하지 않는다. 다시 말해 프로그램으로서의 가족은 이미 배제된 셈이다. 미스는 의도적으로 주거를 최대한 추상화하려고 시도할 경우, 평소와 다른 접근법을 취하면서 가족의 관점에서 생각하는 태도를 멈추고 만다. 또한 작고 복잡한 기존 프로그램은 과감히 포기하고, 사소한 도덕적 요구라는 진부한 관례에 따라 개인적 삶과 그에 걸맞은 표현 가능성을 일일이 체계화하려고도 하지 않는다. 미스는 근대적인 삶의 본질―그에게는 매우 특별한 것이다―을 이해하고자 한다면, 그 집이 가지고 있는 기억과 정체성의 영원한 반복으로서 가족이라는 무거운 짐을 포기해야 한다는 것을 알고 있다. 어떤 집에도 침실이 하나 이상, 더 정확하게 말하면 침대가 하나 이상 없다. 굳이 '더 정확하게'라고 표현한 것은 애당초 침실이라고 부를 수 있는 폐쇄적 공간이 없기 때문이다. 그 대신 집들은 여러 공간으로 분할되고, 또 이를 통해 확보되는 격리 정도에 따라 각 장소의 프라이버시와 가능한 용도를 쉽게 예상할 수 있도록 물건과

023 Jaeger, Werner, *Paideia, Die Formung des griechischen Menschen* (3 vols.), Walter de Gruyter & Co., Leipzig/Berlin, 1933~1947. (스페인어 번역본. *Paideia: los ideales de la cultura griega* [파이데이아: 그리스 문화의 이상], Fondo de Cultura Económica, Ciudad de México, 1957.) [원주]

가구가 배치되는 연속체로 구성된다. 독신자를 위한 집은 구획화에 따른 기하학적 전략과 반대로, 연속성과 연결성을 기반으로 공간적으로 조직된 주거 형식을 발전시킬 수 있는 전형성을 갖는다. 따라서 이와 같은 연속적인 공간은 "시스템"의 일부이며, 이는 전례 없는 연구와 탐색의 결과라고 할 수 있다. 만약 현대인이 자신의 개성에만 몰두한다면 어떻게 살 것인가?

하지만 조금 더 세밀한 논의를 위해서는 분명 이 계열의 주택 중에서도 가장 정교한 것, 그것의 패러다임이라고 해도 과언이 아닌 1934년 작품 「세 개의 중정이 있는 집」에 초점을 맞춰야 할 것이다. 비록 그 이전과 이후의 어떤 집도 이 집을 대신하지 못한다는 점, 그리고 '기본 유형'이라는 평등주의적 횡포에 맞선 미스의 연구는 다양성을 근본 법칙으로 삼고 있다는 점을 잊어선 안 되지만, 우리는 분명히 거기서 중정 주택 이론의 가장 완성도 높은 결과물을 발견하게 될 것이다. 우리가 여느 집을 보던 눈으로 이 집을 처음보듯 바라보면, 앞서 언급한 바와 같이 연속적인 성격이 있음에도 불구하고 일반적인 프로그램에 따른 다양한 공간이 명확하게 구별되는 방식을 확인하게 될 것이다. 그 집의 배치는 비교적 기능적이고 공간도 적절할 뿐만 아니라, 침대 또한 그 크기에 있어서 비교적 널찍한 편이다. 따라서 그 집은 젊은 부부나 자녀가 없는 부부에게 완벽한 집이 될 수 있다. 하지만 우리는 실제로 그렇지 않고 잠정적으로만 그렇다는 것을 알 수 있다. 그리고 우리는 그 집이 전통적인 가족을 위한 최소한의 토대는 물론, 그런 암시조차 찾을 수 없다는 것 또한 알 수 있다.

높은 담과 넓기는 하되 그 위용과 웅장함이 예전만 못한 공간을 가진 주거지 전체를 살펴보면서 그 안에서 살아가는 삶의 방식을 상상해 본다면, 우리는 그것이 단 한 명의 거주자를 위한 집이라는 사실을 금방 깨닫게 된다. 그 이유는 다른 무엇보다 벽이 택지 경계를 구획하거나 박공지붕024의 가장자리를 떠받치기 위해서도 아니고, 빛이나 온도, 환기 등을 제어하

---

024 지붕면이 양면으로 경사를 이루고 건물 측면엔 추녀가 없는 가장 간단한 지붕 형식이다. 책을 반쯤 펼쳐 엎혀놓은 모습으로 맞배지붕이라고도 한다.

여 미세 기후를 만들어내는 중정의 기능을 위해 존재하는 것도 아니기 때문이다. 벽은 개인 생활을 보장해주고 그곳에 거주하는 사람을 보이지 않게 해줄 뿐만 아니라 그 어떤 전통이나 도덕, 모든 종류의 사회 정치적 감시와 통제에서, 그리고 종국에는 칼뱅주의적 도덕의식이 근대인들과 실증주의적 건축에 부과한 견딜 수 없는 가시성visibilidad에서 벗어나 마음껏 자유를 누릴 수 있도록 거기 서 있는 것이다.

벽이 그 자리에 서 있는 이유는 거주자가 사람들의 눈길을 피하고, 스스로 고립된 상태에서 그 어떤 도덕적 판단도 개의치 않고 독자적으로 자기 자신을 발전시키기를 바라기 때문이다(미스가 이 주택의 거주자로 여성을 상정했다고 상상하긴 어려우니 편의상 남성이라고 가정해보자). 거주자는 그러한 도덕적 판단의 가능성 자체도 거부할 뿐만 아니라, 자신의 개성을 확인하고 집을 자아의 제국으로 삼기를 원한다. 이 같은 급진적인 결정에서 니체의 "초인"이 미친 영향을 찾아내는 것은 어렵지 않다. 이 인물은 플라톤에서 시작된 형이상학적 사유와 유대−기독교 전통에 대한 모든 예속 관계에서 벗어나 세계 앞에서 자신의 위상을 다시 세워야 했다.

미스가 상상한 것과 같은 주체, 즉 거주자는 타인들과의 접촉을 단절하고 자아를 재구성하기 위해 처음부터 고립될 필요가 있다. 그런 사람이라면 시간에 대한 혁명적인 관념과 눈부실 정도로 빛나는 연속적인 현재와 연결된 본능적이면서도 광범위한 새로운 통찰력을 기반으로 자아와 세계 사이의 관계를 유지하고, 세계를 온전히 자기의 것으로 만들 수 있어야 한다.

니체를 탐독하고 지식인 친구들과 토론하면서 자신의 지식과 능력을 단단히 다지기를 간절히 바라던 미스에게 인간에 대한 그러한 이미지가 얼마나 큰 영향을 미쳤을지 잠시 생각해보자. 이러한 생각이 세계에서 자신의 위상을 세우고, 개성을 완전히 구축하기 위한 자신의 투쟁에 어떻게 반영되었을까? 그러한 인간이 고립된 삶을 살 수 있도록 보호해주는 벽은 니체의 초인 사상, 즉 차라투스트라와 밀접하게 연결된 것으로 보인다.

니체에게 있어서 신의 죽음과 서구 형이상학의 몰락은 긍정의 철학과 권력 의지의 시작이며, 이는 "초인"의 출현과 "영원회귀론"으로 이어졌다.

이러한 사유는 생명력과 동떨어진 법칙이나 원칙에 의존하지 않고 엄격한 자기 구축 과정을 통해 이루어지며, 초월적인 전통과 반대로 어린아이 같은 격정적인 정신을 얻고서야 비로소 그 절정에 이른다. 긍정의 사유는 그동안 종교와 철학이 옹호해온 "노예의 도덕"에 맞서는 귀족주의적인 "주인의 도덕"이다.

이러한 인간의 시간은 유대 – 기독교 전통 특유의 종말론적이고 목적론적인 성격에서 벗어나 디오니소스적인 순환하는 시간, 대립적인 것들 사이를 오가는 헤라클레이토스의 시간으로 돌아갈 것을 제시한다. 영원회귀 사상은 모래시계 이미지처럼 삶이 가역적이라는 가정에서 비롯한다. 니체에게 있어서 이러한 가정은 매 순간의 격렬함을 이해하도록 만들고, 또한 언제나 그 경험을 반복하고 싶은 마음이 들도록 현재에 전념하라고 요구한다. 비록 처음에는 고통스럽지만, 인간을 기쁨의 세계에 살게 하는 방법이다. 이는 존재의 안정성에 맞서 생성의 유동성을 복원하는 것이고, 플라톤 이래로 자취를 감춘 생성으로서의 시간, 우연의 필연성에 대한 긍정이다. 니체에게 있어서 영원회귀는 인간의 힘으로 일시적인 것과 가변적인 것을 복원하는 것이고, 종교적인 미래나 전통적인 과거의 압제에 맞서 현재를 복원하는 것일 뿐 아니라, 노예의 도덕으로 인간을 길들이는 것에 대항해 열정을 북돋우고 생명으로 돌아가는 것이다.

그럼 이제 유리 회랑으로 둘러싸인 실내 공간을 넘어 미스가 설계한 집 전체를 살펴보도록 하자. 우리 앞에는 주택의 확장인 동시에 자연을 표상하는 위요된 공간, 중정이 나타난다. 높은 벽으로 외부와 분리된 중정은 순수한 상태의 자연이 아니라 자연을 인공적으로 구성한 것, 즉 세계를 인공적으로 재현한 것이다. 이 공간에서 눈에 띄는 것은 잎이 무성한 몇 그루의 나무뿐이다. 이 나무들 덕분에 한쪽 벽과 가까이, 평행하게 뻗어 집으로 이어지는 포장된 길 양편에 수평으로 균일하게 펼쳐진 잔디밭이 돋보인다. 여기에 사는 거주자는 무엇을 볼까? 그는 무슨 이유로 이런 방식으로 자연과 관계를 맺고 세계와 교감하려 했을까? 물론 이는 관조적 관계다. 여기에는 작은 텃밭이나 꽃을 재배할 공간도 없고, 가재도구나 분수, 수영장은 물론 가정을 꾸리면서 자연과 적극적으로 접촉하고 관여하기 위해

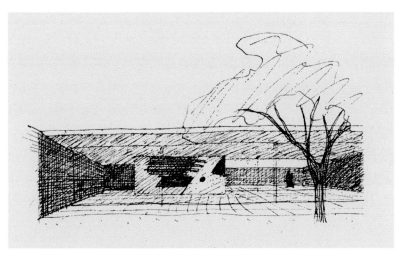

조각이 놓인 중정 주택 스케치, 미스 반 데어 로에, 1935년.

필요한 도구들을 보관할 공간도 없다. 만약 우리가 이 집 거실에 있는 바르셀로나 의자[025]에 앉아 오랫동안 이 광경을 관조하면서 영화처럼 빨리감기로 볼 수 있다면, 우리는 정말 놀랍고도 흥미로운 광경을 목격하게 될 것이다. 그때 우리의 눈앞에는 직선으로 진행되는 역사적 시간과는 반대로 자연적 시간의 절대적 순환, 즉 동일한 시간이 영원히 반복되는 모습이 나타날 것이다. 낮과 밤이 주기적으로 반복되듯이, 잔디밭에 눈이 내린 후 비가 오고 나무에 꽃이 피고 낙엽이 떨어지는 광경이 연속적으로 반복된다. 그런데 이러한 광경은 하늘과 정원 – 자연 – 이 순환하는 시간의 메타포로 나타나고, 커다란 유리 파사드는 관조와 명상을 위한 탁월한 디오라마로 보이는 무대 세트가 된다. 그러면 그밖에 어떤 다른 의미도 눈에 보이지 않게 된다.

이렇게 유리벽으로 둘러싸인 공간의 철저한 고립감은 니체가 『즐거운 학문』에서 썼던 그 유명한 아포리즘 – "지식을 탐구하는 이들을 위한 건축"[026] – 으로 우리를 인도한다.

025　미스가 1929년 바르셀로나 만국박람회의 독일관에 설치하기 위해 제작한 의자로, 기능성과 현대성을 절묘하게 배합한 작품이다.

026　『즐거운 학문』의 아포리즘 280의 소제목.

우리가 사는 대도시에서 결여된 것이 무엇인지 인식해야 할 날이 곧 올 것이다. 그것은 명상과 사색에 잠길 수 있는 조용하고 넓은 장소, 날씨가 좋건 나쁘건 거닐 수 있게 높은 유리 천장과 길게 뻗은 회랑이 있어서 마차 소리도, 장사꾼들의 외침 소리도 들리지 않고, 예의상 사제들조차 큰소리로 기도할 수 없는 장소. 요컨대 우리의 대도시에서 결여된 것은 한 걸음 물러서서 세상을 보면서 명상과 사색을 하는 것이 얼마나 숭고한지를 말해주는 건물들이다. 교회가 성찰과 명상을 독점하던 시대, 묵상하는 삶vita contemplativa이 곧 믿음의 삶vita religiosa이던 시대는 이미 지나갔다. 여태껏 교회가 지어온 건축물은 모두 이러한 생각을 표현하고 있다. 따라서 본래의 종교적인 특징을 벗어버린다고 할지라도 그런 건물에 충분히 만족스러울 수 있을지 모르겠다. 이러한 건물들은 너무 열정적이고 부자연스런 언어로 말을 걸어오기 때문에, 우리처럼 신앙심이 없는 이들은 그런 곳에서 명상과 사색을 할 수 없다. 우리는 우리 자신을 돌과 식물에 맡기고, 이 회랑과 정원을 거닐며 우리 자신의 내면세계를 산책하고 싶다.[027]

이처럼 미스의 오랜 연구 주제였던 중정 주택 프로젝트에 관해 이 회랑보다 더 명확히 알려주는 글은 없다. 우리는 조용하고 널찍한 회랑에 앉아 자연의 순환을 관조함으로써, 순환하는 시간과 우리 자신을 동일시하며 내면세계를 산책하게 된다. 위의 인용문은 미스가 모더니즘의 관념적 실증주의 및 그 기능적 방법론과 왜 거리를 두었는지를 분명하게 보여준다. 중정 주택은 의기양양한 근대성과 실증주의의 단순성을 과감하게 떨쳐버리고 니체적인 개인, 즉 자신에 대한 온전한 긍정을 바탕으로 자신의 삶을 예술 작품으로 구성하는 초인의 심연으로 들어가기 위한 고안물이다. 하지만 지금 여기서 "특출난"이란 단어를 사용할 수 있다면 또 다른 해석도 가능하다. 이 연구는 과거 표현주의자들에 의해 시도되었지만, 과학기술적 진보에 더 집착하는 정통파 건축가들의 규범적이고 조직적인 힘에 의해 완전히 괴멸된 것으로 보이던 여러 갈래의 이질적 사유를 끌어모아 총체적인 계획을 시도하려는 것이기도 하다. 그것은 공간과 도시의 개념, 건물의 외관과 규모, 장식 문화에 관한 아이디어를 조직화함으로써 나오는 디자인 방법이기 때문에, 니체적인 주체와 순환하는 시간에 기반을

027 Nietzsche, Friedrich, *Die fröhliche Wissenschaft* [1882], (스페인어 번역본. *La Gaya Ciencia* [즐거운 학문], *Obras completas*, Aguilar, Madrid, 1951.) [원주]

둔 명시적인 작업 프로그램, 즉 계획 시스템이 포함되어 있다.

우리는 미스의 주체에 대해 말하면서, 그가 은둔에 대한 열망 때문에 사람들과의 접촉을 피했다고 말한 바 있다. 여기서 "피하다"라고 말함으로써 우리는 무언가 결정적인 것을 가리키고 있는 셈이다. 그는 아무도 없는 곳이나 숲을 피해 달아난 것이 아니다. 그는 단지 도시에서, 그곳이 어디든 상관없이 마차의 소음과 장사꾼들이 외치는 소리로부터 달아난 것이다. 따라서 벽으로 둘러싸인 그 집은 우주적 재현의 무대일 뿐만 아니라 특정한 상황도 함축하고 있다. 즉 그것은 도시형 주택이다. 게다가 지상의 인간이자 코즈모폴리턴의 집이기도 하다. 또한 벽은 그 안에 살고 있는 도시화된 인간뿐 아니라 분주하고 번화한 도시, 즉 그 뒤에 가려진 대도시의 면모를 드러내준다.

「세 개의 중정이 있는 집」은 도시 밖 시골에 있는 주택이 될 수 없을 것이다. 전원풍이나 캐주얼한 옷을 입은 사람이 산다고 상상한다면 얼마나 우스꽝스럽겠는가. 미스가 상상한 거주자는 정성 들여 손바느질한 화려하고 우아한 가죽 구두를 신고 있을 것이 분명하다. 그것은 잘 포장된 보도를 걷고, 산책하고 집을 떠나, 카페, 극장, 쇼핑몰, 도시의 번화가에서 사교 활동을 하는 데 익숙한 사람의 옷차림이다. 보들레르의 산책자*Flâneur*[028]와 게오르크 짐멜의 심드렁한 사람*Blasé attitude*[029]처럼 그는 현실 속의 인간이며, 강렬한 사회적 습관을 가진 인간이다. 이는 니체가 초인에 대해 말할 때, 가장 좋아하는 주제 중 하나다. 그는 은둔자처럼 세상을 피하지 않는다. 반대로 그의 초기 금욕주의는 엄청난 기쁨에서 비롯된 자기 구축 과정의 핵심을 이루기 때문에, 도덕이 강요해온 모든 속박에서 해방되는 기쁨, 세상에 대한 강렬한 만족감으로 널리 퍼지는 기쁨, 타인을 능가하는 창조적 정신으로 이어진다.

---

028 보들레르는 시적 영감과 도취의 원천으로서의 산책자의 시선에 주목한다. 그는 산책자의 시선으로 도시를 관조함으로써, 삶과 존재의 본질, 즉 부서지기 쉽고 덧없는 것, 사라져버릴 것, 우연한 것, 그리고 보이지 않는 것들을 포착해낸다.

029 '싫증난 태도'는 게오르크 짐멜이 『돈의 철학*Philosophie des Geldes*』(1900)에서 화폐 경제의 중심지인 대도시 시민의 심리적 특징을 연구하면서 제시한 개념이다. 그는 그 밖에도 신경과민, 거리두기, 속내 감추기 등을 그 특징으로 들고 있다.

이와 같은 고립과 확장의 메커니즘은 미스의 프로젝트가 가진 강점의 기반이다. 따라서 그 집에 사는 이는 도시에서 멀리 벗어나 전원에서 살아가는 자연의 수호자가 아니라 아고라, 즉 부르주아 도시의 새로운 공공 장소와 가까운 곳에서 살아야 하는 사람이라는 것을 쉽게 알 수 있다. 거기에 거주하는 이는 필리아philia[030]를 함양하고, 파우스트적인 파티와 축제를 열고, 무분별한 상태로부터 거리를 두면서 예측할 수 없는 것들로 가득 찬 세속적 관계를 발전시키기 위해 거대한 공간이 필요하다.

그럼 이제부터 미스가 중정 주택에서 보여주는 물질적 측면에 대해 살펴보기로 하자. 그의 선택은 근대라는 맥락에선 흔치 않은 것으로, 최신의 진보적인 요소들을 전통적인 것들과 일관된 방식으로 결합하여 사용한다. 이는 미스 작품의 물질적 시스템을 특징짓는 독특한 면모다. 먼저 굴뚝과 그 재료, 그리고 실내에서의 위치를 살펴보자.

첫 번째로, 벽난로는 중앙난방 시스템을 도입했음에도 제거되지 않고, 오히려 미스의 도면에 항상 나타남으로써 주택 설계 "시스템"에서 결정적인 요소로 자신의 위상을 드러낸다. 그렇지만 집의 중앙을 차지하진 않고 자리를 옮겨 인접한 벽돌 벽과 하나로 통합된다. 따라서 벽난로는 벽의 돌출부가 되고 그 수직성은 제거된다. 마치 수직적이고 중심화된 공간이나 초월성에 대한 모든 종류의 상징적 재현 가능성을 의도적으로 피하려는 것처럼 말이다. 주변으로 밀려난 벽난로는 이제 또 하나의 가구이자 대화를 나누기 위한 구실로 기능하지만, 이와 동시에 집 안에서 결코 폐기할 수 없는 전통적인 요소로서 존재한다. 벽난로와 벽돌 벽은 모두 그냥 지나칠 수도, 쓸모없다고 치워 버릴 수도 없는 과거의 물질적 세계를 떠올리게 해주는 중요한 연결 고리다. 이 집을 보면서 근대적 시간의 선형성과 달리 되돌아오는 시간, 즉 순환하는 시간과의 연결 고리를 떠올리게 되는 것은 사실 불가피하다. 누군가가 언급했듯이 그 연결 고리는 우리를 유형학적 엄밀성이 아니라, 다시 니체에게로 이끈다.

---

030 고대 그리스어에서 사랑을 뜻하는 네 가지 단어 중 하나로, 지고한 사랑을 의미한다. 아리스토텔레스는 『니코마코스 윤리학』에서 이를 "우정"과 "애정"으로 옮겼다.

이러한 집에서는 유형론에 따른 방법론이 존재할 수 없다. 그건 계몽주의 형식의 집은 물론, 구조주의나 맥락주의에 뿌리를 둔 집에서도 마찬가지다. 중정은 지리적 제약 조건과 전혀 무관하다. 따라서 건축에 대한 미스의 이해와 계획 방식에서 유형의 보편성이나 맥락의 특수성, 객관적 근거를 찾는 것은 거의 불가능해 보인다. 그의 프로젝트에서는 몇 개의 선별된 매개변수가 개별적으로 선택됨으로써 기억과 시간이 활성화되며, 선택할 수 있다는 것이 의미하는 차별성과 주관성, 친화력, 사적인 것에 대한 긍정이 있다.

니체가 계보학적으로 소피스트와 관련지은 존재이자 사유 방식이기도 한 초인은 관습의 힘과 자기 존재의 역사성을 알고 있다. 폴리스polis 법의 기초를 자연에서 추론해내고, 노모스nomos[031]의 영역, 사람들 사이의 계약에 대한 법의 타당성을 긍정한 것도 바로 초인이다. 전통은 강제적 명령이 아니라 자기 자신을 볼 수 있는 기준과 참고 목록처럼 자아를 구축할 때 선택해야 하는 관습이다. 하지만 전통은 초월적인 것도 불변적인 것도 아니다. 그런 의미에서의 전통은 신은 물론, 그 어떤 진리나 사회적 명령에도 인간을 얽매이게 만들지 않는다. 전통은 개인의 설득력 있는 창조 활동에 이바지한다.

따라서 벽돌 벽과 벽난로, 돌로 된 바닥 그리고 마감재로 천연 가죽을 사용한 가구—신체와 가장 가까이 접촉하는 사물—가 중요한 계기로 작용한다는 것은 결코 우연이 아니다. 이런 계기를 통해 미스의 "시스템"은 과거의 물질적 특성을 고려하고 현재에 기능하게 함으로써 이를 통합한다. 미스는 철강, 유리, 콘크리트같이 산업 시대 특유의 재료와 소재만을 사용하지 않는다. 그 대신 산업 재료들이 벽돌과 돌, 그리고 동물 가죽 같은 전통적 재료와 어울릴 수 있다면 이를 섞어서 사용한다. 격자 구조나 유리, 평평한 지붕처럼 근대적 건축 기술을 통해 자신이 의도한 연속적이고 수평적인 공간 디자인 문제를 해결할 수 있었지만, 미스는 집을 세우고 경계를 정하는 두 가지 표시, 즉 바닥 포장과 대지 경계를 나타내는 요소에는

---

031 그리스어로 관습, 규범, 법을 의미한다.

돌과 벽돌같이 특정한 계열(이는 히포다무스[032]와 폼페이의 전통뿐 아니라 주택에 관한 지역적 전통을 가리킨다)에 속하는 재료를 선택한다. 그렇다면 미스 자신이 이미 콘크리트라는 재료를 시험했음에도 불구하고 이 주택의 벽이 왜 콘크리트가 아닌지 이해하기는 어렵지 않다. 이는 기억을 활성화하고 근대성을 주관적으로 해석하면서 거주와 관련한 시간적 조건을 긍정하고, 자아를 구축함에 있어서도 그러한 조건이 필요하다는 점을 정확하게 표현한 것이다.

그런 의미에서 건축의 재료에 대한 미스의 생각은 그의 도시 개념과 연결된다는 점을 잊어서는 안 된다. 미스는 역사적인 도시 환경에서 작업하는 것에 익숙해서 그런지, 초기의 여러 프로젝트에서는 미학적 표현에 별 신경을 쓰지 않은 듯하다. 이는 질서정연하고 통일성과 일관성을 갖춘 르코르뷔지에의 세계와는 확실히 다르다. 미스는 도시를 퇴적물로 보는 개념에 커다란 애착을 갖고 있고, 도시의 기억과 공존할 것인가 또는 대조를 이룰 것인가를 보여주는 포토몽타주에서도 이와 관련해서 뚜렷한 취향을 분명하게 보여준다.

그러나 시간의 활성화만큼이나 중요한 것은 주택의 내재성과 비초월성이고, 구성적인 요소뿐 아니라 모든 수직성을 배제하는 방식이다. 우리는 이미 그러한 수평적 공간 조건이 공간적 연속성과 유동성을 반영한 것이며 또한 천광天光[033]을 거부하는 현세적 정신의 결과라고 언급한 바 있다. 사실 자신의 모든 작품에서 머리 위의 빛을 분명하게 거부하고 있는 미스의 건축은 중력의 작용에 의해 수직으로 쏟아지는 조밀하고 본질적인 빛의 개념에서 완전히 벗어나 있다. 우리는 여기서 또 다시 니체적인 성격을 띤 세계에 자리하고 있다는 것을 알게 된다. 이처럼 급진적인 수평성은 모든 것을 수직으로 연결하는 신성을 제거한 결과다. 따라서 그것은 현세적 삶 자체의 기쁨이자 집 전체에 관여하면서 건축 기법에 특별한 의미를

---

032 밀레투스 출신의 히포다무스Hippodamus(BC498~BC408)는 고대 그리스의 건축가로 오늘날 세계의 여러 곳에서 널리 사용하고 있는 격자형 도시 구조를 창안한 인물이다.

033 천광Zenithal Light은 벽의 높은 곳에 위치한 창이나 지붕창에서 내부로 하강하면서 들어오는 빛을 의미한다.

부여하고, "시스템"을 장악함으로써 분위기를 규정해야 하는 거주자의 중요성을 확인하는 표현이다.

이를 위해 미스는 다양한 전략을 구사한다. 그중 한 가지는 바르셀로나 만국 박람회의 독일관에서 볼 수 있듯이, 바닥과 천장에 동일한 광도光度를 부여하기 위해 빛 반사를 연구하는 것이다. 바닥과 천장에 서로 다른 재료를 사용함으로써 미스는 역사적인 아트리움과 관련된 천광의 개념과 전혀 무관하면서도 동등한 균형감과 조화로움을 달성한다. 그리고 무엇보다 빛을 디자인 소재로 활용했던 고전 건축의 자연주의를 의도적으로 외면하고 광학적 균형 상태 — 흑백 사진에서 두드러지게 나타나는 — 를 획득한다. 빛의 반사성을 이용함으로써 미스는 태양 광선이 가진 명백한 수직성을 벗어나 무중력의 비물질화된 빛을 얻었던 것이다.

또 다른 보완적 전략은 공간 인식 및 순수한 구성적인 수단과 관련이 있다. 로빈 에반스[034]가 이미 지적한 바 있듯이[035] 미스는 고전적인 수직 대칭을, 눈과 그 움직임을 새로운 대칭면으로 끌어들이는 수평 대칭으로 대체한다. 이를 위해 그는 약 3.2미터 높이에 바닥과 천장이 대칭을 이루는 기준점을 설정한다. 이로써 완벽한 시각의 공간적 재구성을 가능하게 해주는, 기본적이지만 매우 미묘한 구성적 장치가 만들어진다. 따라서 모든 것은 기존의 수동적 주체를 능동적 주체로 변화시키는 반중력적 방식에 따라 계획된다. 이전에는 우주적 혹은 초월적인 힘에 의해 피안의 세계로부터 수직 방향으로 조직되던 균형이 여기선 능동적인 거주자가 현상학적인 경험을 통해서 균형을 찾게 되는 것이다.

마지막으로, 미스는 순전히 물질적인 전략을 전개한다. 고전 건축이 치장 벽토, 처마장식 및 몰딩의 조화를 통해 재료와 하중의 균형감을 강조

---

034 로빈 에반스Robin Evans(1944~1993)는 영국의 건축가로, 건축에 있어서 공간과 물질, 지각과 상상력의 의미에 관해 연구했고, 주요 저서는 『드로잉에서 건물로Drawing to Building』(1996)이다.

035 Evans, Robin, "Mies van der Rohe's Paradoxical Symmetries", *AA Files*, № 19, London, Spring, 1990. Evans, Robin, *Translation from Drawing to Building and Other Essays*, Architectural Association, London, 1997에 재수록, (스페인어 번역본: "Las simetrías paradójicas de Mies van der Roher [미스 판 데어 로에의 역설적 대칭]", *Traducciones*, Pre-Texto, Valencia, 2005). [원주]

게오르그 콜베의 작품 「새벽」이 설치된 작은 중정, 바르셀로나 파빌리온, 1928~1929년.

했던 방식에 맞서, 그는 움푹 들어간 몰딩을 선보인다. 이러한 몰딩 방법 – 오목 줄눈 이음새 – 은, 여전히 볼륨은 가지고 있지만 중력은 갖지 않는 물질이 공중에 떠오를 수 있게 한다. 그가 만든 벽돌 벽은 공중에 떠 있는 물질에 대한 순수한 경험이 될 것이다. 그러한 벽들은 하중을 지지하지 않고 그 자체로 무게를 갖지 않는다. 따라서 이들이 지닌 특성은 구조적인 것에서 촉각적인 것으로 바뀌게 된다. 다시 말해 그 벽들은 디자인의 아름다움이나 손글씨가 갖는 특징, 그리고 이들이 불러일으키는 기억을 위해 거기에 존재한다.

결국 우리는 세 가지 형태의 수평성과 마주하게 된다. 우선 재료의 구성 측면에서는 접합부가 고전 건축의 이음새와 반대로 오목하게 처리됨으로써 그림자가 선형으로 나타난다. 빛의 측면에서는 반사 보정을 활용해서 빛이 전체적으로 고르게 퍼진다. 공간 기하학적 측면에서는 공간의 높이가 눈높이를 기준으로 구성됨으로써 기존의 수직적 대칭을 수평적 대칭으로 바뀐다.

이 모든 것은 가로 방향으로 대칭을 이루고 있는 중정 주택의 투시도에서 분명하게 나타난다. 가령 바르셀로나 만국박람회 독일관 건물 사진을 보면 바닥과 천장이 수평적 대칭을 이루며 동일한 톤으로 처리된 것을 확인할 수 있다. 또한 재료를 중력에 반하는 방식으로 분할하여 놓은 것에서도 이를 볼 수 있다.

수평성은 모든 수직적 질서에 대한 총체적이고 체계적인 부정을 통해 나타난다. 미스는 단순히 가벼움의 이미지가 아니라 중력을 무시하는 듯한 이미지를 창조한다. 이러한 이미지는 빛과 수평적 대칭과 더불어 바르셀로나의 독일관 내부를 이동할 때 일어나는 모순적인 감정 효과에서 비롯된 것이다. 이는 우리가 사원이나 명상의 장소에 있을 때 그곳은 어떤 신도 모시지 않고 오로지 주인공으로서, 배우이자 주체로서 인간이 출현하는 곳이라는 확신을 가질 때 나타나는 효과이다. 니체는 이를 언어로 표현하는 방법을 알고 있었던 반면, 미스는 이를 물질적 형태로 표현하는 방법을 알고 있었던 것이다.

우리는 「세 개의 중정이 있는 집」 내부를 이동하면서 이러한 실내 공간을 거주 가능하게 해주는 오브제 및 장식 문화에 집중할 수 있다. 그 내부는 대단히 인상적이되 절대적이라곤 할 수 없는 공허함이 지배하고 있으며, 많은 예술 작품과 가구가 건축적인 요소와 공존하며 연속성을 유지하고 있다.

이 집의 가구는 종래의 안락함이나 특화된 기능성을 지향하지 않는다. 오히려 그것은 예술적이면서도 건축적인 의미를 띠며 구조적인 "시스템"의 또 다른 요소로 변모한다. 따라서 전체적으로 가구가 그리 많지는 않지만, 미스가 가구에 대해 세심한 주의를 기울인 것은 분명하다. 게다가 그는 언제나 가구를 정확하게 디자인한다. 디자인하기만 하는 게 아니라 정확하게 생각하기도 한다. 그는 다양한 상황을 이용해 가구들을 디자인하다가, 어느 정도 완성되었다고 판단하면 디자인 작업을 중단했다. 사실 보통 사람은 많은 소유물이 필요하지 않다. 필요하지도 않을 뿐더러 원하지도 않는다. 하지만 이들은 자기 집에서나 사적인 공간에서 이처럼 감각적인 물건들, 특유의 아름다움과 완벽함으로 자기를 반갑게 맞아들이고, 자신의 미래를 꿈꾸는 데 도움을 주는 몇몇 요소들이 필요하다는 것도 잘 알고 있다.

바르셀로나 의자, 미스 반 데어 로에, 1929년.

바르셀로나 의자가 누구를 위한 것인지, 그리고 왜 이 의자가 미스가 설계한 건물 라운지 주변에 항상 다양한 모습으로 흩어져 있는지를 이해하려면, 사람들이 이 의자에 어떤 자세로 앉아 있는지만 알아보면 된다. 그것은 대화에 능한 사람들의 자세, 즉 관습적 몸가짐과 편안함 사이의 적절한 조화와 균형을 이룬 자세이다. 그러나 이 가구를 배치하기로 결정하는데 있어서 단지 그런 귀족적이고 우아한 자세만이 중요한 역할을 했던 것은 아니다. 여기에는 사용된 재료의 특성뿐 아니라 구성 방법에 있어서도, 기능주의적인 인체공학적 표준을 무조건적으로 따르지 않겠다는 의도가 담겨있다.

실제 치수(높이 76㎝, 폭 75㎝, 깊이 75.4㎝로 거의 정육면체에 가깝다)를 보면, 이 의자가 편안함의 의미를 진부하게 파악하는 실증주의적 태도와 거리를 두거나 오히려 이를 거부하고 있다는 것을 알 수 있다. 바르셀로나 의자가 주는 것은 이와 다른 종류의 만족감, 즉 아름다움과 완벽함을 향한 열망이다. 이러한 열망은 이 가구를 소수의 엄선된 예술 작품, 그리고 세상 사람을 고독으로 감싸면서도 그의 기분을 지루하게 만들지 않고 온전히 품을 수 있는 예술 작품의 반열에 올려놓는다. 이처럼 미스에 의해 새로운 차원에 이른 가구는 이제 하나의 예술 작품으로 간주되고 배치되어 사용된다. 편안함은 기능성을 강조한 기존의 모더니즘 스타일이나 부르주아적 실내 공간의 지나치게 화려한 이미지에서 벗어나, 예술적인 조건과 완벽성을 추구하면 자연스럽게 얻을 수 있는 것이 된다. 따라서 정신적 위안은 오로지 자신의 존재를 예술 작품으로 이해하는 바로 그 사람들, 즉 알로이스 리엘의 작품 제목이 암시하듯이 자신 속에서 사상가와 예술가를 결합시키는 니체 같은 사람들을 만족시키는 것을 목표로 한다.

이제 중요한 사실을 분명히 밝힐 때가 온 듯하다. 이처럼 「세 개의 중정이 있는 집」 내부를 살펴봄으로써 우리는 완벽한 거주 프로그램, 즉 새로운 거주자에서 출발해 "시스템"을 구성하는 계획 방식을 구상하는 방법을 발견했다는 점이다. 이 시스템은 격자 구조와 유리, 그리고 평평한 지붕처럼 일반적으로 널리 알려진 원칙과 전혀 다른 본질적인 요소를 내포한다. 도시 및 자연과의 관계, 공간을 인식하는 방법과 공간을 연출하는 법, 시간 개념과 외관 그리고 가구에 대한 새로운 해석 등이 한데 어우러지면서 이 시스템 또한 거기에 녹아드는 결정적인 계기를 이루며 집합체를 구성하게 된다. 하지만 우리는 거주자와 집을 구성하는 이 복잡한 프로그램에서 미스 자신이 자아를 실현하면서 어느 정도로 자신의 페르소나를 프로젝트에 투영했는지 아직 모른다. 그렇지만 우리는 미스가 투겐타트 주택[036] 공사 현장을 방문하거나 시카고에 있는 자신의 아파트에 혼자 있는 사진을 통해 이를 어느 정도 짐작해볼 수 있다.

그가 스스로 선택한 고립, 그의 베를린 아파트, 미국으로 가져간 몇 권 안 되는 책의 중요성, 벽난로, 파울 클레의 그림, 파블로 피카소의 조각 작품, 그리고 그의 삶을 둘러싸고 있던 공허함 등 그와 함께했던 소수의 동반자와 그 존재 이유도 이해할 수 있다. 결국 이 프로젝트를 통해 만들어지는 것은 바로 그 자신이다. 그것이 가능한 까닭은 그가 근대적 도덕성 전체, 프로그램과 원칙의 인습적 성격, 또한 모든 사회적 가부장주의를 과감히 포기했기 때문이다. 그리고 자신의 한계 내에서 건축 작업에 모든 것

---

036   체코 남부 브르노에 있는 투겐타트 주택*Tugendhat house*(1928~1930)은 미스가 바르셀로나 파빌리언과 같은 시기에 설계한 작품으로, 초기 모더니즘의 걸작에 속한다. 이 집은 근대 산업 생산이 제공한 건축기술과 재료를 이용하여 새로운 라이프 스타일에 대한 요구를 미스의 방식으로 보여주었다는 점에서 특별한 가치가 있다.

을 바치면서 그러한 헌신이 초래하는 어려움을 간파했기 때문이리라. 그에게 건축 프로젝트는 사적인 공간에 자아를 투영하는 진정한 실천이나 다름없다.

하지만 이러한 실천은 계획 과정의 상호작용과 자전적 측면에서도 절대 고갈되지 않는다. 여기서 실제로 드러나는 것은 접근 방법의 풍부함과 주거에 대한 목표를 재설정할 수 있는 프로젝트의 가능성이다. 결국 이는 디자인 이론에 있어서, 거주자에 관한 성찰 – 이는 개인적인 계획의 결과인 동시에 철학적 인간학에서 빚어낸 특수한 개념의 산물이기도 하다 – 과 그의 사회적 실천과 관련해서 공적/사적 이분법적 사고에 대해 문제를 제기하면서 공간과 시간, 기억, 주체성, 기술 등이 실증주의적 지식과 그 시대의 물질문화와 어떻게 연관되는지에 대해 관심을 갖는다는 것을 의미한다.

만약 우리가 주거에 대한 생각과 계획 방법을 바꾸고 싶다면 우선 기존의 분류 기준을 수정하고 특별한 종류의 경험에 주목하는 동시에, 사적 공간은 물론 공적 공간과 관련된 다양한 주체의 구성 문제를 우선시하는 일이 가장 중요해 보인다. 따라서 우리는 각종 범주와 용어, 실제적 지식을 식별함으로써 집, 사적 공간, 이와 연관된 여러 가지 혼란스러운 생각 등을 다시 규정하고 설명할 수 있게 된다. 우리가 이 집에 "거주"하는 동안, 이 집이 근대의 정통성과 맺고 있던 관습적 관계가 어떻게 근대 실증주의와 확연히 반대되는 관계로 바뀌었는지 보았을 것이다.

미스와 마찬가지로 니체 또한 이 집에 거주한다. 이로써 두 사람은 모두 차라투스트라의 화신으로 나타나고, 그들의 존재만으로도 우리가 집을 사유하고 짓고 거주하는 방식이 완전히 바뀌게 되었다. "철학적 사고와 이해를 통해서만이 우리의 과제에 관한 올바른 순서가 밝혀지고, 또 이를 통해서 우리 존재의 의미와 존엄성이 드러난다."[037] 미스는 자신의 글쓰기 방식인 단문 형식의 아포리즘 – 이는 니체에게 빚진 것이다 – 에서 이렇게 썼다. 이를 통해 미스는 실증주의의 과학적 방법 – 그 자체가 철학에 대한

037   Mies van der Roher, *Ludwig, op.cit.* [원주]

역사적 "극복"으로 인식되는—에 정면으로 반대했으며, 집을 설계하는 데 있어서 주체성과 철학적 사유에 다시 중요한 역할을 부여했다. 예측 불가능하게 전개되는 어려운 상황 속에서도 20세기는 끊임없이 그 역할을 복원시킴으로써, 집에 대한 사유와 거주 방식이 새롭게 부상하게 되었는데, 이는 근대의 과학적 객관주의에 대한 반작용으로 발전했다.

우리가 이 책을 통해 탐방하게 될 집들, 예컨대 현상학적 주택, 실용주의와 포스트휴머니즘 주택, 논쟁적인 프로이트–마르크스주의 주택, 그리고 많든 적든 우리가 생존하기 위해 노력해온 여러 경험들은 그 자체가 창의적 소재인 주체성을 경멸하던 실증주의에 대한 비판이다. 따라서 이 주택들은 니체는 물론, 미스에게도 분명한 빚을 지고 있는 셈이다. 특히 미스의 경우, 근대 건축 프로젝트의 결함뿐 아니라 건축이 스스로에게 부과한 협소한 틀에서 벗어나기 위해 자기 자신을 어떻게 인식해야 하는지를 정확하게 간파해냈다. 최근까지도 일방적인 추세에 현혹된 비평으로 인해 이처럼 치열하게 전개되어온 그의 노력과 성과가 거의 이해되지 못했다. 이와 같은 비평은 모든 것을 역사화하려고 하다가 결국 최소한의 객관적인 거리조차 확보하지 못한 채 이념적 세계에 갇히는 우를 범하고 말았다.

미스 반 데어 로에라는 인물에 대한 최근의 재평가를 통해, 우리는 풍요롭기 그지없던 20세기가 이처럼 비판적이고 근시안적인 역사 기록 방식으로 인해 얼마나 은폐되고 훼손되어 왔는지를 분명하게 알 수 있다. 모더니즘 시기의 주택 연구 방식을 살펴 보면, 주거에 관한 입문 서적부터, 여러 세대에 걸쳐 건축가들이 해결해야 할 객관적인 문제를 가상의 세계에서 디자인하도록 교육받고 성장해온 방식까지, 이와 같은 점을 어렵지 않게 발견하게 될 것이다.

이 책에서 미스의 중정 주택을 처음에 다룬 것은 단순한 우연이 아니다. 이를 출발점으로 삼아 어느 한쪽 방향에서 집을 이해하려는 태도를 버리고 또 다른 경향과 방식을 배우기 위해서다. 우리가 긍정적인 방향으로 나아가기를 원한다면, 이 집을 통해 우리가 제기해야 할 문제와 그 계기를 분명히 찾아낼 수 있을 것이다. 결국 이 집의 위상 자체가 이러한 구분이 유용하리라는 것을 보여주며, 또한 이 집을 이상화하는 태도에 대한 당대의 사고에 의문을 제기하는 것이다. 이러한 구분 방식 덕분에 실증주의적 주택은 20세기의 급진적인 다원주의에 속한 수많은 옵션 중의 하나로 그 범위가 축소될 수 있었다.

추가 참고도서 목록

Ábalos, Iñaki y Herreros, Juan, "Diabólicos detalles [악마적인 디테일]", en Savi, Vittorio E. y Montaner, Josep María (eds.), *Less is More*, COAC/Actar, Barcelona, 1996, pp.50-52.

Achilles, Rolf; Harrington, Kevin y Myhrum, Charlotte (eds.), *Mies van der Rohe: Architect as Educator* (exhibition catalog), Illinois Institute of Technology, Chicago, 1986.

Dal Co, Francesco, Dilucidaciones, modernidad y arquitectura [해명, 근대성과 건축], Paidós, Barcelona, 1990.

Glaeser, Ludwig, *Ludwig Mies van der Rohe: Furniture and Furniture Drawings from the Design Collection and the Mies van der Rohe Archive* (exhibition catalog), The Museum of Modern Art, New York, 1977.

Johnson, Philip, *Mies van der Rohe* (exhibition catalog), The Museum of Modern Art, New York, 1947 (스페인어 번역본: *Mies van der Rohe* [미스 반 데어 로에], Víctor Leru, Buenos Aires, 1960).

Mertins, Detlef (ed.), *The Presence of Mies*, Princeton Architectural Press, New York, 1994.

Nietzsche, Friedrich, *Also spracht Zaratustra* [1883-1885] (스페인어 번역본: *Así habló Zaratustra* [차라투스트라는 이렇게 말했다], EDAF, Madrid, 1964).

Quetglas, Josep, *Der gläserne Schrecken. Imágenes del Pabellón de Alemania* [독일관의 이미지], Section b, Montreal, 1991.

Schultze, Franz, *Mies van der Rohe: A Critical Biography*, The University of Chicago Press, Chicago, 1985 (스페인어 번역본: *Mies van der Rohe: una biografía crítica* [미스 반 데어 로에: 비평적 전기], Herman Blume, Madrid, 1986).

Sedlmayr, Hans, *Epochen und Werke: Gesammelte Schriften zur Kunstgeschichte*, Herold, Munich/Viena, 1959 (스페인어 번역본: *Épocas y obras artísticas* [시대와 예술 작품], Rialp, madrid, 1965).

Spaeth, David, *Mies van der Rohe*, Rizzoli, New York, 1985 (스페인어 번역본: *Mies van der Rohe* [미스 반 데어 로에], Editorial Gustavo Gili, Barcelona, 1986).

Tegethoff, Wolf, Mies van der Rohe: The Villas and Country House, The Museum of Modern Art, New York, 1981.

2.
하이데거의 은신처 :
실존주의자의 집

하이데거의 오두막집, 토트나우베르크, 검은 숲, 1968년.

오두막집 입구에서 물 양동이를 들고 있는 하이데거.

아내 엘프리데와 산책을 나가려는 하이데거.

오두막집에서 식탁을 차리는 아내와 하이데거.

음식을 준비하는 아내와 하이데거, 1968년 6월 16일.

높고 넓은 산골짜기의 급경사면 남쪽으로 펼쳐진 검은 숲Schwarzwald, 해발 1,150미터 지점에 스키 타는 이들을 위한 작은 오두막집이 서 있다. 면적은 6×7미터. 나직한 지붕 아래 방이 세 개 있다. 거실 겸 주방, 침실, 그리고 서재. 건너편 가파른 산등성이의 좁은 계곡에는 커다란 돌출형 지붕을 얹은 농가들이 여기저기 띄엄띄엄 흩어져 있다. 그 위로 초원과 목초지가 넓게 펼쳐지다가, 거무스름한 빛을 띤 채 우뚝 솟은 오래된 전나무 숲으로 이어진다. 화창하고 청명한 하늘은 이 모든 것을 굽어보고 있고, 눈부신 창공에는 매 두 마리가 원을 그리며 높이 날고 있다.[038]

하이데거의 「창조적 풍경: 나는 왜 시골에 머무는가?」라는 글은 이렇게 시작된다. 하이데거가 나치당과 결별한 지 몇 주 뒤에 쓴 이 글은 거짓되고 타락한 도시의 삶에 대한 비판을 담고 있기 때문에, 하이데거보다는 하이디[039]를 연상시키는 그 제목만큼 순수한 내용은 아니다. 우리는 이 오두막을 자세히 살피는 일이 결코 무의미하지 않을 것이라는 확신을 가지고 이 집을 방문하려 한다. 하이데거의 관점에서 '거주한다'는 것은 결코 단순하거나 무의미한 행위가 아니다. 그의 실존주의 사상, 특히 「휴머니즘에 관한 편지」[040] 이후 그의 사유는 집이라는 은유적 주제와 공간적으로 밀접하게 연관되어 있을 뿐만 아니라, 자신의 철학적 체계와 동일시할 정도로 이 주제에 사로잡히게 된다. 그는 이렇게 쓴다. "언어는 존재의 집이다. 그 집에 인간이 산다."[041] 이 집은 철학의 언어까지도 대체할 수 있는 건축적 수사학, 즉 철학이 '거주함'에 대해 사유할 때 그 형식이 되는 수사학을 전개하도록 해줄 것이다.

후설의 현상학뿐 아니라 니체의 니힐리즘에 기원을 두는 이러한 사유는 근원적 물음, 즉 철학의 일차적이고 본질적인 대상으로서 "거기-존재

038   Heidegger, Martin, "Schöpferische Landschaft. Warum bleiben wir in der Provinz?", *Der Alemanne*, March 3, 1934 (스페인어 번역본: "Paisaje creador: ¿Por qué permanecemos en la provincia? [창조적 풍경: 우리는 왜 시골에 머무는가?]", *Eco*, Tomo VI, Bogotá, marzo de 1963). [원주]

039   알프스 소녀 하이디를 가리킨다.

040   Heidegger, Martin, *Brief über den Humanismus* [1947], Vittorio Klostermann, Frankfurt, 2000 (스페인어 번역본: *Carta sobre el Humanismo* [휴머니즘에 관한 편지]", Taurus, Madrid, 1954). [원주]

041   *Ibid.* [원주]

ser-ahí"(현존재Dasein)[042]의 의미에 관한 물음으로부터 출발한 것이다. 하이데거에게 있어서 이와 같은 존재론적 물음은 이러한 실존적 주체를 중심으로 친숙한 모든 것을 끌어들인다는 점을 인식하지 않고는 절대 해결될 수 없다. 집과 그 유용성은 연대기적 시간이 아니라, 자신의 주관성에 따라 과거, 현재, 미래가 경험되는 실존적 시간을 통해서 삶이 점점 구체화된 것이다. 따라서 거주자는 이러한 실존적 시간과 이를 규정하는 친숙하고 실용적인 환경에 고정되어 있다. 하지만 그는 자신이 속하게 될 곳이면서도, 늘 환대를 베풀진 않는 이 세계와 마주하면서 이를 이해하고 자신을 온전히 드러내는 과정에서 고뇌에 사로잡힐 수밖에 없다. 따라서 자신의 존재에 대해 의문을 품은 사람의 집은 단순히 중립적인 환경, 혹은 장치 그 이상이다. 그런 집에는 자기 자신에 대해 사유하는 이가 살고 있기 때문에, 결국 그의 생각이 그대로 집 안에 스며든다고 할 수 있다. 주거를 위한 건축물인 집은 메타포라기보다 실존 철학의 주체 그 자체다. 그러한 집에서는 진정한 주거, 즉 존재의 충만함이 맘껏 펼쳐질 수 있을 것이다. 하지만 집은 순수한 환경이나 장치가 아니라 우리의 갈등이 반영되는 공간이다. 다시 말해 친밀하고 편안할 뿐만 아니라 거북하고 불편함이 공존하는 장소이자 인간 존재가 제대로 발현되기에 부적합한 상황을 가리거나 은폐하는 소외의 공간이다. 이러한 뿌리뽑힘과 실존적 위기 상황은 근대에만 국한된 것이 아니라, 인식의 발전과 기술의 남용을 통해 우리의 행동 능력이 강화됨에 따라 근대성 내부에서 특히 크게 확산되어왔다. 따라서 존재를 다시 사유하는 것, 철학의 근원으로 되돌아가는 것 – 집을 다시 사유하고 그것의 실존적 의미를 다시 해석하는 것 – 은 필연적으로 오늘날의 기술적 소외 현상에 맞서기 위한 유일한 과제이자 임무 그 자체다.

　대체로 집과 그 거주자들에 대한 근대적 사고의 진부함을 반박하는 이 같은 주장은 결국 근대성을 재검토하는 작업에 지대한 영향을 미치게 될 것이다. 1960년대 말에 시작된 그 작업에서 우리 시대를 제대로 이해하려면 무엇보다 토트나우베르크의 검은 숲에 있는 그 자그마한 오두막집을

042　하이데거가 『존재와 시간』에서 제기한 인간의 존재 개념으로, "현존재"라고도 한다.

방문해서 세밀하고 철저하게 살펴보아야만 한다. 이 오두막은 프라이부르크 대학이 1933년—미스가 중정 주택에 몰두하던 바로 그 시기다— 학장직을 수용한 대가로 하이데거에게 양도한 것이다. 이 소박한 은신처를 통해서 우리는 실존적 주택의 존재를 그 복합적인 측면에서 인식할 수 있게 될 것이다.

하이데거는 이 집에 거주하면서 이를 정신적으로 소유하는 방법을 다음 세 가지로 요약해서 제시한다. 첫 번째, 'bauen'(건축하다)라는 어휘의 의미에 관한 체계적인 어원학적 연구로 잘 알려진 강연이다. 두 번째, 같은 강연에서 그가 어느 다리를 묘사하면서 제시한 놀라운 경험적heurística 이미지이다. 이를 통해 우리는 그가 생각하는 거주의 진정한 의미를 제대로 해석할 수 있다. 세 번째, 검은 숲의 집이 지닌 특징과 하이데거가 거기에 정착하고 거주한 방식을 알 수 있는 시각적 자료이다. 이와 같은 세 가지 측면이 우리가 시작할 탐방의 주안점이 될 것이다. 하지만 모더니즘 프로젝트에 대한 실존적 비평의 여정에 하이데거만 있는 것은 아니다. 베를린의 영향력 있는 한 건축가도 이와 마찬가지로 근대성의 도그마—표현적 원리든, 아니면 즉물적sachlich인 원리든—를 따르기를 거부했을 뿐만 아니라, 전통을 단순히 반동적인 것으로 여기는 태도도 거부했다. 1970년대 들어 전문 비평계에서 모더니즘의 추종자들에 대항하는 핵심적 인물로 재평가된 하인리히 테세노프[043]는 여러 논문—그 단순성이 종종 순진함으로 혼동되기도 했다—에서 하이데거가 제시한 것과 매우 유사한 이론체계를 발전시켰다.

1951년 다름슈타트 강연회Darmstädter Gespräche가 열렸을 때, 하이데거는 종전 후 독일 도시 재건설 사업을 맡은 건축가들을 대상으로 "건축함 거주함 사유함"이라는 제목의 강연을 했다. 하지만 그가 자신의 주장을 발전시키기 위해 사용한 방법이 애초에 어원학적 연구였다고 해도, 그 의도가 그리 순수했던 것은 아니다. 공리주의와 모더니즘이 갖고 있던

---

043   하인리히 테세노프Heinrich Tessenow(1876~1950)는 독일의 건축가로, 바이마르 시대에 도시계획 전문가로 활동했다. 히틀러의 야망을 건축으로 구현하려 했던 건축가 알베르트 슈페어의 스승이다.

목적론적 시간개념, 즉 현재의 행위에 의미를 부여하는 과정이 미래를 자극한다는 믿음에 근거하는 세계관에 맞서 하이데거는 "급진적" 비판, 즉 기원으로 회귀할 것을 제기한다. 먼저 우리는 행동의 의미에 관해 우리 자신에게 물어야 한다. 무엇을 어떻게 지어야 할 것인지보다는 왜 짓는지, 또 이러한 행위의 본래 의미가 무엇인지가 더 중요하다. 하이데거의 사유를 정당화하고 이에 일관성을 부여하는 것은 이 같은 방향의 전환, 과거로 눈을 돌리는 것이다. 이를 통해서만 우리는 단순한 머무름을 진정한 거주로 변화시킬 수 있다. 우리가 여기서 "단순한"과 "진정한"이라는 단어를 의도적으로 사용한 이유는 하이데거가 현대 기술이 무차별적이고 무분별하게 사용된 결과를 비판할 때마다 늘 등장하는 어휘이기 때문이다. '건축하다'라는 뜻의 'bauen'은 거주행위 자체와 구분되지 않는다.

'bauen'이라는 단어에 주의를 기울인다면, 다음 세 가지를 이해할 수 있습니다.

1. 건축행위는 본래 거주한다는 것을 의미한다.
2. 거주한다는 것은 언젠가는 죽게 될 우리가 이 땅에 존재하는 방식이다.
3. 거주로서의 건축행위는 거주자의 성장을 돕고 건축물을 세운다는 의미의 건축행위로 전개된다. […] 거주의 근본적인 특성은 이러한 보살핌에 있다.[044]

따라서 "보살핌"은 거주의 근본적인 특징이라고 할 수 있다.

인간 존재는 땅을 구원하는 한에서 지상에 거주할 수 있습니다. […] 구원은 단지 위험에서 무언가를 구해내는 것을 의미할 뿐 아니라, 무언가가 자신의 본질로 향하는 길을 자유롭게 열어주는 것을 의미합니다. 이 땅을 구원한다는 것은 땅을 개발하거나, 황폐하게 만드는 것 이상의 일입이다. 땅을 구원한다는 것은 땅을 소유하는 것도, 땅을 우리에게 예속시키는 행위도 아닙니다. 여기

044   Heidegger, Martin, *Bauen Wohnen Denken*, Neue Darmstädter Verlagsanstalt, Darmstadt, 1952 (스페인어 번역본: "Construir habitar pensar 건축하기 거주하기 사유하기]", en Barañano, Kosme María de, *Chillida-Heidegger-Husserl. El concepto de espacio en la filosofia y la plástica del siglo XX* [치이다-하이데거-후설. 20세기 철학과 조형예술에 있어서 공간의 개념], Universidad del País Vasco, Bilbao, 1990). [원주]

서 한 걸음이라도 더 나아간다면 무제한적인 착취와 파괴로 이어집니다.[045]

　　맹목적인 실증주의 외에 다른 가치관에 주의를 기울이지 않으면, 군사 분야에서 이미 행해지고 있듯이 제2차 세계 대전을 통해 인류가 획득한 무한한 기술력이 지구를 파멸시키게 될 것이다. 건축 행위에 적절한 보살핌이 적용되면 "존재"가 펼쳐지는 거주의 감각이 살아난다. 하지만 그것은 무엇보다 시간적 일관성, 즉 공간적 차원에 대한 시간의 우월성을 의미한다. 우리는 오로지 시간에서만, 즉 아주 먼 옛날로부터 전해오고 땅을 보살피면서 길게 이어지는 시간에서만 진정한 거주의 감각을 느끼게 될 것이다.

　　따라서 이와 같은 어원학적 연구는 우리에게 근대 기술의 위험성을 경고해주고, 자연에 대해 보다 세심한 관계를 맺을 것을 요구할 뿐만 아니라, 목적론적 시간에 맞서 긍정적인 가치로서의 기억이 맹목적인 진보를 대체하면서, 시간의 화살을 되돌리는 "급진적" 시간을 제시한다. 오늘날 우리 사회, 특히 환경 문제에 민감한 부문뿐만 아니라, 우리 선조들에 대한 기억(기념물)과 그것을 보존하고 우리 시대로 통합하는 일은 그 자체로 하나의 프로그램이고 건축의 의미를 이해하는 방식이자 포스트모더니티의 또 다른 주요 논점이 된다.

　　이러한 관점에서 볼 때, 거주와 동일시되는 건축 행위에 관해 하이데거가 제시하는 이미지는 닫힌 공간이 아니라, 놀랍게도 전이적 성격을 지닌 건축의 이미지, 다시 말해 다리라는 구조물이다. 그는 하이델베르크의 오래된 다리를 사례로 들며 이와 같은 시간 가치의 전도가 공간 개념의 근본적인 변화에 어떻게 대응하는지를 설명한다. 이는 다리의 주요 특징이 단순히 공간성 자체라기보다, 공간이란 수단으로 정신적인 영역을 연결함으로써 어떤 장소를 규정할 수 있는 능력이기 때문이다(예를 들어 많은 다리가 전통적으로 성모나 성자에게 헌정되었다는 것은 의미심장하다). 땅과 하늘, 신과 인간이 다리를 통해 하나가 되면서 실존적 존재가 거주하

045　*Ibid.* [원주]

는 사방das Geviert을 이룬다.

땅은 늘 은혜를 베풀고 풍요로운 결실을 맺는 존재로서, 산과 바다에까지 뻗어나가 자라나는 식물과 동물을 모두 아우릅니다. 우리가 땅을 말할 때는 이미 다른 셋을 함께 떠올리지만 네 가지가 하나로 결합되어 있음은 숙고하지 않습니다. 하늘은 태양이 움직이는 둥근 궤도, 모습이 변하는 달, 떠도는 별들의 광채, 사계절의 변화, 낮의 빛과 여명, 밤의 어둠과 청명, 풍토의 비옥함과 불모성, 흘러가는 구름과 창공의 푸른 심연으로 존재합니다. 우리가 하늘을 말할 때, 다른 셋은 이미 머리에 떠오르지만 넷이 하나로 결합되어 있음은 숙고하지 않습니다. 신적 존재들은 신성의 단서를 전해주는 전령들입니다. 자신들의 성스러운 역사役事를 통해, 신은 그 존재를 드러내기도 하고, 보이지 않게 물러나기도 합니다. 우리가 신적 존재들을 찾을 때, 다른 셋은 이미 머리에 떠오르지만 넷의 통일성은 숙고하지 않습니다. 필멸의 존재는 우리 인간들입니다. 필멸의 존재라는 이름으로 불리는 까닭은 바로 인간만이 죽을 수 있기 때문입니다. 죽는다는 것은 죽음을 죽음으로 받아들일 수 있다는 것을 의미합니다. 오직 인간만이 지상에 머무는 동안 하늘 아래, 신적 존재들 앞에서 계속 죽음을 맞이합니다. 우리가 필멸의 존재를 입에 올릴 때, 다른 셋은 이미 머리에 떠오르지만 넷이 하나로 결합되어 있음은 숙고하지 않습니다. 우리는 넷이 결합된 이 상황을 사방이라고 부릅니다. 필멸의 존재인 인간은 지상에 거주하기에 사방 안에 존재합니다. 그러나 거주의 근본적인 특징은 소중한 보살핌입니다. 필멸의 존재들은 본질적으로 사방을 보살피면서 지상에 거주합니다. 따라서 거주하면서 보살피는 것은 사방이 일체를 이루는 것입니다.[046]

근대인들이 이해하는 바와 같이 공간은 수학적이고 대수학적인 외연에 지나지 않는다. 다시 말해 공간은 건축이나 거주의 대상 또는 활동이 아니라, 데카르트가 말하는 '연장된 것res extensa'[047], 즉 외연을 가진 실체이다. 장소의 구축은 실존적 존재의 실제 행동으로 확립된다. 장소는 인간의 운명이 땅과 하늘의 운명과 연결되는 다리와 같은 역할을 한다.

이 탁월한 강연에서 하이데거가 장차 후학들에게 지대한 영향을 미치게 될 새로운 관심사와 관련 어휘들을 소개하자, 당시 어떻게든 모더니즘

---

046 *Ibid.* [원주]

047 데카르트에 의하면 정신적인 실체의 본성은 '사유하는 것*res cogitans*'이며 물질적인 실체의 본성은 '연장된 것*res extensa*'이다. 먼저 정신은 연장적인 특징이 없고 불가분적이므로 연장을 지니고 있는 물질과는 판명하게 구분되는 반면, 물질 또는 물체는 공간의 한 부분으로서 연장된 것으로 정의한다.

을 대규모로 구현할 수밖에 없었던 상황 속에서 모더니즘 운동의 모든 잠재력을 활용할 준비를 하고 있던 건축가들은 놀라운 표정으로 그의 이야기에 귀를 기울일 수밖에 없었다. 그 무렵 지크프리트 기디온[048]이 1941년에 발표한 "공간–시간" 개념에 대해 많은 의문이 제기되고 있었다. 시간은 역전되고 기억이 미래의 자리를 차지한 반면, 공간은 더 이상 쓸모없는 처지로 전락하고 말았다. 자연을 거스르는 기술에 의해 파괴된 존엄성을 현대인들에게 되돌려줄 수 있는 것은 바로 사방의 장소loci였다. 장소, 기억 그리고 자연은 공간과 시간 그리고 기술에 아주 명료하고 직접적인 방식으로 대항함으로써, 1960년대 말부터 최근에 이르기까지 건축계에서 일어났던 모든 가치관의 변화를 실질적으로 설명할 수 있는 일대 돌파구를 만들어냈다.

그렇다면 하이데거는 그 자리에 모인 건축가들에게 암묵적이든 명시적이든, 어떤 모델을 제시했던 것일까? 건축가들 앞에 놓인 방대한 작업 계획에 유념하면서, 하이데거는 1926년 『존재와 시간』을 탈고했던 작은 오두막집을 신중하게 생각해보기를 권유했다. 하이데거는 그들에게 이렇게 말했다.

두 세기 전에 농촌 주거 형식으로 검은 숲에 지어진 한 농가에 대해 잠시 생각해봅시다. 이 집은 땅과 하늘, 신적인 존재와 인간을 하나로 모아 자리 잡게 하겠다는 집념으로 지은 것입니다. 그 때문에 거센 바람을 피할 수 있도록 산비탈의 목초지 사이, 샘물 가까이에 그 집을 지었습니다. 넓게 돌출된 판자 지붕이 덮여 있는데, 적당한 경사도로 기울어져 쌓인 눈의 무게를 지탱할 수 있고, 그 끝이 거의 지면에 닿을 정도라서 긴 겨울밤에 부는 강한 바람을 막아주기도 합니다. 또한 모두가 둘러앉는 탁자 뒤쪽 한구석에 십자가상을 모실 공간을 마련하는 것도 잊지 않았습니다. 침실에는 아이의 출생을 위한 성스러운 자리와 "죽음의 나무"라고 불리는 관도 마련해놓았습니다. 그래서 많은 이들이 그 지붕 아래에서 여러 시대에 걸쳐 살았던 세월의 흔적이 고스란히 새겨져 있습니다. 척박한 땅에서 살면서 저절로 생긴 솜씨, 도구와 장비의 필요성에서 비롯된 기술이

---

048 지크프리트 기디온Siegfried Giedion(1888~1968)은 스위스의 건축 비평가이자 역사학자이다. 대표작으로는 『공간, 시간, 그리고 건축: 새로운 전통의 성장Space, Time and Architecture: The Growth of a New Tradition』(1941)이 있다.

바로 그 농가를 만들었던 것입니다.[049]

　　디그네 멜러 마르코비츠[050]가 1968년 6월 촬영한 사진 덕분에 우리는 아내 엘프리데와 함께 그 오두막집에서 살고 있는 하이데거의 모습을 볼 수 있는 특권을 누리고 있다. 공교롭게도 그 사진은 파리 68혁명이 일어난 지 한 달 뒤에 촬영된 것이다. 그 사진에서 하이데거는 자상한 아내가 수프를 끓이는 동안 팔짱을 끼고 우리를 응시하고 있다. 그를 바라보면서 우리는 그 실존적 집에 거주하는 사람이 누구인지, 이러한 가정 관념이 누구에게 특권을 부여했는지 묻지 않을 수 없다. 우리는 또 그가 물 양동이를 들고 문간에 서 있거나 집 주변을 산책하는 모습도 볼 수 있다. 아내가 정성들여 상을 차리는 동안, 식탁에 앉아 사상가 특유의 눈빛과 표정으로 그녀를 멍하니 바라보는 사진도 있다. 그의 모습을 보면서 우리는 이러한 시간과 공간의 개념을 가진 이가 다름 아니라 권위를 가진 사람, 사방과 대화하며 자신의 존재를 구성하는 사람, 즉 부성적 권위의 형상으로 변모한 철학자의 모습 그 자체일 수밖에 없다는 것을 깨닫게 된다. 마크 위글리[051]는 마치 사진을 설명하는 것처럼 정확하게 그를 묘사했다. "철학을 지배한다는 것은 가정을 지배한다는 것, 즉 집 안에서 타인을 노예로, 하인이나 하녀 혹은 가사도우미로 만드는 가부장적 권위에 다름 아니다."[052]

　　집에 거주하는 사람은 언어를 지배하는 사람이고, 언어를 통해 자신의 생각을 구성하는 사람이다. 형이상학을 극복하기 위한 하이데거의 급진적인 시도나 그 어떤 다른 주장보다도, 그의 가정 관념에는 마치 철학자가 자신의 사유로 집을 짓는 것처럼 집을 짓고 그 안에 거주하는 중심적이고

049　Heidegger, Martin, *Sein und Zeit* [1927], Vittorio Klostermann, Frankfurt, 1977 (스페인어 번역본: *El ser y el tiempo* [존재와 시간], Planeta-De Agostini, Bracelona, 1993) [원주]

050　디그네 멜러 마르코비츠Digne Meller Marcovicz(1934~2014)는 독일의 사진작가이자 언론인, 저술가로 독일 문화계 인사들을 촬영한 사진 작품으로 특히 유명하다.

051　마크 앤터니 위글리Mark Antony Wigley(1956~)는 뉴질랜드 출신의 미국 건축가이자 작가이다. 미국 컬럼비아 건축대학원장을 역임했고, 1988년 필립 존슨과 함께 MoMa에서 「해체주의 건축전」을 기획했다.

052　Wigley, Mark, *The Architecture of Deconstruction: Derrida's Haunt*, The MIT Press, Cambridge (Mass.), 1993. [원주]

지배적인 주체에 대한 향수가 내재하고 있다. 실존적 집의 주체는 부모로부터 부동산과 재산을 물려받아 그것을 신중하게 관리한 다음 자식들에게 물려주는 자, 따라서 스스로 "다리"의 역할을 하는 자다. 이처럼 주체가 완전한 수직적 배치 속에서 땅과 하늘에 종속되는 것 – 존재를 어떤 뿌리와 장소에 고착화시키는 방식 – 은 전통적으로 권위를 가진 가부장의 지위를 명백하게 드러내준다.

보다 정확히 말하자면, 거주하면서 세대 간의 상속을 통한 연속적인 이전을 거치며 형성된 일관성에 대한 향수를 표현하기도 한다(하지만 하이데거의 오두막집의 경우 그것은 상속받은 것이 아니라 양도된 것이라는 사실을 잊지 않도록 하자. 다시 말해 그것은 고정된 거주지가 아니라 휴가용 별장이다. 그들은 그 땅에서 농사를 짓지 않고 여유롭게 산책만 할 뿐이다). 하이데거의 집은 시간과의 실존적 갈등, 즉 우리가 간단히 향수라고 부르는 것의 표현이자, 공허한 현재에 비해 밀도가 높고 견고한 과거를 이상화시킨 결과다.

이 세계에 정착하는 방식에 대한 향수는 실존적인 집에 대한 환기력을 북돋우는 요소인데, 시간이 흐를수록 점점 사라지고 있다. 이 집은 자연의 힘에 맞서는 피난처이자, 세계와 대중으로부터 피하기 위한 공간이기도 하다. "눈보라가 사나운 소리와 함께 오두막을 집어삼킬 듯 휘몰아치면서 온 세상을 덮어버리는 겨울밤이야말로 철학하기에 가장 완벽한 시간이다."[053] 집이 은신처이자 보호막으로서 그 숭고함을 드러낼 때, 겨울밤과 무섭게 휘몰아치는 눈보라는, 실존적 거주자와 자연의 관계가 절정에 이르는 순간을 상징한다. 그것은 또한 이 집과 인공적 자연이라 할 수 있는 대도시의 관계, 그리고 이와 같은 가정 공간 개념의 기초를 이루는 공적 영역과 사적 영역 사이의 명확한 경계에 대한 은유이기도 하다.

실존적 인간이 공적인 영역과 맺는 관계와 마찬가지로, 자연과 맺는 관계 또한 폭력으로 규정된다. 그리고 그 폭력은 우리를 다시 아버지, 즉

053 Wigley, Mark, "Heidegger's House: The Violence of the Domestic", in *Columbia Documents of Architecture and Theory* (vol.1), Rizzoli, New York, 1992, pp.91~121. [원주]

권위의 중심인물로 되돌아가게 만들 것이다. 실존적 집에서는 위계적 설계 및 배치, 그리고 외부 세계로부터의 보호와 아버지의 우위를 중심으로 하는 주거 방식이 잠재적으로 존재하게 될 것이다. 시간 속에서 집을 짓는 이도, 하이데거가 언급한 "보살핌" 프로그램을 수행할 이도 바로 그 사람이다. 따라서 이러한 권위주의적인 위계질서의 축과 중심 공간을 둘러싼 집의 공간적 구성 사이의 상응 관계를 규명하기는 쉽다. 야고 보네트[054]는 이러한 유형의 집을 "연기의 집la casa del humo"이라고 불렀는데, 이는 북유럽의 전통 건축에서 흔히 볼 수 있듯이 벽난로나 지배적인 중심 공간, 즉 홀hall을 축으로 배치된 집을 가리킨다. 이러한 공간은 가족 모임의 장소뿐 아니라 사교 모임의 중심 기능을 담당함으로써, 수직적이고 위계화된 형태를 분명하게 드러내고 있다. 그렇다면 실존적인 집은 그 장소에 단단히 묶여있는 사람, 그리고 안정적이고 위계적이며 권위주의적인 가족이 거주하는 중심화되고 수직적인 주거로 설명할 수 있을 듯하다. 다시 말해 실존적인 집은 공격적이고 예측할 수 없는 외부 환경으로부터 거주자를 보호해주고, 혈통과 집안 내력을 보면 그가 누군지 바로 알 수 있는 어떤 인물이 시간과 기억으로 묶여 있는 집을 말한다. 이 집은 진정한 장소로서 외부 세계와 악천후, 자연의 힘뿐 아니라 세속적이고 피상적이며 흔히 해로운 것으로 여겨지는 외적 상황으로부터 우리를 보호해주는 피난처이다.

　　전후 하이데거의 초기 저작에 등장하는 집의 모습과 이를 설명하는 독창적인 문학적 어조를 보면, 그가 왜 외부를 위협적인 것으로 여기고, 집과 거주라는 주제를 나치즘에 가담했던 자신의 행위에 대한 변명과 연결 지으려고 했는지를 이해하는 데 유용한 실마리를 얻을 수 있다. 그것은 또한 공적 영역의 폭력이 사적 폭력으로 이어지고 실존적인 집이 가부장적 권위의 체계와 연결되며, 중심화되고 초월적이며 수직적인 공간 조직을 갖는다는 사실을 명확하게 보여준다. 자연의 폭력성은 공적, 사적 영역에서

054　야고 보네트 코레아Yago Bonet Correa(1936~)는 스페인의 건축학자로 대표작으로는 『연기의 건축학La arquitectura del humo』(1994)이 있다.

재현됨으로써 실존적 거주의 신중한 성격으로 나타난다. 따라서 집은 아고라와 포럼, 공적인 영역(이 경우엔 나치당)으로부터의 도피를 상징한다. 집은 외부적인 요소나 현상이 조금이라도 틈입하면 진정성이 철저히 파괴되고 은폐된다는 의미에서 "진정한" 장소다. 그래서 진정한 집은 외부의 두 가지 현상, 즉 산업화된 기술 그리고 통신 매체와 대립된다. 인간의 기술적 약탈에 의해 피해를 입은 것은 자연만이 아니다. 라디오나 텔레비전, 신문처럼 여론의 세계를 집 안에 도입한다는 것은 거주에 대한 폭력, 거주에서 숙박으로의 퇴행, 사방에 대한 보살핌의 단절을 의미한다. 그것은 또한 하이데거적인 주체에 내재하는 수직적 성향의 붕괴 가능성을 의미한다.

매일, 하루 온 종일 그들은 라디오와 텔레비전에 매달려 산다. 영화는 매주 기발하지만 종종 통속적인 상상의 세계로 그들을 데리고 가서, 실제 세계가 아닌 어떤 세계의 환각을 심어준다. 화보 잡지 또한 어디서나 구할 수 있다. 현대의 커뮤니케이션 기술이 인간을 자극하고 괴롭히면서 한쪽으로 몰아가는 것은 모두 오늘날의 인간에게 농장 주변의 들판보다 더 가깝고 대지 위의 하늘이나 낮과 밤의 변화, 그가 사는 마을의 인습과 관습보다, 또 고향의 전통보다 더 친숙하다.[055]

실존적으로 거주한다는 것은 현대의 도시는 물론, 자연을 파괴하고 전통을 망각하게 만드는 기술적 수단에 맞서는 방법이다. 집은 공허한 세계주의cosmopolitismo로부터 자신을 보호하는 일종의 방어막이다. 따라서 집은 세계주의에 맞서 투쟁할 수 있는 만큼 자신의 실존적 목표를 달성하게 될 것이다. 이제 우리는 하인리히 테세노프와 그의 논문「장인의 수공업과 소도시」(1919)[056]와 드레스덴 예술원 입회 연설 – 나중에『중심에 위치한 나라』(1921)[057]라는 제목으로 출간되었다 – 로 눈을 돌릴 때가 된

055 *Ibid.* [원주]

056 Tessenow, Heinrich, *Handwerk und Kleinstadt*, Bruno Cassirer, Berlin, 1919 (스페인어 번역본: *Trabajo artesanal y pequeña ciudad, seguido de El País situado en el centro* [장인의 수공업과 소도시, 그리고 중심에 위치한 나라], Galería-librería Yerba/COAATM, Murcia, 1998). [원주]

057 Tessenow, Heinrich, *Das Land un der Mitte*, Jacob Hegner, Hellerau, 1921 (스페인어 번역본:

듯하다. 두 저술 모두 대도시Großstadt에 맞서 싸우고, 평범한 소규모 수공업자와 장인을 찬양하기 위해 쓰인 것들이다. 테세노프는 정원과 텃밭, 작업 공간이 딸린 장인들의 소박한 집, 그들이 사는 소도시(마을도 아니고 대도시도 아닌 딱 중간 크기의 도시), 그리고 유럽의 지도에서 중심에 있는 독일의 위치도 찬양하고 있다. 물론 이 모든 것은 근대성에 관한 하이데거의 사유에서 중요한 선례가 된다. 그리고 이는 진정한 삶에 관한 명확한 담론, 즉 엄격히 학문적인 영역에 있어서의 "진정한 지혜"뿐만 아니라, 이러한 건축이 자신의 분야에 미치는 영향에 있어서 매우 중요하다(하이데거의 경우 그의 영향력이 나치 집단에 국한되진 않았으나, 테세노프는 나치에 이용당했다는 사실을 잊어서는 안 된다. 예를 들어 알베르트 슈페어[058]는 테세노프의 제자였다).

테세노프의 견해에 따르면 대도시는 모든 악의 근원이다. 왜냐하면 가속화된 산업화는 물론이고 중산 계급 혹은 쁘띠부르주아 계급이 자신의 미덕을 스스로 포기하는 사태에 이르기까지, 대도시는 전쟁의 참화를 초래한 모든 요인을 내포하고 있기 때문이다. 우리는 하이데거와 마찬가지로 테세노프의 사상에서도 대도시를 향한 적대감Stadtfeindlichkeit을 발견할 수 있다. 그에게 대도시는 무모한 기술 발전의 비합리성을 완벽하게 보여주는 사례로 인식될 뿐이다. 반면에 테세노프는 소박한 장인의 모습을 기리며 그들의 진정한 삶과 지혜의 표현인 소박함의 가치를 찬양한다. "굳은살이 박인 손과 굽은 등, 선이 굵고 정감 넘치는 얼굴을 가진 사람은 이제 드물다. 게다가 그들은 사회적 지위의 측면에서도 우리보다 한참 뒤떨어져 있다."[059] 그는 하이데거가 『예술 작품의 기원』에서 농민의 가죽 신발을 언급한 대목을 연상시키는 어조로 말한다.

Trabajo artesanal y pequeña ciudad, seguido de El País situado en el centro [장인의 수공업과 소도시, 그리고 중심에 위치한 나라], *op.cit.*). [원주]

058 베르톨트 콘라트 헤르만 알베르트 슈페어Berthold Konrad Hermann Albert Speer(1905~1981)는 독일의 정치가이자 건축가이다. 히틀러의 측근으로 나치 독일의 군수장관을 지냈으며, 후에 뉘른베르크 재판에 전범으로 회부되었고 20년을 복역했다. 그는 1925년 베를린 공과대학에서 하인리히 테세노프에게 배웠고, 졸업 후에는 그의 조수가 되었다.

059 Tessenow, Heinrich, *Trabajo artesanal y pequeña ciudad, op.cit.* [원주]

닳아빠진 신발 안쪽의 어둠 속에서 고된 발걸음이 남긴 피로가 하품을 한다. 무겁고 투박한 구두는 거친 바람이 불어오는 경작지의 단조로운 고랑을 따라 더딘 발걸음을 옮기는 끈기를 표현한다.[060]

우리는 강인한 의지와 끈기 있는 노력을 통해 주변 환경과 창의적이고 균형 잡힌 관계를 이루어내는 인간에게서 동일한 비전을 발견하고, 그의 고귀한 정신을 찬양한다. 테세노프는 계속해서 이렇게 말한다.

장인은 항상 자신을 중심에 두려고 노력한다. 그는 우리가 진정한 인간으로서 존재할 때 있게 되는 그 위치, 즉 세계의 중심에 노동자로서 존재하기를 바란다[…]. 장인의 정신은 우리를 집과 하나로 연결시켜준다. 그리고 그 정신은 우리에게 집, 안마당, 정원을 만들어 우리 자신의 땅을 갖게 하고, 그 중심에 작업 공간을 배치하도록 한다. 우리의 고단함과 근심, 슬픔뿐 아니라 우리의 자부심과 미소, 노래를 담는 작업 공간, 그리 크지 않은 기계와 몇 권의 책이 있는 작업 공간… 이 모든 것은 소도시의 중심에 있다.[061]

이처럼 아주 소박하고 감성적인 그의 글은 그러한 라이프 스타일이 정점에 이르는 지방의 소도시로 우리를 이끈다. 하지만 그가 선견지명을 발휘해 제2차 세계 대전의 카타르시스적인 역할을 예측했을 때, 그의 순수한 정신은 연기처럼 사라지고, 그의 논문 「장인의 수공업과 소도시」는 이렇게 끝맺는다.

사실 오늘날 장인의 수공업과 소도시를 옹호하는 것은 어리석은 일이 될 수도 있다. 다시 말해 그것들이 다시 번창하려면 "유황비" 같은 것이 필요할지도 모른다. 따라서 그 이후에 찾아올 번영은 현시점에선 우리가 어렴풋하게 이해할 수밖에 없는 섬광 속에서 모든 민족이 지옥을 경험한 다음에야 가능할지도 모른다.[062]

060   *Ibid.* [원주]
061   *Ibid.* [원주]
062   *Ibid.* [원주]

이처럼 묵시록적으로 글을 마무리하는 테세노프의 선견지명은 그저 놀랍기만 하다. 그로부터 수십 년이 흐른 뒤에야 이미 "지옥을 경험한" 사람들이 그 시대의 비이성적 면모에 대한 해독제로서 실존적 프로젝트와 장인의 수공업, 소도시 등을 옹호하게 되었던 것이다.

그럼 이제 실존적인 집 안으로 들어가, 잠시나마 살아본다는 가정하에 사용된 재료와 정제된 디테일에 대해 살펴보도록 하자. 하이데거의 오두막집이나 테세노프의 드로잉에서 가장 먼저 눈에 띄는 것은 공공 오락이나 모임, 손님 초대 등, 가족의 내부 질서와 엄격한 규범을 해칠 수 있는 그 어떤 공간도 없다는 점이다. 따라서 집은 다소 작은 편이다. 만약 이보다 규모가 더 크거나 화려하고 과장된 공간 배치는 오히려 실존적 거주자에게 불안감을 불러일으킬 것이다. 그래서 집은 내향성을 띠는 경향이 있고, 가족을 위한 거실을 중심으로 복잡함이나 '공간적' 특성이 없는 작은 크기의 소박한 방이 그 주변을 둘러싸는 구조다. 결국 이러한 집에는 엄격히 말해 사적인 공간도, 위계질서와 가족이라는 제도의 영향을 받지 않는 공간도 전혀 없다고 결론 내릴 수 있다. 오히려 실존적 집에는 내부성이나 공간 개념이 아예 없을 뿐더러, 그런 것들이 시간으로 대체되어 있다고 말하는 게 더 정확할 것이다. 따라서 공간에 대한 하이데거의 변함없는 부정, 다리에 대한 그의 비유, 거주와 건축을 동일시하는 경향만 남게 된다. 실존적인 집의 내부 공간은 결코 화려하지 않다. 이러한 상상의 집 내부는 전통적이고 어두우면서 암묵적으로 폭력적인 모습을 띠고 있는데, 이는 테세노프의 인테리어, 특히 보는 이의 감탄을 불러일으킬 뿐만 아니라

「근로자를 위한 주택」의 실내 드로잉, 하인리히 테세노프, 1917년.

불안감과 불편함을 유발하는 방의 드로잉에서 가장 분명하게 나타난다. 그 내부는 검소하고 소박한 세계지만, 우리의 관점에서 보면 관습과 일상이 체계화되어 돌처럼 굳어버린 듯 우울하고 슬픔에 잠긴 세계에 다름 아니다.

실존적인 집은 내면의 영역이지 내부 공간의 영역은 아니다. 오히려 그것은 자신을 실현하는 방식에 있어서 심원한 정신세계의 모델에 집착하는 내면적 인간의 영역이다. 따라서 거기에는 기계 장치나 도구 등이 거의 없을 수밖에 없고, 그렇지 않으면 그 가치가 떨어질 것이다. 방에 배치된 물질문화는 최소한으로 제한되고, 기술적 발전이나 가장을 제외한 그 어떤 거주자의 개인적 취향이 스며들 공간은 거의 존재하지 않는다. 집 안의 물건은 모두 가족의 것이자 가문의 소유다. 왜냐하면 그 물건들은 수직적 체계에 협력하고 참여함으로써만 가치와 의미를 지닐 수 있기 때문이다. 결국 집 안에는 그 어떤 개인적 비밀이나 모순도, 안락함이나 즐거움도 존재할 수 없다. 이러한 물질문화를 정확하게 보여주는 테세노프의 상세한 드로잉을 통해 이 집의 방을 살펴보도록 하자. 그의 그림에는 잘 보존되었을 뿐만 아니라 시간과 혈통, 부성적 권위를 드러내주는 물건들과 장식된 가구들이 나온다. 가령 옷걸이에 걸린 중절모와 외투, 슬리퍼와 부부 사진 그리고 차 세트와 장갑…. 테세노프는 조악한 권위의 존재를 그 유령의 이미지로 대체함으로써 이러한 물질문화를 우리에게 전해준다. 누군가에게는 상실한 질서의 대변자로 보이고 또 누군가에게는 가정이 개인의 삶에 가하는 폭력의 표현으로 보이는 존재의 흔적을 우리에게 남겨준다.

이런 집에 기술화된 물건이 없다는 것을 이해하기는 어렵지 않다. 또한 근대 세계가 인공 재료에 부여했던 가치, 즉 산업화된 방식으로 원자재를 변형함으로써 얻어지는 모든 가치가 집에서 모두 제거되었다는 것을 이해하기도 어렵지 않다. 실존적인 집은 항상 돌이나 벽돌, 목재와 같은 자연적 재료로 만들어질 것이다. 물론 재료로 사용되는 목재와 나무는 초기에 그곳에 정착하기 위해 숲을 개간하는 과정에서 얻어진 것들이다. 검은 숲에 작은 오두막집을 세울 때도 당연히 그랬을 것이다. 이러한 재료들은 지금도 그 자리에 남아 시간의 흐름과 장소와의 긴밀한 연관성, 즉 삶의 진정성을 여실히 드러내준다. 우리와 땅을 하나로 연결해주는 것보다 더 아름다운 것이 없듯이, 이러한 재료로 만들어진 수공예품보다 더 매력적인 것도 없다.

내부 공간을 부정하고 집을 외부 세계를 차단하는 장벽으로 여기는 철저한 사고방식으로 인해, 실존적인 집에서 가장 큰 비중을 차지하는 장소는 그 어떤 특권화된 공간도 아니고, 집의 중심적 성격을 분명하게 보여주던 홀이나 벽난로도 아니다. 그것은 바로 그 집을 둘러싸고 있는 벽, 즉 외부와 내부 사이의 경계인 외피다. 내부와 외부가 지속적으로 대립하는 두 영역 사이에는 공적인 영역과 사적인 영역을 연결해주는 경계인 문 혹은 입구가 있다. 우리는 다시 테세노프에게로 돌아가서 그의 글과 드로잉에서 문이 어느 정도로 반복되는 주제인지 확인할 것이다. 벤치가 놓인 주랑 현관의 출입문, 계단과 나무가 있는 바깥문, 바닥엔 도어매트가 놓여 있고 위쪽엔 전통적 운율에 따른 문구가 쓰여진 쪽문이 보인다. 우리는 정교하게 만들어진 이 경계 지점에서 세심하기 그지없는 손질을 확인하게 된다. 테세노프 자신은 "현관과 문의 섬세한 디자인이 노동자 주거에 품격을 더해준다"[063]고 주장하는데, 이는 최소한의 주거라는 수량적 평등 개념에 몰두해 있던 당시 실증주의 건축가들에겐 냉소적이거나 거만한 발언으로 들렸을 것이다.

하지만 테세노프와 하이데거는 기술적 대상으로서 문 그 자체를 중요하게 여기지 않는다. 문의 품위와 가치를 표현해주는 것은 단지 그것의 기능성이 아니라 비유성figuratividad이며, '시대를 초월해' 이미 존재하는 문, 과거의 기억과 더불어 그 존엄의 표현을 환기하는 능력이다. 따라서 우리는 주거와 관련하여 근대의 실증주의적 인식과는 정면으로 배치되는 태도가 전개되는 상황을 보게 되는데, 이는 건축계가 1960년대 말부터 다시 관심을 갖게 된 주제와 크게 다르지 않다(테세노프의 부활은 의심할 여지없이 이러한 현상의 명백한 징후라고 할 수 있다). 문제는 단순히 문이 갖는 환기 능력이 아니다. 우리가 재차 연구해봐야 할 대상은 바로 역사주

---

063   Tessenow, Heinrich, *Hausbau und Dergleiche*, Woldemar Klein Verlag, Berlin, 1916. [원주]

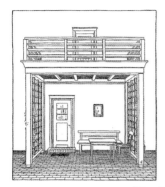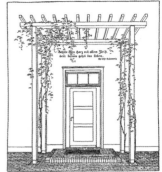

「근로자를 위한 주택」의 현관 드로잉, 하인리히 테세노프, 1917년.

의적 외관과 관련된 집의 이미지 그 자체다. 따로 떨어져 있거나 한데 모여 집합적 블록을 이루는 소규모의 부르주아 주택 같은 전통적 유형들은 교묘하게도 '시간을 초월했다'고 표현할 수밖에 없는 겸손한 모습으로 다시 태어난다. 실존적인 집이 건축적인 측면에서 긍정적인 면으로 부각되는 것도 따지고 보면 바로 이러한 비유적 표현에 따른 확장된 시간성 덕분이다.

정치적으로 읽으면 공간에 대한 이러한 시간 개념은 순전히 부정적인 의미로 여겨질 수 있지만, 그러한 도덕적 판단에 만족한다면 우리는 시간이 지닌 매력과 영속성, 인기와 사회적 수용성을 거의 이해하지 못하게 될 것이다. 사실 이처럼 소박하고 순진한 향수가 하이데거에게서 비롯한 것이라고 단정 짓는다면 그건 잘못된 판단일 것이다. 게다가 그런 향수를 충족시키는 건 불가능하다는 인식, 즉 여름철 검은 숲에 잠시 머무는 피서객일뿐이라는 인식은 하이데거적인 존재에게 현대적이고 아이러니컬한 자각을 부여한다는 것이다. 이는 최근 많은 학자들이 하이데거 사상의 타당성에 관한 논의에서 강조하고 재고찰했던 문제이기도 하다. 예를 들어 쟌니 바티모[064]는 "약한 사고"라는 개념을 제기하면서 우리에게 주어진 문

---

064 쟌니 바티모Gianni Vattimo(1936~)는 이탈리아의 철학자로, 주로 19세기 이후의 독일 철학을 연구했고 특히 니체와 하이데거의 철학을 탈근대적 사고로 재해석했다. 대표작으로는 『기독교 이후, 비종교적인 기독교 정신을 위하여Dopo la cristianita. Per un cristianesimo non religioso』(2002)가 있고, 1986년에는 로바티와 함께 『약한 사고Il pensiero debole』를 편집했다.

「주거 건축 삽화집」에 소개된 드로잉, 하인리히 테세노프, 1916년.

화적 전통이자 운명으로 역사를 받아들일 것을 권한다. 그리고 문화적 전통과 운명 앞에서는 오로지 하나의 관계, 즉 "경건한" 관계만이 가능할 것이라는 말도 덧붙인다. 이러한 관계는 기억과의 실존적 화해를 의미하는 것으로, '경건함'이란 단어를 세속적 의미로 다루는 과정을 통해 창조적인 차원에서 나타난다. 로버트 벤투리[065]가 그의 초기 작품에서 보여준 것처럼, 아이러니와 경건함의 의미에 대해 관심을 기울인 포스트모던 건축가는 거의 없었다. 벤투리는 일관된 시간, 사물의 일관성에 대한 향수가 오늘날 그 실현 가능성을 어느 정도 잃어버렸는지, 그리고 아이러니가 이러한 실존적 패러다임과 갈수록 더 "진정성을 잃어가는" 현실 사이를 중재하는 것이 어느 정도 가능한지를 파악할 수 있었다. 벤투리가 어머니를 위해 지은 집—어머니가 의미심장하게 문 앞에 앉아 있다—이나 우리가 지금 방문 중인, 오두막집의 원형을 연상시키는 휴가용 목조 별장에서 중심을 차지한 벽난로와 지붕, 문은 기억과의 화해를 드러내지만, 초월적인 욕망은 전혀 없이 아이러니하고 쿨한 태도로 과거의 존재에 대한 긍정적인 시각을 보여준다. 하지만 이 집은 관례를 세련되게 따르고 중앙 홀을 중심으로 내부 공간을 일관되게 구성함으로써, 디자인의 관심이 외피 쪽으로 이동했다는 것을 보여주기도 한다. 이러한 내부 공간은 빈번하게 발생하는 이

065 로버트 벤투리Robert Charles Venturi Jr.(1925~2018)는 미국의 건축가이자 이론가로 1991년 프리츠커상을 수상했다. 대표작으로는 『라스베가스의 교훈』(1972), 『건축의 복합성과 대립성』(1996)이 있다. 모더니즘의 한계를 지적하며 포스트모더니즘의 아이콘이 된 인물이다.

혼이나 배우자의 변화로 인해 전통적인 안정성이 감소하면서 두 세대, 그러니까 15년 이상은 거주하지 않는 가족에 어울리는 집으로 소규모의 공간 구성적 특징을 보이며 전개된다.

그 내부에는 전통적 가구와 현대식 가구가 공존하고 있으며, 테세노프의 내부 공간과 어느 정도 연관성이 있지만, 그의 강박적인 전통주의와는 거리가 있다. 사실 이 집은 주택 전문 잡지에 게재된 최초의 사례들 중 하나로, 이 집에 놓인 절충적인 가구들과 함께 세계적으로 널리 알려지게 되었다. 정통성이라는 단일한 모델을 넘어서는 데 있어서 우리가 그 세대의 건축가들에게 얼마나 많은 빚을 졌는지를 이해하려면, 이 집이 공개됨으로써 발생한 충격과 근대적 도그마에 맞선 자유주의적 감각을 기억해야 할 것이다.

대문 앞에 홀로 앉아 있는 벤투리 어머니의 흥미롭고도 감동적인 사진으로 이번 탐방을 마무리하면서, 그녀의 모습을 우리가 그동안 보아온 다른 거주자들의 사진과 비교해보기로 하자. 미스가 꿈꾸던 고독한 니체 같은 영웅, 어두운 실내에서 당당한 표정으로 식사 준비를 하는 아내를 바라보는 하이데거… 사진 속에서 자부심과 나약함을 동시에 반영하는 자세

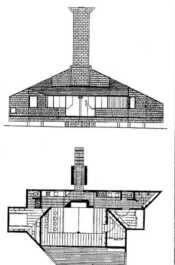

「바나 벤투리 하우스(어머니의 집)」의 사진과 도면, 로버트 벤투리, 필라델피아, 1964년.

로 앉아 있는 그녀의 모습은 그 어떤 텍스트보다 실존적인 집의 영속성과 한계를 잘 보여준다. 이는 실존적인 집이 여전히 구상되고 설계될 수 있는 허약하고 아이러니컬한 형식들, 본래의 일관성을 유지하고 근원을 환기하며 그와 연관된 자연스러운 외관이 지향하는 방향, 그리고 어리석은 향수에 빠지지 않고 그 형상성figuración에 접근하는 방법을 말해준다. 우리의 탐방을 마무리하면서 하이데거가 이러한 개념을 발전시킨 방식대로, 기억과 장소의 활성화가 정치적, 공간적 상관성을 지닌 중요한 개념을 생성해낼 수 있었다는 점을 지적하는 것만으로도 충분할 것이다. 그 근거는 1970년대부터 진보, 질서, 가족의 이념에 대한 대안적 가치를 구축해온, 오늘날에는 일상용어가 되다시피한 "진짜"라는 아이디어다. 이러한 아이디어는 또한 수많은 역사 유적지의 보존과 대도시 주변, 즉 도시와 농촌 사이에서 행해진 대안적 주거 형식에 대한 다양한 실험의 토대가 되기도 하며, 자급자족이 생존의 촉매 역할을 한다는 아이디어다. 하지만 이는 단지 부차적이거나 상징적인 영향에 그치는 것이 아니다. 공간 개발과 대규모로 시행되는 도시 정책이 완전히 바뀐 터라, 역사유적지구의 보존 및 재활성화를 외면하거나 지속 가능한 도시에 대한 담론과 동떨어진 정책은 오늘날 생각도 할 수 없을 정도다. 1980년대에 수많은 역사유적지를 되살리고 1990년대에 지속 가능한 성장을 계획할 때, 지리적 맥락을 재고하게 된 것은, 하이데거가 바우엔bauen[066]이라는 단어의 어원적 의미를 파고들며 6×7미터의 작은 오두막집을 성찰하며 보여준 태도가 영향을 미친 결과라고 볼 수 있다. 하지만 그것만으로는 충분하지 않다. 근대적 정통성에 대한 재검토 작업에는 하이데거와 테세노프가 가졌던 갈망, 즉 기술에 대한 집착과 진보 사상으로부터 벗어나 자연과 보다 균형 잡힌 관계로 회귀함으로써 우리 자신의 과거와도 조화를 이룰 수 있는, 보다 소박하고 겸손한 거주 방식에 대한 열망이 관철되어 있다.

하이데거는 종종 모호한 언어로, 자신의 말을 듣고 싶어 하는 건축가들에게 설명했다. 무엇이 중요한지, 어떻게 그들의 방법과 가치관을 수정

066 독일어로 "(집을) 세우다, 짓다" 혹은 "자기 집을 짓다"라는 뜻이다.

해야 하는지, 왜 타당성이 결여된 가정하에 집을 생각해서는 안 되는지를, 그리고 '집을 짓다'라는 용어의 의미에 문제를 제기하며 '거주하다'라는 근원적인 사실과 대면함으로써 집이 지어지는 것 자체가 주체성의 표현이 되는지를 밝혔던 것이다. 결국 하이데거는 다시 한번 철학적 사유가 건축적 사유를 발전시키는 데 중요한 역할을 한다는 것을 보여준다.

추가 참고도서 목록

Bachelard, Gaston, *La Poétique de l'espace*, Presses Universitaires de France, Paris, 1957 (스페인어 번역본: *La poética del espacio* [공간의 시학], Fondo de Cultura Económica, Ciudad de México, 1965).

Borradori, giovanna, "The Italian Heidegger: Philosophy, Architecture and Weak Thought", in *Columbia Documents of Architecture and Theory* (vol.1), Rizzoli, New York, 1992, pp.123-133.

Heidegger, Martin, *Vortäge und Aufsätze* [1933-1956], Klett-Cotta, Stuttgart, 2004 (스페인어 번역본: *Conferencias y artículos* [강연과 논문], Ediciones del Serbal, Barcelona, 1994).

Moos, Stanislaus von, *Venturi, Rauch & Scott Brown, Buildings and Projects*, Rizzoli, New York, 1987.

Ortega y Gasset, José, *Meditación de la técnica y otros ensayos sobre la ciencia y filosofía* [기술에 대한 성찰, 그리고 과학과 철학에 관한 에세이] [1939], Alianza, Madrid, 1992.

Pardo, José Luis, *Las formas de la exterioridad* [외부성의 형식], Pre-Texto, Valencia, 1992.

Vattimo, Gianni, *La società trasparente*, Garzanti, Milan, 1989 (스페인어 번역본: *La sociedad transparente* [투명 사회], Paidós, Barcelona, 1990).

Venturi, Robert, *Complexity and Contradiction in Architecture*, The Museum of Modern Art, New York, 1966 (스페인어 번역본: *Complejidad y contradicción en arquitectura* [건축의 복잡성과 대립성], Editorial Gustavo Gili, Barcelona, 1974).

3.
자크 타리의 거주 기계:
실증주의자의 집

부부가 행복한 모습으로 서 있는 아르펠 씨의 집.
자크 타티의 영화 「나의 삼촌」의 한 장면, 1958년.

침실 창문으로 밖을 엿보는 아르펠 부부.
자크 타티의 영화 「나의 삼촌」의 한 장면, 1958년.

프랑스식 창문 앞에서 텔레비전을 보는 아르펠 부부.
자크 타티의 영화 「나의 삼촌」의 한 장면, 1958년.

자기 집 다락방 문 위에 놓아둔 열쇠를 찾는 윌로 씨.
자크 타티의 영화 「나의 삼촌」의 한 장면, 1958년.

장식적인 분수와 연못이 갖춰진 집에서 가든 파티를 벌이는 아르펠 부부.
자크 타티의 영화 「나의 삼촌」의 한 장면, 1958년.

아르펠 씨의 집에서 나뭇가지를 자르며 난감한 상황을 만드는 윌로 씨.
자크 타티의 영화 「나의 삼촌」의 한 장면, 1958년.

오귀스트 콩트가 세상을 떠난 지 백 년이 되던 1957년, 자크 타티[067]는 영화 「나의 삼촌Mon oncle」의 제작을 마쳤다. 이 영화는 모더니즘의 신념을 토대로, 집을 설계하고 거주하는 방식에 관한 가장 지적이고 흥미로운 비평을 남긴 작품으로 평가된다. 독자 여러분도 분명히 기억하겠지만 이 영화에서는 두 가지 삶의 방식이 서로 대립한다. 하나는 파리 한복판의 낡고 허름한 집에 사는 삼촌 월로 씨(자크 타티)의 삶이고, 다른 하나는 플라스틱 공장 '플라스타Plasta'의 소유주인 아르펠 씨와 그의 아내(자크 타티의 여동생), 삼촌을 따르는 외아들로 이루어진 아르펠가의 삶이다. 아르펠 가족은 교외의 상류층 거주지에 정원이 딸린 단독 주택에 산다. 언뜻 보기에는 단순한 줄거리지만 삼촌과 함께 산책하기를 좋아하는 소년의 시선, 그리고 아들과 월로 씨를 현대적인 생활 방식에 통합하려고 하는 아르펠 가족의 절박한 노력을 통해 이러한 두 가지 라이프 스타일을 대비시키고 있다.

세심하고 완벽주의적인 예술가 타티는 근대 도시를 날카롭게 분석한 또 다른 영화 「플레이타임Playtime」(1967)과 마찬가지로, 이 작품에서도 스스로 배우와 감독의 역할을 겸했으며 자크 라그랑주[068]와 함께 무대 미술도 담당했다. 이는 니스의 라 빅토린 스튜디오에서 아르펠가의 집을 구상하고 건설했다는 것을 의미하는데(「플레이타임」의 경우 타티는 영화 사상 가장 유명한 현대 도시 세트장을 직접 계획하고 지었다), 이처럼 그의 끈질긴 노력은 헛되지 않았다. 이 영화에서 아르펠 씨 부부와 월로 씨의 라이프 스타일은 대화나 주인공의 의견을 통해서가 아니라 그들을 둘러싼 물리적 환경과 행동을 통해 비교된다. 이는 타티가 무성영화 출신이라 언어에 거의 의존하지 않았기 때문이기도 하다. 영화에 나오는 자연적이고

067 　자크 타티Jacques Tati(1907~1982)는 프랑스의 영화감독, 각본가 겸 배우로 총 6편의 장편영화를 제작했으며, 이중 4편에서 월로 씨Monsieur Hulot라는 캐릭터로 등장하였다. 대표작으로는 「축제일 Jour de Fête」(1949), 「월로 씨의 휴가Les Vacances de monsieur Hulot」(1953), 「나의 삼촌Mon oncle」(1958), 「플레이타임Playtime」(1967) 등이 있다. 프랑스의 구시대와 현대문명 간의 충돌을 따뜻하고 유머러스한 시선으로 표현했다.

068 　자크 라그랑주Jacques Lagrange(1917~1995)는 프랑스의 화가이자 시나리오 작가이다. 그는 1953년부터 자크 타티가 폐색전증으로 사망한 1982년까지 영화 세트를 함께 만들었다.

인공적인 소리와 마찬가지로, 건축과 도시계획은 다양한 종류의 행동을 촉발하는 요소로서 서로 인과관계를 형성한다. 이 영화는 전반적으로 건축에 대한 두 가지 사유와 삶의 방식이 대조를 이루는 내용으로, 건축에 있어서 중요한 교훈으로 인식될 수 있다. 나중에 더 자세히 살펴보겠지만 사실 이 영화의 줄거리는 20세기 내내 결정적인 영향을 미친 두 가지 사조 사이의 갈등을 아주 충실하게 재현한다. 한편으로 실증주의 패러다임이 사생활의 영역에 지속적으로 스며들고, 구원의 수단으로서 진보와 질서에 대한 믿음을 갖게됨으로써, 두 가지 모두 기술 및 과학의 발전을 위해 인간의 재량에 맡겨지게 되었다. 결국 과학은 인간 사고의 정점으로서의 철학과 동일시된다. 다른 한편으로 실증주의에 대한 비판은 처음에는 후설과 베르그송, 후에는 하이데거와 메를로 퐁티 사이의 논쟁을 통해 이루어졌는데, 이는 원래 과학의 개념을 둘러싼 틀을 구축하고, 실증주의의 이념적 본질과 기술관료적 표현 방식을 폭로하는 새로운 주관주의 혹은 생기론을 재정립하려는 시도였다.

　　이러한 대립이 영화는 물론, 제도권 건축의 중심 담론이던 모더니즘 도그마에 맞서는 일부 건축가들의 행동에도 나타난 것은 결코 우연이 아니다. 1956년 "인간 거주지의 문제"를 주제로 두브로브니크에서 개최된 근대 건축 국제회의CIAM[069] 제10차 총회는 후일 팀텐 Team 10[070]이라는 조직을 결성하게 되는 젊은 회원들 – 야프 바케마[071], 알도 반 에이크[072], 앨

069　근대 건축 국제회의*Congrès internationaux d'architecture moderne*(CIAM)는 1928년 르코르뷔지에와 지그프리트 기디온 등의 주도로 설립된 단체로, 현대 건축과 도시계획 이론을 세계 각국에 전파하여, 국제적인 성격이 강한 기능주의, 합리주의 건축을 세계 각국에 보급했다. 건축의 규격화 및 합리화, 저소득층을 위한 주택 계획, 주택 단지의 합리적인 배치, 도시와 인간 등의 다양한 주제를 가지고 활동한 CIAM은 1956년 팀10이 주축이 되어 개최한 제10차 총회에서 젊은 건축가들과 원로 건축가들의 의견 대립이 심화되면서 해체되었다. CIAM의 해체는 양식의 혼란과 더불어 사실상 근대 건축의 종말을 의미했다.

070　팀텐 혹은 팀X는 1953년 CIAM 제 9차 총회에 참가한 젊은 건축가들을 주축으로 기성세대 건축가들의 도시계획 구상에 반기를 들면서 결성된 그룹이다. 앨리슨과 피터 스미스슨 부부, 잔카를로 데 카를로, 칸딜리스, 우즈 등을 중심으로 한 팀텐은 전체보다는 부분을 중요시하고, 고정보다는 변화를 따르며, 닫힌 미학에서 열린 미학을 지향하고, 조직보다는 개인을 중시하는 건축 이론을 제시했다.

071　야콥 베런트 "야프" 바케마Jacob Berend "Jaap" Bekema(1914~1981)는 네덜란드의 모더니즘 건축가로 전후 로테르담 재건축 사업에 참여했다.

072　알도 반 에이크Aldo van Eyck(1918~1999)는 네덜란드의 건축가로 구조주의 건축 운동의 선구자 중

리슨과 피터 스미스슨 부부[073] – 이 참여하여 당대의 거장들을 철저히 비판함으로써 이 조직의 결정적인 위기로 이어지는 계기가 되었다. 이들이 공격한 것은 다름 아니라 근대 건축의 구석구석에 스며든 실증주의적 환원주의다.

이에 비해 타티는 더 많은 자유를 누린 덕분에 선견지명과 신랄한 풍자 정신을 얻을 수 있었다. 그런데 근대성에 의해 만들어진 규범적이고 제도적인 틀 안에서 보자면 이는 불행하게도 한참 후에야 현실화될 수 있는 변화의 증거이자 선례가 될 운명이었다. 그런 이유로 우리는 타티라는 위대한 건축가가 계획한 집들을 방문해서, 거기에 우리 자신이 얼마나 깊이 관련되어 있는지를 파악하고자 한다. 비록 우리가 근대성의 진부한 원칙을 이미 극복했다고 믿는다 할지라도 우리 자신을 근대성의 계승자로 인식하게 된다는 것이다. 그런데 근대성의 진부한 원칙들은 우리의 훈련 과정과 학교 교육에서 중추 역할을 하기 때문에, 우리 건축가들은 오늘날에도 여전히 그러한 원칙을 식별해내는 데 많은 어려움을 겪는다. 어쩌면 콩트와 그의 추종자들이 거둔 가장 큰 성과 중의 하나가 프랑스의 학문적인 실증주의, 즉 에콜 폴리테크니크[074]일지도 모른다는 점을 기억하자. 그곳의 연구 프로그램에는 실증주의적 이상이 다소 변형되기는 했지만 대부분 원래 그대로의 모습을 유지하고 있다. 우리는 실증주의적 방법에 따라 맹목적으로 훈련받았고 그 시각에서만 보도록 배웠기 때문에, 다른 눈으로 보고 기존의 것을 잊는 법을 배우기 위해 강도 높은 훈련을 할 필요가 있다는 점을 명심하자. 그리고 이것이 의미하는 바에 대해 나름의 견해를 갖고 싶다면, 20세기에 영향을 미쳤던 모든 사상을 검토해야 한다. 프리드리히 니체에서 마르틴 하이데거에 이르기까지, 윌리엄 제임스에서 질 들뢰즈에 이르기까지 말이다. 이성의 꿈으로서 실증주의는 20세기의 가장

한 명이다.

073 앨리슨 마거릿 스미스슨Alison Margaret Smithson(1928~1993)과 피터 데넘 스미스슨Peter Denham Smithson(1923~2003)은 영국 출신의 건축가 부부로 뉴 브루탈리즘New Brutalism 운동에 참여했다.

074 에콜 폴리테크니크École Polytechnique는 1794년에 세워진 프랑스의 명문 공학 계열 그랑제콜 Grandes Écoles 중 하나다.

잔혹한 사건(히로시마, 아우슈비츠)을 일으켰을 뿐만 아니라, 이제 시대에 가장 뒤처진 이념, 즉 과거 우리에게 통일성과 질서를 부여하고자 했던 크로노스 신이 삼켜버린 유일한 이데올로기라는 점도 한번 생각해보자. 오귀스트 콩트와 그의 추종자들은 오늘날의 역사 그 자체다. 실증주의에서 시작된 거대한 물길을 거슬러 헤엄치지 않았더라면 우리의 입장도 달라졌을 거라는 확신을 가질 때, 비로소 우리는 그것이 남긴 유산에 대해 비교적 공정한 평가를 내릴 수 있게 될 것이다.

하지만 오귀스트 콩트와 그의 학설은 결코 고립된 현상이 아니다. 만일 그의 목표가 사회를 과학적으로 설명하는 것 - "실증적 철학의 근본적인 성격은 모든 현상이 불변의 자연법칙에 종속된다는 것이고, 이러한 자연 법칙을 정확히 찾아내고 가능한 한, 경우의 수를 최소한으로 줄이는 것이 우리 노력의 목적이다"[075] - 이라면, 찰스 다윈과 그의 진화론에서 콩트는 특별히 흥미로운 모델을 발견했을 것이다. 왜냐하면 이는 실증주의가 자리 잡기를 원하는 삶의 영역에서 정밀과학의 과학적 추상화를 생명과학에 통합시키는 것을 의미하기 때문이다. 동시대의 또 다른 인물인 허버트 스펜서[076] 또한 실증주의적 이상을 공고히 하는 데 결정적인 역할을 했다. 그의 "진화론"은 문화가 자연 세계의 유기적 순환과 전혀 다르지 않은 생애주기-성장기, 청년기, 성숙기 등-를 따르는 생물체처럼 발전한다고 규정함으로써 생물학과 인문과학을 연결할 수 있는 발판이 되었다. 결과적으로 인간의 지식과 문화는 자연 세계에 몰입하면서 과학적으로 연구될 수 있게 된 셈이다. 따라서 실증주의적 사고에서 철학은 무엇보다 과학 연구의 조력자 역할을 하게 된다. 철학은 인간이 순수한 동물의 세계, 특히 영장류에서 시작된 진화 과정에서 받아들인 참되고 성숙한 형태의 지식, 즉 과학을 정당화하고 그에 따라 해석하는 한에서 존재할 권리를 갖는다. 실증주의적 사고의 목표는 이러한 진화 과정을 강화하고, 인간을 과학에

---

075 Comte, Auguste, *Cours de philosophie positive* [1830~1842] (스페인어 번역본: *Curso de filosofía positiva* [실증적 철학 강의], Aguilar, Buenos Aires, 1973). [원주]

076 허버트 스펜서Herbert Spencer(1820~1903)는 영국 출신의 사회학자, 철학자이자 심리학자로 오귀스트 콩트의 체계에 필적할 만한 대규모의 종합사회학 체계를 세웠다.

의해 조직된, 아무 갈등 없이 완벽한 사회로 이끄는 것, 즉 종교적 초월성을 삶의 내재성에 적용하는 것이다. 따라서 실증주의 이론은 결국 세계를 질서와 진보의 왕국으로 만드는 데 헌신하는 종교, "인류의 종교"가 될 것이다. 콩트는 마침내 실증주의 교리 문답서[077]를 작성하고 자신을 교황으로 내세우게 된다. 처음에는 터무니없는 일처럼 보이겠지만 이는 결국 실증주의적 사유 방식의 정점이자 그 독단성과 전체론적인 성격, 그리고 스스로를 유일하게 가능한 철학으로 제시해야 할 필요성을 명백하게 드러내준다.

실증주의는 또한 사회학의 기원이기도 하다. "불변의 자연법칙에 복종하는" 자연 현상으로 인식되던 인간과 사회는 이제 과학적 지식의 대상이 된다. 개인은 관찰과 실험의 대상이 되는 기계부품으로 추상화되고, 예측 가능한 행동으로 분류 가능한 객관적 데이터로 다루어진다. "사회의 움직임은 물론 인간 정신의 움직임조차 특정 시대마다, 심지어는 언뜻 보기에 완전히 혼란스럽게 보일지라도 실제로 어느 정도까지는 본질적인 세부 사항을 예측할 수 있다."[078] 그렇지만 콩트에게 있어서 이러한 과학적 진술은, 모든 것을 미래의 사회적 과정에 맡긴 채 제대로 정의된 진화 개념도 없이 과학, 사회학, 종교로까지 나아가려는 실증주의적 사고에 대한 호소로서, 단지 선언적 수준으로만 머물게 될 것이다. 이런 점 외에도 여러 측면을 감안할 때, 실증주의적 사고가 근대 건축가들의 주장과 매우 유사할 뿐만 아니라 그들에게 심대한 영향을 끼친 것은 사실이다. 그런데 이들 건축가는 자신들의 주장과 산업화 및 기계와의 친연성을 구체적인 내용으로 채울 만한 능력이 없었고, 자신들을 과학자로 인식할 수도 없었다. 오히려 이 건축가들은 곧 거대한 변화가 도래할 것이라는 계시를 알리는 교황의 제스처를 취한다.

이것이 바로 타티가 관찰하고 풍자한 세계이자, 아르펠 부부의 집에서

077   Comte, Auguste, *Catéchisme positiviste* [1852], (스페인어 번역본: *Catecismo positivista* [실증주의적 교리 문답서], Editora Nacional, Madrid, 1982). [원주]

078   Comte, Auguste, *Curso de filosofía positiva, op.cit.* [원주]

구체화되었듯이 질서와 과학적 진보에 성공적으로 통합된 삶의 방식이다. 따라서 타티의 개인들이 사회라는 기계 장치 속에서 완전히 통합되는 것을 꿈꾸는, 조화롭지만 애당초 불가능한 삶의 모방이자 실증주의의 통계 대상으로 전락한 개인에 대한 패러디라고 할 수 있다.

　이 집에는 누가 살고 있을까? 이 집을 가장 강렬하게 활성화하고 소유하는 주체는 어떤 인물일까? 이 실증주의적 집에 거주하는 이는 한 명의 중심인물이 아니라 모범적인 가정(아르펠 씨 가족)이다. 보다 정확히 말하면 물질적인 진보를, 그들 자신의 도덕성이 가져다준 직접적인 결과이자 운명으로 해석할 만큼 엄격한 칼뱅주의적 도덕을 갖춘 부부, 그리고 현재가 다소 희생되더라도 실증주의 강령이 약속하는 바와 같이 가까운 미래에 최고조에 달하게 될 물질적인 행복을 누리는 부부 말이다. 중요한 점은 이 가족이 아무런 특징도 없고, 가정이라는 말이 무색하게 그저 거대한 사회 전체의 일부를 이루고 있을 뿐이라는 것이다. 그러한 미래의 진보에 도달하려면 무엇보다 개인을 세계 만물과 인류의 통일성 속으로 포섭하는 것—사회학의 창시자인 콩트에게 개인적인 것은 추상적인 그 무엇이다—이 필요하다. 따라서 개인은 따로 존재할 수 있다는 생각을 멈추고 자신의 비판적 역할을 포기해야 하며 산업화와 실증주의, 철학을 넘어선 이데올로기, 새로운 세계에 어울리는 유일하고도 결정적인 철학에 의해 부과된 규범과 기준을 무조건 따라야만 한다. 이러한 주체는 르코르뷔지에가 말하는 평균적인 인간, 즉 통계적 유형의 가족일 뿐만 아니라, 권위 있는 건축가들이 최소한의 주거라는 혼란스럽기 짝이 없는 실험으로 사회적 활동을 객관화하여 정량화할 수 있게 만들어준 정신적인 구축물constructo에 다름 아니다.

　환상적인 현상학적 미로에 거주하며 그 어떤 진보 관념에도 무관심한 삼촌 윌로 씨는 일방통행 사회에 매몰된 이 조직적인 가정에 맞서 기생충처럼 살아가는 자신의 존재만으로 체계화된 사회의 기괴함을 드러내고, 엄밀한 의미에서 그것을 해체한다.

　윌로 씨는 현재에 산다. 따라서 매 순간과 상황은 그 자체로 의미를 가진 자율적인 경험으로 인식된다. 윌로 씨는 후설의 에포케[079]를 문자 그대로 재현한다. 이는 현상학적 주체가 어린아이와 같은 순수함과 강렬함 – 가령 그에 대한 조카의 애정을 보라 – 으로 세계와 그 대상을 마주하여 스스로를 정립하는 방식을 의미한다. 반면에 아르펠 씨 가족의 모든 행동은 그 근거와 의미를 외부에 두고 있다. 다시 말해 그들의 행동은 시간의 흐름에 따라 점진적이고 필연적으로 완성되는 것을 목표로, 기독교적 신앙의 목적론적 시간을 세속화된 모습으로 재생산하는 실증주의의 신학적 시간에 몰두한다(그리고 이는 역사적 유물론과도 일맥상통한다). 이는 오로지 앞으로만 흘러가는 시간, 분명 과거와 미래에 대해 매우 다른 평가를 내리게 되는 기억상실의 시간이다. 과거는 누적된 고통의 회상에 불과하므로 과거로부터 오는 모든 것은, 미래가 약속하는 것보다 낮은 평가를 받을 수밖에 없을 것이다. 그것은 진보를 향한 직선적 투쟁에서 사회의 하위 계층이 노력한 흔적 정도로만 그 가치를 인정받게 될 것이다. 르코르뷔지에가 제시한 부아쟁 계획안에서 새로운 파리 전역에 흩어져 있는 역사적 기념물들은 기억이나 계보학적 시간과의 제한적인 관계를 제대로 설명해주는 사례다. 이는 또한 허버트 스펜서가 제시한 유기적 진화론의 시간이자 콩트의 실증주의와 동일시되는 다원적 시간으로, 몇몇 동일한 성장 발전 법칙 내에서 사회와 자연을 종합적으로 융화할 수 있는 시간이다. 근대적 정통성의 두 가지 흐름인 기능주의와 유기체론은 동전의 양면에 지나지 않는다. 콩트는 이를 다음과 같이 설명한다.

개인이 생물학적 존재에서 일련의 상태와 단계를 거쳐 발전하는 것과 비슷하게, 인류 또한 자신의 존재와 생활 여건, 여러 활동을 더 완벽하게 만들어주는 일련의 단계를 통해 발전한다. 물리적 법칙과 마찬가지로 사회적 진보는 필연적이고 불가항력적인 힘이다.[080]

079 에포케epoché(epokhé, εποχη)는 고대 그리스 철학에서 판단중지를 뜻하는 말이다. 후설의 현상학에선 일상적인 관점을 괄호 안에 넣어 중지시킴으로써 순수한 체험, 순수한 의식을 획득하는 방법을 두고 현상학적인 에포케라고 부른다.

080 Comte, Auguste, *Système de politique positive* [1851-1854], Anthropos, Paris, 1969-1970. [원주]

근대성의 공간은 과거를 거의 망각한 채 미래를 향해 나아가게 되고, 실증주의적 교리문답Catecismo positivista이 옹호하는 보편적 법칙과 가까운 미래에 그 실현을 보장하는 규범에 의해 구성되는 경향을 띠게 될 것이다. 도시계획 및 설계, 도시 성장의 관리 기술인 어바니즘urbanismo을 객관화하는 일은 완벽한 목적론적 시간, 즉 "빛나는" 시간의 최고 성과가 될 것이다. 평면도를 다루는 방식은 집에서 도시까지 정량화된 자동변형방식una automorfismo aescalar으로 재현되어 건축가의 기술 그 자체를 물리 법칙만큼이나 "필연적이고 저항할 수 없는" 명시적인 것으로 만든다. 따라서 집의 공간과 분위기, 그리고 그 기억은 말하자면 거의 존재하지 않는다. 그러한 것들은 규범적 정량화, 즉 평면도 작업을 통해 전형적인 가정을 생물학적으로 객관화하기 위해서 완전히 제거되었다. 실증주의 건축가에게 새로운 측정 단위는 "제곱미터"인데, 이는 프레더릭 윈즐로 테일러[081]가 『과학적 관리법The Principles of Scientific Management』(1911)[082]에서 주장한 산업 생산의 합리적 효율적 관리 기술을 개인 생활의 영역에 적용함으로써 최적화된 결과다. 실증주의적 연구 대상인 집의 내부는 아무런 장애 없이 완벽하게 조정된 다이어그램으로 재구성하기 위해, 실내의 모든 움직임을 기본 단위로 분해하는 테일러 식의 해부 과정을 거치게 된다.

최소 주택에 관한 알렉산더 클라인[083]의 작업, 그리고 이와 비교되는 평면도와 건축면적을 통해 최소한의 주거 문제를 집중적으로 다룬 근대 건축 국제회의CIAM는 모두 과학적 방식으로 공간을 축소한 성과를 보여준다. 클라인의 방법론적 구상은 실증주의적 주택 설계를 가장 완벽하게 요약해준다. 네 가지 요인-통계 자료, 과학적 원리, 기술 및 구조적 측면-은 연속 구성 방식에서 절정에 이르는 수목형의 연쇄적 의사 결정 과정

081 　프레더릭 윈즐로 테일러Frederick Winslow Taylor(1856~1925)는 미국의 산업공학자이자 경영학자로 과학적 관리에 기초한 경영법을 창안하여 공장 개혁과 경영 합리화에 큰 업적을 남겼다.

082 　Taylor, Frederick W., *Principles of Scientific Management* [1911] (스페인어 번역본: *Principios de la administración científica* [과학적 관리법], Herrero Hermanos, Ciudad de México, 1970). [원주]

083 　알렉산더 클라인Alexander Klein(1879~1961)은 독일/이스라엘의 건축가이자 도시계획 전문가이다.

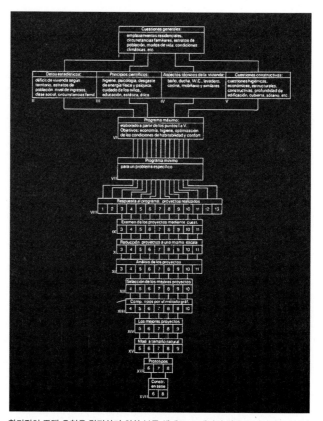

합리적인 주택 유형을 결정하기 위한 분류 체계도, 프레더릭 윈즐로 테일러, 1911년.

을 형성한다. 클라인에게 주거는 여타 산업 과정과 동일한 방식으로 분석
해야 하는 산업의 문제가 되었다. 주거 문제에 대한 과학의 기여, 소형 주
택의 평면도를 위한 도면작성법 도입, 단독 주택의 남향 배치 등은 그의 이
론적 작업이 갖는 특성뿐 아니라 그가 전통적인 건축가에서 산업 기술자
로 변모하는 과정을 분명히 드러내주는 키워드이다.

　　그럼 이제 마가레테 쉬테리호츠키[084]가 프랑크푸르트의 에른스트 마
이를 위해 설계한 주방으로 넘어가보자. 그 주방은 작업대와 도구 등이 있
는 목수나 선반공의 작업장과 흡사하다. 그녀가 그 주방에서 요리하는 모

084　마가레테 쉬테리호츠키Margarete Schütte-Lihotzky(1897~2000)는 오스트리아 최초의 여성 건축
　　가이자 공산주의 활동가로, 기능주의 디자인을 대표하는 「프랑크푸르트 주방」을 설계한 것으로 유명
　　하다.

합리적인 주택 유형
을 결정하기 위한 분
류 체계도.

습을 찍은 짧은 동영상 스틸 컷은 효율적인 움직임을 생생하게 보여준다. 그러면 이제 아르펠 부인이 이웃 사람들에게 어떻게 자기 집을 보여주는지 살펴보자. 그녀는 "기능적으로" 설계된 집이라 사용하기가 편하다는 것을 자랑스럽게 설명하며 이렇게 말한다. "방이 모두 연결되어서 아주 실용적이고 편리해요. […] 게다가 침실은 모두 배치가 잘 되어 있어 어디서나 정원이 훤히 내다보인답니다." 아울러 그녀가 위생적이고 반자동화된 주방을 어떻게 과시하는지도 주목해보자. 또 그들의 외아들이 삼촌의 묵인 덕분에 부모 몰래 배를 채우는 시장과 골목길 노점의 강렬하고 자연스러운 분위기를 이 집의 가정환경과 비교해보자. 그리고 타티가 강조한 것처럼, 시장 상인들이나 거리 청소부들의 느슨한 위생 관념을, 손이 닿는 곳이면 어디든 돌아다니며 실내에 먼지 하나 없는 병원처럼 먼지를 털어야 직성이 풀리는 이 집 부인의 위생에 대한 강박관념과 비교해보자.

결국 공간은 정량화되어 움직임, 기하학, 수학적인 분석의 산물로 변환되면서 수량화되었다. 공간은 그 자체로는 거의 존재하지 않는다. 이제 공간은 평등하고 효율적이며 건강하고 근면한 가족의 멋진 모습이 펼쳐지는 르네 데카르트의 확장체*res extensa*, 즉 연장적延長的 실체로 볼 수 있다. 우리는 여기서 윌로 씨의 집에서 볼 수 있는 구불구불한 미로의 비밀스런 강렬함도, 실존적 집의 계보를 잇는 모호한 의례도 볼 수 없을 것이다. 실증주의적인 집은 한 가족을 다른 가족과 대비하면서, 가정을 하나의 단위로 묶어 외부 세계에 보여주는 집이다. 그 집은 견고하고 감각적인 현상학적 외관이 아니라, 투명성과 햇빛, 청결에 의해 의학적으로 위생 처리된 무균의 공간으로 나타난다. 따라서 실증주의적 공간은 밀도가 없는 공간이자 과거에 맞서 미래를 향해서만 투사된, 아무 기억도 없는 공간이다.

공간과 관련된 모든 것은 결국 도덕주의에 빠지게 된다. 공간의 투명성은 권위주의적이고 억압적일 뿐만 아니라, 대중을 투명하게 감시할 수 있는 제레미 벤담의 파놉티콘[085]과 직접 연관될 수도 있다. 그런 집에는 일

---

085   영국의 철학자이자 법학자인 제러미 벤담Jeremy Bentham(1748~1832)이 제안한 감옥의 건축양식을 말한다. 벤담에 따르면, 파놉티콘에서는 소수의 감시자가 자신을 드러내지 않고 모든 수용자의 일거수일투족을 감시할 수 있다고 했다.

「프랑크프르트 주방」(입구 쪽에서 본 모습), 마가레테 쉬테리호츠키, 1926년.

탈이나 고립, 즐거움을 위한 어떤 장소도 없다. 실증주의적 근대성의 유동적인 공간은 감시와 밀접하게 연관되어 있고, 공간의 문제를 계몽적 의도와 연결시킨다는 것을 의미한다. 따라서 그것은 낙관주의적인 미래에서 만타당한 공간이다.

우리는 지금까지 논의한 것을 다음과 같이 종합할 수 있다. 근대적 공간에서 사적인 것은 밖으로 노출되고 가정적인 것은 사라지며 친밀한 것은 처벌받는다. 아르펠 부부의 침실 "창문들"을 통해 타티가 멋지게 풍자하는 것은 바로 경계심으로 바뀌어버린 이 가시성이다. 이는 중정 주택에 거주하는 니체적 주체로서는 도저히 견딜 수 없는 것이며, 작은 오두막집 벽 뒤로 은신하는 실존적 존재에겐 정면으로 공격당하는 것이나 마찬가지다. 높은 곳에서 주변 세계와 동료들이 사는 도시를 굽어보는 아르펠 부부는 실증주의적 집을 의인화함으로써 자신들의 행위가 질서와 통합을 위한 감시라는 뿌리 깊은 인식을 드러낸다. 여기서 집은 감시하는 기계다.

따라서 실증주의적 집에 어떤 특별한 공간이 있다면, 그건 가족을 유

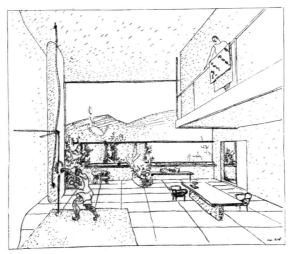

집합 주거의 공중정원 드로잉, 르코르뷔지에, 1928년.

기적 전체로 나타내는 공간이라는 점을 분명하게 알 수 있다. 그 공간은 실증주의적 주체가 실현되는 장소, 가시성과 투명성이라는 실증주의의 공간적 이상이 가장 잘 발현되는 장소인 거실이다. 이러한 생활 방식의 핵심 요소이자 상징적 표현으로 변한 거실이 둘 혹은 세 개 층을 차지할 정도로 커짐에 따라, 마치 파놉티콘 모델을 가정에 적용한 것처럼 집은 거실을 둥 그렇게 둘러싸는 구조로 이루어진다. 하지만 이러한 내부 공간은 반드시 외부에서도 그와 짝을 이루는 모습을 갖게 된다. 테라스나 정원은 거실의 거울상이자 닮은꼴로 여겨지고, 단지 얇고 투명한 유리판만이 그 두 공간을 분리하게 된다. 신선한 공기가 가득한 르코르뷔지에 스타일의 테라스와 아르펠가의 정원에선 자연과 위생이, 그리고 건강과 진보가 승리한다. 자연에 대한 문화적 관념도 과학적 비전에 의해 변형되어 당대의 의학적 개념에 따라 건강을 제공할 수 있는 범위 내에서만 집과 도시에 속하게 된다. 태양축heliothermic axis은 실증주의적 주택에 극성을 부여하고 주변 지역으로 확장하여(루트비히 힐버자이머의 설계도를 참조할 것) 도시 구성 및 조직의 방향을 제시한다(300만 명이 거주하는 도시에서 모든 건물들이 태양을 향하고 있는 이성의 악몽, 르코르뷔지에의 빛나는 도시 *Ville*

Radieuse[086]를 떠올려보자). 자연은 오로지 스포츠, 건강, 위생을 위해서만 자신의 역할을 다하게 된다. 따라서 자연은 앞으로도 계속 평평한 상태로 축소되어 "녹색 표면", 즉 확장체*res extensa*+태양축이 될 것이다.

그럼 분수대와 연못이 갖추어져 있고 그 사용법과 움직임이 소름끼치도록 체계화된 정원, 햇빛이 환하게 쏟아져 언제나 눈부신 아르펠가의 정원, 야외로 확장된 거실같은 정원을 살펴보기로 하자. 그리고 이를 윌로 씨가 자주 찾고 조카를 즐겁게 해주는 교외의 공터, 가장 강렬한 사회적 교류가 이루어지면서도 모든 것을 용인해주는 구역인 그 허허벌판과 비교해보자. 타티는 이처럼 사이비 과학의 관점에서 자연 개념을 축소하려는 시도가 근대 도시에 미친 영향, 즉 공공 공간에 대한 공리주의적 전망이 지닌 한계를 드러내준다.

실증주의의 목적론적 시간이 공간적으로 분명하게 드러나는 '확장체와 태양축'의 조합은 어떤 물질적 속성을 가지고 있을까? 실증주의적 주택에는 자연 재료, 즉 숲을 개간하면서 나온 돌과 나무 – 적어도 실존적 은신처를 지을 수 있는 이상적인 재료지만 – 가 사용될 여지가 없다. 이런 집에서는 어떤 종류의 기억도 모두 열등한 지위를 차지한다. 조상들을 기억하는 것도, 무언가의 기억을 떠올리게 하는 어떤 가구도 금지되어 있고 – 이 말이 믿어지지 않는다면, 언론매체에 등장하는 실증적 성격이 더 뚜렷한 주택의 내부를 보라 – 건축 재료도 근대적인 것이 아니면 쓸 수가 없다. 반면 산업화된 기술이라면 무엇이든 환영받을 것이다. 벽은 고대인들이 바깥 날씨로부터 스스로를 보호하기 위해 만든 거대하고 둔중한 덩어리로는 절대 되돌아가지 않을 것이다. 이제 벽의 물리적 속성은 건축법에 따라 따라 정해지며, 공장에서 생산된 자재는 가장 효율적인 방식에 의해 건식으로 조립되는 복잡하고 다층적인 건물의 벽체를 구성하게 된다. 따라서 테일러 식의 분류*disección*는 전통과 가장 밀접하게 연관된 구성 요소

---

086 르코르뷔지에가 『빛나는 도시』(1933)라는 저서에서 주장한 도시 설계로, 인구 300만 명 규모의 격자형 대도시 구조, 주거의 고층화 등을 골자로 한다. 하지만 이 구상은 유럽이 아닌 브라질의 수도 브라질리아에서 일부 실현되었으며, 그 영향력은 아파트 공화국이라 불리는 한국의 집합 주거 및 도시구조, 대규모 신도시 건설에도 여전하다고 볼 수 있다.

속으로 침투하지만, 실내 공간에는 그런 복잡성이 필요없다. 문제는 건강에 해로운 것이나 기억과 관련된 어떤 암시도 피하면서, 가시성을 기반으로 하는 데카르트적이고 위생적인 공간에 생명력을 불어넣는 것이다. 따라서 외부에서 공공 공간이 고유한 속성, 즉 "푸르름el verde"을 잃어버린 채 연속적이고 획일화된 소재로 변해버린 것과 마찬가지로, 내부에선 "순백"의 피막이 모든 것을 무차별적으로 뒤덮으면서 순수한 확장체처럼 기하학적 성격을 강조하게 된다. 이에 따라 공간은 위생적이고 빛나는 느낌을 갖게 된다. 이런 관점에서 볼 때, 이 집에 사용된 재료의 비물질성은 매우 일관되고 논리적이다. 실증주의 집은 중립적인 "무표정한" 재료인 유리로 만들어진다. 이 근대적인 재료는 가시적이고 통합적이며, 모든 것을 최대한 균일하게 만들고 위생적인 관점에서는 효율적인 동시에 공간의 밀도를 낮추는 역할도 한다.

여기서 유리의 엄청난 인기와 명성을 굳이 강조할 필요는 없을 듯한데, 아무튼 실증주의적 주택은 우리가 보게 될 집 중에서 유리를 가장 많이 사용하는 집일 것이다. 제조와 조립 및 설치 과정부터 투명성에 이르기까지 유리가 보여주는 특성 덕분에 유리는 아주 우수한 소재로 인정받는다. 유리는 근대의 산업체계 안에서 생산된 자재로서 완벽한 평탄도와 예리함 등 완성도가 높고, 눈에 보이지 않을 정도로 투명해서 건강에 좋은 태양열을 실내로 유입시킨다. 이처럼 이념적 가치—실증주의적 가시성—가 높아지는 현상이 기술과 재료의 등장과 운 좋게 일치하는 경우는 매우 드물다. 유리를 이처럼 이상적인 재료로 보는 시각에는 이견이 있을 수 있지만 말이다(유리는 표면이 불투명해질 정도로 태양광을 반사하기 때문에, 햇빛에 대한 특성은 제한적이며, 그 완성도 또한 상대적이고 깨지기 쉬울 뿐 아니라 본질적으론 반투명한 천연 암석의 가공품이다). 그러나 이런 속성 중 어느 것도, 외부를 향한 투명성과 내부의 공백, 위생적인 표면을 만들어내는 유리의 매력을 감소시키진 못할 것이다. 유리는 결국 실증주의가 추구하는 물질성을 환기시키며, 눈부시고 유익한 빛과 순수한 가시성의 효과에 도달하려는 욕망에 형태를 부여한다.

이처럼 가정의 가시성을 보여줌으로써 가족은 더 상위 단계의 집단적

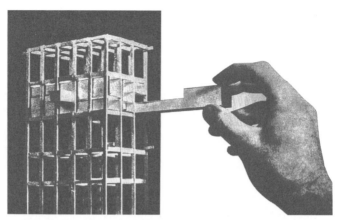
단위세대를 건물의 뼈대 안에 채워넣는 집합 주거 개념 모형, 르코르뷔지에, 1945년.

조직 속으로 통합된다. 거실의 가시성은 집에서 다시 나타날 것이고, 실증주의적인 집이 가장 자연스럽게 지향하게 될 집합 주거 블록에서 재현될 것이다. 지금까지 우리가 검토한 여러 유형의 집들 중에서 집합 주거 블록의 일부가 되는 것을 "자발적으로" 수용하는 경우는 이 집이 유일할 것이다. 이제 가족은 스스로를 더 우월한 사회적 유기체에 속한 세포로 간주하기 때문에, 팔랑스테르[087]를 참조하여 실증주의와 유토피아적 사회주의 사이의 연관성을 드러낸다.(콩트는 사회학을 창시한 인물이자 앙리 드 생시몽[088]의 제자였다). 이제 한 가지 분명히 짚고 넘어가야 할 것이 있다. 실증주의적 주택은 주거 블록에서 그 정점을 이루는 유일한 집이다. 그리고 주거 블록에 형태를 부여하는 능력에서 자기 아이디어의 정당성을 찾은 이들은 근대 건축가들이 유일하다.

  그렇지만 실증주의적 주택과 주거 블록은 집단적인 것이 더 우월한 가치를 갖는다는 도덕적 명령에 의해 추진되기 때문에, 주거의 궁극적인 목

---

087 팔랑스테르phalanstère는 19세기 초 프랑스 공상적 사회주의자인 샤를 푸리에François Marie Charles Fourier가 제안한 자급자족적 유토피아 공동체 건물이다. 그는 500~2000명의 사람들이 거기에 거주하면서 상부상조하는 공동체를 건설하는 것을 목표로 했다.

088 생시몽 백작 클로드 앙리 드 루브루아Claude Henri de Rouvroy, comte de Saint-Simon(1760 ~1825)는 프랑스의 사상가이자 경제학자로, 오웬, 푸리에와 더불어 공상적 사회주의자로 알려졌다. 만민 평등사상에 심취해 16세의 나이로 미국의 독립전쟁에 참여하기도 했다. 계몽주의 사상의 영향을 받은 그의 사상은 후일 마르크스와 존 스튜어트 밀에게 큰 영향을 미쳤다.

적은 공적 공간 문제를 해결하여 도시를 만드는 것이다. 결국 이는 계몽주의 프로젝트이며 사회적 낙관주의가 실증주의에 깊게 영향을 미친 결과로, 주택을 통해 도시를 건설하고 공공 공간을 구축하는 것이다.

게다가 집합 주거 블록은 본격적으로 유기적인 것과 기계적인 것, 진화론과 산업화 사이의 종합을 촉진하게 될 것이다. 그것은 또한 사회에 대한 유기적 은유(세포와 유기체)의 최종적 표현이자, 표준 가정을 위한 표준화된 물건을 대량 생산하는 산업화의 산물이 될 것이다. 불변의 자연 법칙은 사회에서 재현되며 이러한 배치를 완성하는 데 필수적인 지식을 소유한 이들은 바로, 일하는 모습과 방식이 유사한 과학자들과 근대 건축가들이다. 아르펠 씨 가족이 사는 실증주의의 도시는 테일러가 산업을 위해 개발한 과학적 완벽주의 모델, 즉 시간과 공간을 최적화된 자립적 단위로 분할한 모델을 토대로 건설된 것이다. 「나의 삼촌」의 다양한 시퀀스는 아르펠 가족이 경험한 삶의 순간들을 연관성이 별로 없는 장면들로 분할한다. 자동차를 타고 효율적으로 이동하는 장면, 공장에서 체계적으로 작업하는 장면, 집 안의 가정생활이나 정원 파티의 긴 시퀀스를 보라. 고유한 소리를 담고 있는 각각의 장면은 영화에서뿐만 아니라, 아르펠가의 삶에 있어서도 자율적인 단위들이다. 하지만 윌로 씨만 연속성을 잃지 않은 채, 그 장면들을 가로지르면서 그것들을 뒤섞고 혼란스럽게 만들고 있다.

이처럼 분리된 채 길게 이어지는 장면들은 근대 도시를 그대로 재현하고 있으며, 1933년 마르세이유를 출발해 아테네로 향하던 유람선에서 개최된 CIAM 회의 중에 만들어진 실증주의적 도시에 관한 위대한 선언문 「아테네 헌장」[089]을 구체적으로 형상화한 것이다. 여기서 거주, 여가 활동, 노동 그리고 교통이란 분류 기준은 대도시에 대한 이해도를 높이는 데 가장 적합한 범주로 지정되었다. 이 항목들은 각각 시간과 공간으로 구분되어 산업사회의 전반적인 생산성을 최적화한다. 위대한 교황 르코르뷔지에는 이러한 최소 단위를 이용해 최종적으로 유기적인 결과물을 만들어

089   Le Corbusier, *La Charte d'Athènes*, Plon, Paris, 1943 (스페인어 번역본: *Principios de urbanización. La Carta de Atenas* [도시계획의 원칙: 아테네 헌장], Ariel, Barcelona, 1971). [원주]

낼 것이다. 따라서 이전에 분리되었던 요소들도 빛나는 도시에서는 인간의 신체를 닮은 구성을 취하게 될 것이다. 그곳에서 과학적 믿음의 결과는 개인의 신체를 조화와 질서가 지배하는 하나의 거대한 사회적 신체, 즉 태양축을 향하는 위생적이고 건강한 신체로 복원하는 것이다. 기계적이고 과학적인 분석은 완벽히 정돈된 유기적 사회를 창조하는 역할을 하며, 그 완벽함의 광채 속에서 도시에 대한 과학적 원칙, 즉 어바니즘의 필요성을 보여준다.

그 유기체를 위한 기획이자 사회적 풍요에 도달하는 방법으로서의 도시계획은 그 방식을 조금도 수정하지 않고 평방미터와 평면도에 기울였던 관심을 노동자 주택에서 도시 전체로 옮긴다. 따라서 아르펠가의 도시는 계획된 거대 기계이자 브라질리아의 모더니스트들이 바라던 순수함만으로 실현된 실증주의적 사회의 유토피아가 된다. 브라질리아에서 그 도시를 탄생시킨 상징성을 우리에게 잘 드러내주는 것은 역시 그 평면도가 된다. 하늘을 나는 인간의 위대한 꿈 또한 과학 덕분에 현실이 된 것처럼, 완벽한 도시를 향한 꿈이 도시계획의 과학적 원리 덕분에 실현되는 것처럼, 하늘을 나는 인간의 위대한 꿈 또한 과학 덕분에 현실이 된다. 기계적이면서도 유기적이라는 이중적 은유인 비행기와 새는 아마존 정글의 가장자리에서 날개를 펼치며 의심할 여지 없이 위대하고 –왜 아니겠는가?– 기괴한 이성의 꿈을 건설하고 있다.

우리는 주택의 계획체계가 도시 규모로 재현된다는 것을 발견했다. 여기서 가장 중요한 자료는 역시 평면도로서 구역지정zoning[090]의 분석을 통해 최적화를 이루고, 유기적이고 위생적인 상태로 시민들에게 돌려주는 일일 것이다. 그러나 우리는 또한 주택 계획을 도시계획의 전환으로 이해할 수도 있다. 실증주의 주택의 계획은 구역지정으로 해결된다. 다시 말하면 태양을 향하되 최대 효율을 지닌 기계적이고 유기적인 장치, 즉

---

090 일반적인 의미의 조닝zoning은 건축 설계에서 공간을 사용 용도나 기능별로 나누어 배치하는 것을 말하는 반면, 도시계획 분야에서는 이를 구역지정이라고 한다. 이는 토지의 경제적이고 효율적 이용과 공공의 복지 증진을 도모하기 위한 제도다.

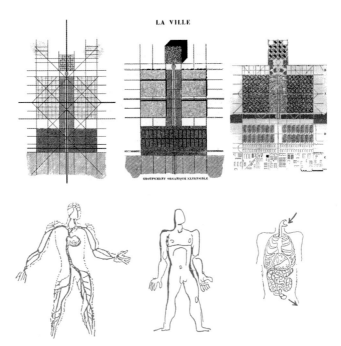

LA VILLE

GROUPEMENT ORGANIQUE EXTENSIBLE

'빛나는 도시'와 인체의 연관성을 보여주는 드로잉, 르코르뷔지에, 1931년.

그 유명한 "살기 위한 기계"[091]로 기본 단위들을 만들기 위한 구역 세분화 microzoning로 해결된다. 특정 구역을 세분화하는 이 방식은 의심할 바 없이 근대적 정통성에 반하는 여러 프로젝트 속에 여전히 잠재하는 요소다. 사적, 공적 영역에서 재현되는 이 기능적 배치 방식은 타티가 이를 기계 시스템에 대한 정확한 반영으로 보고 그 메커니즘을 부각시키고자 했던 근대성의 핵심이다.

하지만 실증주의적 주택의 기계화는 어떤 면에서 상징적이기도 하다. 레이너 번햄[092]은 자신의 저서『제1기계 시대의 이론과 디자인』에서 산업화의 기술적 문제에 직면한 근대 건축가들과 도시계획 전문가들의 한계

---

091 르코르뷔지에가 그의 저서『건축을 향하여Vers une Architecture』(1923)에서 모더니즘의 관점으로 집을 규정한 개념이다.

092 피터 레이너 번햄Peter Reyner Banham(1922~1988)은 영국의 건축 비평가로 '인디펜던트 그룹 Independent Group'에서 활동하며 브루탈리즘Brutalism의 개념을 새롭게 정의했다. 대표작으로는『제1기계 시대의 이론과 디자인Theory and Design in the First Machine Age』(1960)이 있다.

를 이렇게 설명한다.

그들이 기계 시대의 건축을 만들어낸 것은, 그들 건물이 기계 시대에 지어졌다는 의미에서만 그러했고, 기계에 대한 그들의 태도 역시 프랑스 땅에 살며 프랑스 정치에 대해 논하면서도 여전히 영어로 말할 수 있다는 식이었다.[093]

건축가는 기계의 작동 방식에 대해서 아무것도 모르면서 기계화에 매료된 관광객이자, 도시에 대해 설교하기 위해 선택한 유람선의 아름다움에 푹 빠진 관광객이다. 하지만 이들은 머릿속으로 이상적인 도시를 그리며 코르시카와 아테네를 멍하니 돌아다니는 동안, 그 도시의 역사적 기억을 마주하면서도 그에 걸맞은 감수성을 드러낼 수 없는 관광객이다.

이러한 관광객은 기계적인 사회 논리에 따라 과거를 파괴할 것을 제안할 때조차 가슴이 떨리지 않을 것이다. 『아테네 헌장』에서 르코르뷔지에는 "사소한 이유로 과거를 예찬하면서, 사회 정의 규범을 무시하는 것은 절대 허용될 수 없다"[094]고 썼다. 실증주의적 가치관의 산물인 이러한 무감각한 태도는 분명히 근대적 도시의 종말을 알리는 서막이 될 것이고, 이 책에서 검토되고 있는 20세기 후반의 또 다른 사유 및 거주 방식에 대한 체계적인 비판에도 도움이 될 것이다.

실증적 삶에 대한 콩트의 주장에 이후의 발전에 관한 구체적인 프로그램이 없었던 것과 마찬가지로, 근대의 기계화에도 기계적 편안함이라는 개념이 결여되어 있다. 그 물질문화 역시 산업화된 기술과 소재의 이상화에 기반한 실용성보다 심미적 편의성이란 개념과 더 밀접하게 연관된다. 적어도 그것은 기계화의 과제가 마침내 이해되고, 더 나아가 가정에서 실현되기를 바라는 시대에 사는 기쁨을 표현한다. 반면 아르펠 씨의 집은 오히려 자동 장치─주방과 현관문, 그리고 정원과 차고 출입문 등─의 전반

093 Banham, Reyner, *Theory and Design in the First Machine Age*, Architectural Press, London, 1960 (스페인어 번역본: *Teroría y diseño arquitectónico en la era de la máquina* [기계 시대의 이론과 건축 디자인], Nueva Visión, Buenos Aires, 1975). [원주]

094 Le Corbusier, *op.cit.* [원주]

적인 결함과 장애를 통해 기술적 무능력과 그 결과를 부각시키면서 열망과 동시에 그 한계를 표현한다. 물론 그 결과들 중 하나는 이러한 기계화 때문에 인간의 활동이 매우 경직될 거라는 점이다. 따라서 눈에 보이는 물건이나 가구뿐 아니라 집 안의 열악한 에너지 설비로 인해, 거주자는 건축가의 디자인에 따라 어느 정도 예속적인 일상을 살 수밖에 없을 것이다. 결국 거주자는 개인적 경험과 연결을 통해 공간의 경험을 재구성하기가 불가능해진다. 실증주의적 주택에 더 이상 존재하지 않는 것은 자아의 구성 과정에서 나타나는 전반적인 물질문화, 즉 공간의 개별화를 보여주는 흔적이다. 이는 개인적 행동 규범을 보이지 않게 지시 감독하는 권위적이고 환영적인fantasmagórica 타인의 존재, 즉 근대 건축가라는 존재로 대체된다. 「나의 삼촌」을 보면서, 눈에 보이지 않지만 계속 인물들 주위를 배회하는 불안한 존재, 의도적으로 아르펠 씨 가족이 주도권을 잡고 뭔가를 해볼 수 있는 가능성마저 모조리 지워버릴 만큼 이 가족을 억압하고 짓누르는 불길한 존재를 느끼지 않은 사람이 누가 있겠는가? 만약 우리가 이 집 아들의 침실에 들어가 보면, 불완전한 기계화가 공간 적응의 측면에서 얼마나 걸림돌이 되는지 알게 될 것이다. 왜냐하면 침실의 모든 것을 타인이 예측하고 계획한 탓에 그는 자신의 공간마저 자기 것으로 만들지 못하기 때문이다. 그러면 이런 상황을 월로 씨의 일상과 비교해보자. 그는 집에서 유리창에 반사된 햇빛이 새들의 지저귐을 부추기는 듯한 광경을 멍하니 바라보는 경우가 있는데, 아르펠 씨의 집이라면 우리는 새들의 노래 대신 기계 설비에서 나오는 소음을 듣게 되었을 것이다. 그렇다면 실증주의적 관점에서 안락함이란 순전히 시각적인 개념이 아닐까? 환경을 의료화medicalización하는 과정에서 후각이나 청각, 촉각 등 환경이란 개념 자체를 구성하는 일련의 감각 자극을 잃게 된 건 아닐까?

아르펠가의 집에서 나오는 짜증스러운 금속성 소음은—그것이 공장의 소음을 재현한 것은 우연이 아니다— 불완전하고 우상화된 기계화의 표현으로, 집 전체로 퍼져나가면서 즐거움과 휴식, 그리고 친밀감을 점점 더 어렵게 만든다. 타티가 아르펠 씨의 집에서 최상의 휴식을 취하는 순간을 어떻게 촬영하는지 기억해보기 바란다. 근대식 가구의 위대한 토템인 텔

자크 타티의 영화 「나의 삼촌」의 한 장면, 1958년.

레비전은 디자이너가 만든 의자에 앉은 가족들의 태도를 분열시킨다. 그들은 수직 방향으로 배열된 창문에 맞춰 앉아 있다가 자주 일어나고, 내부자도 외부자도 아닌 듯한 태도로 바깥쪽을 등진 채 있는데, 이는 정말 있을 법하지도 않고 우스꽝스러워 보일 뿐만 아니라 걱정될 정도로 불편한 자세다. 이처럼 실증주의적 믿음에 함몰된 삶의 일상은 우리가 이런 주택에서 마주치는 한계와 그 안에서 사유하고 경험하는 방식에 대한 완벽한 메타포를 제공한다.

하지만 오늘날의 건축이 이러한 집을 초월해서 그 한계를 극복하는 데 여전히 어려움을 겪고 있는 것은 어쩌면 현재 건축가를 교육하는 방식에 실증주의가 엄청난 영향력을 미치고 있을 뿐 아니라, 우리에게 전해져 내려오는 규범을 통해 실증주의가 표준화된 생산 구조 속에 깊숙이 침투해 있기 때문인지도 모른다. 아마도 이것이 다양한 사고와 주택 계획 방식이 존속될 수 있었던 연유이자 아무도 신뢰하지 않지만 모두가 받아들일 수밖에 없는 방식일지도 모른다. 그렇다면 사회와 자연이 동일한 법칙에 의해 지배된다고 믿는 사람들만이 근대인의 끈기로 이미 화석화된 규범의 유산을 이어갈 수 있을 것이다. 팀텐의 건축가들이 모더니즘 내부에서 근대적 정통성을 극복하는 데 어려움을 겪었던 것처럼, 오늘날 전 세계의 건축가들 또한 모더니즘으로부터 물려받은 감방에 갇힌 신세다. 따라서 주택에 대한 생각과 계획 방식을 바꾸고자 하는 사람들이 직면한 과제는 인식의 차원뿐 아니라 규범적인 측면에서도 근대성의 맥락에서 어떻게 벗어날 것인가 하는 데 있다. 지금 당장은 보다 소박한 목표에 만족해야 할 것이다. 이처럼 이상하고 일차원적인 건축 관념에 대한 단순하고 부정적인 평가에서 어떻게 벗어날 것인가, 그리고 아르펠 씨의 집을 방문한 후에 어떻게 부정적인 감정 없이 근대적인 경험을 바라볼 것인가 하는 것이 바로 그 목표다.

아르펠 씨의 집을 바라보는 우리의 관점이 다소 편향되고 불공평하다는 것은 분명하다. 그리고 이 집의 역사적 상황, 산업화와 관련된 인구의 급증, 수많은 진보적 실험, 그와 같은 규제와 법률을 통해 향상된 삶의 질, 통제되지 않는 자본주의의 무자비한 경향에 맞서는 모더니즘의 저항적 의미 등… 이런 측면을 제대로 설명하면, 전혀 다른 분석이 가능하다는 것 또한 분명하다. 그런데 이러한 비판들은 어디 하나 흠잡을 데 없지만, 우리에게 전통적인 역사가의 입장을 취하도록 강요할 뿐 감동을 주지는 않는다. 오히려 우리를 감동시키고 흥분시키는 것은 이 집을 지을 때, 그리고 「플레이타임」에서 상업 지구를 개발할 때 타티가 보여주는 세부사항에 대한 관심이다. 정말 우리를 감동시키는 것은 모더니즘이라고 불리는 환상적인 계시, 추상적인 역사로 해석되는 것이 아니라 우리 자신의 전통, 우리의 삶이 펼쳐지는 장소로 전환됐다는 순수하고 단순한 사실이다. 언급 자체만으로도 도시에 대한 우리의 인식에 상처를 주는 원리에 기반한 이 도시가, 전문가의 훈련장이 아니라 시민으로서 살아갈 수 있는 체제, 다시 말해 우리 삶의 무대가 되었다는 것은 참으로 감동적이다. 우리가 우리 자신을 만들어온 것에 맞서고 "시대의 흐름을 거스르며" 이를 논쟁적이고 생생한 전통으로 변화시켜온 것으로 이해할 때만 우리는 사랑, 즉 타티가 보여준 보살핌을 제대로 이해하고 나눌 수 있다. 아마 우리는 윌로 씨나 아르펠 부부에게 공감하는 대신, 그에겐 낯선 두 도시를 몸뿐만이 아니라 마음으로 넘나드는 이 소년의 세계에 공감할 것이다. 이 소년은 우리에게 주어진 세계에 대해 타티가 취하고 있는 모호한 입장을 분명하게 설명해주는 주인공인 셈이다. 실증주의에 전혀 공감하지 않더라도 이 소년의 마음을 통해서 우리는 가장 탁월한 실증주의적 명제의 아름다움을 충분히 이해하고 공감할 수 있다. 르코르뷔지에와 그의 추종자들의 급진적인 작품이 지닌 아름다움을 느껴보지 못한 사람이 어디 있을까? 그처럼 멋진 거주 기계에서 잠시라도 지내보고 싶지 않은 사람이 어디 있겠는가? 끔찍하게 느껴지는 분수, 병원 느낌을 주는 주방, 살바도르 달리의 그림에나 나올 법한 눈 모양의 창문, 윌로 씨가 가지치기를 하느라 마구 잘라 버린 선인장으로 장식된 아르펠 씨의 집을 금세기 최고의 건축물 중 하나로 평가하기를 꺼려할 사람이 어디 있겠는가? 또한 실증주의적 신조의 주요 주제였던 '질서와 진보'라는 모토가 쓰인 깃발이 지금도 펄럭이고 있는 그 나라의 수도 브라질리아처럼 꿈과 아름다움, 그리고 진보에 대한 믿음을 과시하는 도시 앞에서 아무 감동도 느끼지 못할 사람이 어디 있겠는가?

아르펠 부부의 아들처럼 우리는 우리가 태어난 세상에 매료될 수밖에 없다는 것을 잘 알고 있다. 이 세상은 우리를 지금의 모습으로 만들었고, 좋든 싫든 항상 "전통"이란 이름으로 알려진 삶의 규범을 우리에게 부여해왔다.

추가 참고도서 목록

Aymonino, Carlo, *L'abitazione razionale. Atti dei congressi CIAM 1929-1930*, Marsilio, Padua, 1973 (스페인어 번역본: *La vivienda racional* [합리적인 주거], Editorial Gustavo Gili, Barcelona, 1973).

Benthan, Jeremy, *Panopticon* [1822] (스페인어 번역본: *El panóptico* [파놉티콘], La Piqueta, Madrid, 1989).

Chion, Michel, *Jacques Tati, Cahiers du Cinéma*, Paris, 1987.

Foucault, Michel, *Les Mots et les choses*, Éditions Gallimard, Paris, 1984 (스페인어 번역본: *Las palabras y las cosas* [말과 사물], Planeta-Agostini, Barcelona, 1985.

Giedion, Sigfried, Space, *Time and Architecture*, Harvard University Press, Cambridge (Mass.) (스페인어 번역본: *Espacio, tiempo y arquitectura* [공간, 시간 그리고 건축], Reverté, Barcelona, 2009).

Hitchcock, Henry-Russel y Johnson, Philip, T*he International Style: Architecture since 1922*, The Museum of Modern Art, New York, 1932 (스페인어 번역본: *El estilo internacional. Arquitectura desde 1922* [국제적 스타일. 1922년 이후의 건축], Galería-librería Yerba/COAATM, Murcia, 1984).

Klein, Alexander, *Vivienda mínima: 1906-1957* [최소한의 주거: 1906-1957], Editorial Gustavo Gili, Barcelona, 1980.

LeCorbusier, *L'Esprit Nouveau en architecture*, Almanach d'Architecture Moderne, Paris, 1925 (스페인어 번역본: *El espíritu nuevo en arquitectura* [건축의 새로운 정신], Galería-librería Yerba/COAATM, Murcia, 1983).

_____, *Une maison, un palais*, Éditions G. Crès, Paris, 1928.

Monteys, Xavier, *La gran máquina. La ciudad en Le Corbusier* [위대한 기계. 르코르뷔지에의 도시], Ediciones del Serbal, Barcelona, 1996.

Ockman, Joan, *Architecture in a Mode of Distraction: Eight Takes on Jacques Tati's Playtime*, Anyone, New York, 1996.

Schütte-Lihotzky, Margarete, *Die Frankfurter Küche*, Ernst & Sohn, Berlin, 1992.

Yorke, Francis, R. S., *The Modern House*, The Architectural Press, London, 1934.

4.
휴가 중인 피카소:
현상학적인 집

피카소와 자클린, 1961년.
사진: 앙드레 빌레르.

피카소의 아뜰리에 '빌라 라 캘리포니', 칸느.
사진: 앙드레 빌레르, 1957년.

피카소의 아뜰리에 '빌라 라 캘리포니', 칸느.
사진: 앙드레 빌레르, 1955년.

피카소의 아뜰리에 '빌라 라 캘리포니', 칸느.
사진: 앙드레 빌레르, 1955년.

피카소의 아뜰리에 '빌라 라 캘리포니', 칸느.
사진: 앙드레 빌레르, 1955년.

집에 대한 실존적 관념을 밝히기 위해 우리는 몇 가지 분명한 출발점을 갖고 있었다. '건축하다bauen'라는 단어의 어원학적 연구, 다리에 대한 직관적 이미지 그리고 하이데거 자신의 오두막에 대한 묘사가 바로 그것이다. 한편, 이 장에서 다루게 될 현상학적인 집은 그 원형적 구성을 가능하게 해주는 두 개의 텍스트와 시각적 자료로 설명할 수 있다. 첫 번째는 모리스 메를로 퐁티[095]의 고전적인 저술인『지각의 현상학』—특히 신체와 공간을 다루는 장章들—이고[096], 두 번째는 가스통 바슐라르[097]가 현상학적 주택의 유형을 완벽하게 분류한 책으로 건축가들 사이에서 인기가 높은『공간의 시학』[098]이다. 하지만 역설적이게도 우리가 설명할 그 어떤 집도 피카소의 집만큼 책이나 경험에서 동떨어진 유형도 없을 것이다. 이 집은 특정한 삶의 태도를 통해서 만들어졌기 때문이다.

그런 이유로 우리는 사진과 영화 같은 20세기의 전형적인 시각적 자료를 통해서 모두에게 친근하면서도 구체적인 두 개의 참고 자료를 먼저 소개하려 한다. 이러한 자료 중 하나에 관해서는 실증주의 주택을 다룰 때 이미 언급한 바 있다. 첫 번째로, 다락방에서 윌로 씨가 자기만의 환상의 세계에 빠져 살고 있는 복잡하고 불합리한—적어도 기능적 관점에서는— 공동주택과 아르펠 부부가 사는 집의 대비는 존재에 대한 두 가지 대조적인 개념 사이의 거리를 더 두드러져 보이게 만들었다. 두 번째 자료는 즐겁고

095 모리스 메를로 퐁티Maurice Merleau-Ponty(1908~1961)는 프랑스의 철학자로 현상학과 실존주의에 뛰어난 업적을 남겼다. 대표작으로는『지각의 현상학』이 있다.

096 Merleau-Ponty, Maurice, *Phénomenologie de la perception*, Éditions Gallimard, Paris, 1976 (스페인어 번역본: *Fenomenología de la percepción* [지각의 현상학], Planeta-De Agostini, Barcelona, 1993). [원주]

097 가스통 루이 피에르 바슐라르Gaston Louis Pierre Bachelard(1884~1962)는 프랑스의 철학자로 주로 과학과 시, 시간 등에 관한 철학을 연구했다. 과학의 발전이 초래한 새로운 인식을 수용하고, 그 의미를 철학적으로 해석한 시론과 이미지론으로 유명하다. 대표작으로는『새로운 과학적 정신』(1934), 『공간의 시학』(1957)이 있다.

098 Bachelard, Gaston, *La Poétique de l'espace*, Presses Universitaires de France, Paris, 1957 (스페인어 번역본: *La poética del espacio* [공간의 시학], Fondo de Cultura Económica, Ciudad de México, 1965). [원주]

친밀감이 느껴지는 앙드레 빌레르[099]와 데이비드 더글라스 던컨[100]의 사진집을 통해 접할 수 있다. 『비바 피카소Viva Picasso』[101]와 『피카소, 세기의 전설Picasso, leyenda de un siglo』[102]이라는 두 책에서 우리는 공간을 이해하고 사용하는 매력적이고 상상력 넘치는 방법을 아주 상세하게 목격할 수 있다. 이는 전적으로 20세기에 속하는 삶의 방식이자 전통과 격의 없는 대화를 나눌 수 있는, 자유롭고 창조적인 개인을 만들어내는 데 있어 최고의 성과에 속하는 거주 방식이다. 작업에 몰두하고 있는 피카소, 해질녘 어수선한 집의 분위기, 속옷 차림으로 딸과 장난치며 뛰놀고 있는 피카소를 보라. 데이비드 더글라스 던컨과 앙드레 빌레르의 사진 작품들이 프랑스 리비에라[103]의 칸느에 위치한 별장 라 캘리포니에서 촬영한 것인지, 아니면 보브나르그의 성[104]이나 노트르담 드 비에서 촬영한 것인지는 우리에게 그다지 중요하지 않을 것이다. 이들 장소에선 모두 동일한 라이프스타일이 펼쳐지기 때문이다. 이런 모습은 우리의 기억 속에 어린아이 특유의 무질서와 천진함으로 채워진 하나의 크고 아나키스트적인 집을 떠올리게 하며, 아르펠 씨의 아들이 자기 집에서 꿈꾸던 무질서와 자유의 세계를 되살려낸다. 우리가 이러한 사진 자료들을 꼼꼼히 살펴보고, 그런 공간과 거주 방식을 완전히 우리의 것으로 만들 수 있다면, 상상 속에서 현상학적 집을 짓기 위한 첫걸음을 내딛게 될 것이다.

집에 대해 이런 생각을 갖고 사는 사람은 누구일까? 그리고 그는 거주 방식을 어떻게 구성할까? 이 질문에 답하려면 앞서 인용된 두 텍스트에서

099   앙드레 빌레르André Villers(1930~2016)는 프랑스의 사진작가로 1950년대 프랑스 남부에서 활동하던 피카소를 촬영한 사진으로 널리 알려졌다. 피카소와는 1953년 우연히 만나 50년 가까운 나이차에도 불구하고 서로를 이해하며 공동 작업을 했고, 사진작가로서 명성을 얻었다.

100   데이비드 더글라스 던컨David Douglas Duncan(1916~2018)은 미국의 포토저널리스트로 피카소와 자클린의 사진뿐 아니라 전쟁의 참상을 알린 사진으로도 유명하다. 그는 1950년 한국전쟁 발발 3일만에 중부전선에 도착했으며 장진호 전투를 경험한 후 사진집 『이것이 전쟁이다!』를 남겼다.

101   Duncan, David Douglas, Viva Picasso. A Centennial Celebration 1881-1981, Viking, New York, 1980 (스페인어 번역본: Viva Picasso [비바 피카소], Blume, Barcelona, 1980). [원주]

102   Villers, André, Picasso, leyenda de un siglo [피카소, 세기의 전설], (catálogo de exposición), Caja Madrid, Barcelona, 1981. [원주]

103   프랑스 남동부의 지중해 해안 지방으로 코트다쥐르Côte d'Azur라고도 한다.

104   프랑스 남부 액상프로방스 외곽의 보브나르그 마을에 위치한 성.

그 방법을 배워야만 할 것이다. 우리는 이미 후설과 메를로 퐁티의 현상학적 사유가 하나의 참된 사유 형식으로서 주관성의 회복, 즉 실증적 객관주의의 패권적 구조를 전복시킬 수 있는 세계를 설명할 수 있는 능력을 되찾는 걸 목표로 한다고 언급한 바 있다. 현상학자는 자신의 삶에 주어진 것만을 고려한다. 그것이 그가 출발할 수 있는 유일한 기준이다. 이 사실로부터 그의 근본적인 주관성이 생겨나는 것이다. 그래서 그는 무엇보다 "세계와의 순수한 접촉"을 재발견하기를 바란다. 그의 철학적 과제는 분석하거나 설명하는 것이라기보다 "삶의 경험을 묘사하는 것"이다. 메를로 퐁티는 이를 다음과 같이 분명하게 설명한다.

세계는 그 구성 법칙을 내 수중에 넣을 수 있는 대상이 아니다. 세계는 나의 모든 사유와 나의 분명한 지각 작용이 펼쳐지는 장이자 자연적인 환경이다. 진리는 "내적인 인간"에게만 "거주"하지 않는다. 그보다 내적인 인간이라는 것은 존재하지도 않는다. 인간은 세계 내에 존재한다. 다시 말해, 인간은 세계 속에서 자기 자신을 알게 된다.[105]

이 주체, 즉 "세계에 전념하는 주체*un sujeto brindado al mundo*"는 세계 앞에서 느끼는 경이로움의 에포케를 통해 사물과 자기 자신에 대한 순수한 체험을 얻는다. 이는 현상 앞에서 의식을 고립시키는 과정으로, 시각의 지향성을 드러내고 자아와 세계, 주체와 객체 사이를 연결시킴으로써 세계와 삶의 자연스러운 통일성을 형성해준다. 하지만 이것은 공정한 관찰자도 아니고, 내적 성찰이나 과학적인 비전과도 아무런 관계가 없다. 이러한 연결 과정에서 주체와 대상은 스스로를 구성한다. 후설의 에포케 즉 "형상적 환원*Reducción eidética*"[106]은 모든 선입견을 배제하면서, 현상과 개인의 지각 사이의 직접적인 연결을 재정립하는 방법이다. 시간을 정지시키고 지식과 인간 존재의 역사성을 "괄호 안에 넣음*poner entre*

---

105 Merleau-Ponty, Maurice, *op.cit.* [원주]

106 후설은 모든 선입견을 배제하고 사물 그 자체로*Zu den Sachen sebest* 환원하여 출발하고자 했다. 따라서 의식에 직접적으로 명증하게 나타나고 있는 현상을 기술하는 것이 현상학의 임무이며 이는 사실의 본질을 직관에 의해서 파악하고자 하는 것이다. 이와 같이 사실에서 본질의 인식에로 나아가는 과정을 그는 "형상적 환원"이라 불렀다.

paréntesis"으로써 "순수한 체험*vivencia depurada*"을 통해 그 본질이 우리에게 드러나는 방식, 즉 "사물 자체*las cosas mismas*"로의 이상적 회귀를 위한 기술이다. 이와 같은 "순수한 체험"은 현실에 접근하는 다른 방법에 비해 지각이 절대 우위를 차지하고 있다는 것을 의미한다. 현상학자가 "보는" 현상에서, 사물 그 자체는 그의 깊은 의도를 통해 포착된다. 현상학자는 직관과 의도, 그리고 이 둘의 결합을 인식의 기초로 삼는다. 직관과 의도를 결합시키는 데는 시간의 정지, 격리와 망각 그리고 순수성을 경험하는 행위 그 자체로 돌아가는 데 필요한 강도 높은 경험도 포함된다.

어린아이처럼 순수한 상태 속에서 살면서 어떤 현상에도 신체적, 물리적으로 연결된 채 경이로움으로 사로잡히는 월로 씨, 그리고 농촌 저택을 배경으로 그와 같은 태도로 작업을 즐기면서 반항적이고 변덕스러운 아이처럼 대담하게 그 공간을 차지하거나 어떤 면에서 그 공간을 "무단 점거*okupando*"하고 있는 듯한 피카소를 보라. 이 둘은 모두 현상학적 응시가 어떤 것인지를 직관적이고 직접적인 방식으로 설명해준다.

이를 통해 현상학적 응시에는 안정된 "소속감"과 관련된 시간적 일관성, 그리고 실존적 집에 의미를 부여하는 가계도 및 장소는 포함되지 않는다는 점을 알 수 있다. 그 대신 감정적이고 지적인 의미의 현상으로서 공간과의 개인적인 연관성은 증대된다. 간단히 말해, 능동적으로 행동하는 인물은 결코 부계의 권위와 피라미드식 가족 결속력으로 구체화된 사람이 아니라 자기 자신과 세계를 대면하는 개인, 경험을 통해 구성되고 의식적으로 세계 및 사물과 연결되는 민감한 신체가 된다. 이러한 경험은 각각의 요소 또는 각 대상과의 특수한 관계에 의해 형성된다. 그렇다면 "일관성*consistencia*"이 실존적인 집에 가장 적합한 단어인 것처럼 "강렬함*intensidad*"은 현상학적인 집에서 나타나는 이런 관계를 가장 적합하게 설명하는 단어일 것이다. 따라서 에포케는 시간과 이성에 저항하여 "사물 자체"에 대한 직접적인 인식을 얻게 해주는 강력한 방법이다. 그러나 이러한 추상화는 우리가 느끼는 기억의 시간도 이 근사치에 포함되기 때문에 오히려 시간의 정지에 가까워 보인다. 넋을 잃고 창밖을 바라보는 시선, 주변 세계의 강렬한 존재에 사로잡힌 육체와 정신, 희미한 기억의 고리 – 요하네스 페르메이르[107]가 애써 포착해낸 일상적 이미지이자 존재에 대한 자신만의 이해 방식을 구축하는 과정에서 중심 모티브로 삼은—를 묘사하는 것은 집과 세계 그리고 주관 자체가 맞이하게 되는 특별한 순간, 이 세 가지 요소가 통합되는 과정을 보여주는 이미지가 될 것이다.

현상학적 지각은 상호보완적인 두 종류의 '자아/세계'의 관계로 나뉜다. 그 하나는 단순히 순간적인 관계로, 주체에 대한 사물의 작용에 의해 발생하여 동시적으로 존재하는 것(앞서 언급했듯이 게슈탈트 심리학에서 말하는 "연결")이고, 다른 하나는 기억과 몽상에 의해 시간이 활성화되는 관계(바슐라르)이다. 하지만 그러한 시간, 즉 기억의 시간은 소급적인 동시에 자전적이라는 점에 유의해야 한다. 다시 말해 그 시간은 개인적 시간이자 특수한 기억이다. 그런 의미에서 현상학적 시간은 "괄호 안에 넣음"으로써 유보되거나 정지된 시간, 또는 시간을 자전적이고 개별화된 것으로 만드는 자기몰입의 산물로 묘사될 수 있을 것이다. 페르메이르의 시간, 작업을 하거나 담소를 나누는 피카소의 시간, 윌로의 시간, 과거와 미래에 대한 향수에 이끌려 모든 것에서 벗어난 시간 등이 그러하다. 메를로 퐁티는 이를 가리켜 점들의 집합, 여러 순간의 집합, 선형성이 사라진 방향 없는 시간으로 정의했다. "시간은 일직선이 아니라, 그물처럼 엮여 있는 지향성이다."[108]

메를로 퐁티에게 있어서 가장 중요한 것은 시간의 정지라는 강도 높은 경험이다. 바슐라르에게 있어서는 모든 것이 회상과 몽상의 활성화에 달렸다. 그의 경우 현상학적인 집을 표현하려면 몽상의 기술이 필요한데, 이는 우리를 유아기로, 태어난 집으로, 즉 우리의 인식 방법에 합리적인 사고 모델을 강요함으로써 자아와 세계의 관계가 손상되기 시작한 순간 이전의 지고한 순간으로 돌아가게 만든다. 바슐라르의 방법을 보여주고, 사진

---

107 요하네스 페르메이르Johannes Vermeer(1632~1675)는 네덜란드의 황금기라 할 수 있는 바로크 시대에 활동한 네덜란드 출신의 화가이다. 일상적인 장면을 짜임새 있는 구도, 섬세한 색감과 빛으로 표현하여 독창적인 작품 세계를 구축했다. 대표작으로는 「진주 귀고리를 한 소녀」(1665), 「회화예술」(1666) 등이 있다.

108 Merleau-Ponty, Maurice, op.cit. [원주]

속의 피카소와 윌로라는 인물을 연결시킴으로써 이들을 자신의 기억을 간직한 집의 거주자로 만드는 것은 바로 어린아이의 직관이자 회상이다.

따라서 현상학적 집을 구성하고 특별한 의미를 부여하는 주체는 자신의 공간 경험이 과거의 기억과 회상, 그리고 현재의 감각적 경험과 연결되는 개인이다. 그러한 주체는 혈통과 결부된 초월적 과거가 아니라, 비밀스런 은둔과 발각됨이 반복되던 유아기의 양면적 행동과 연결된 주관적이자 개인적인 과거를 가지고 있다. 그렇다면 현상학적 주체는 각자의 내면에 숨어 있는 어린아이일지도 모른다. 많은 이들이 더불어 즐겁게 살아가다 보면 자연스럽게 식구가 늘어나고, 따라서 일상적인 가족의 위계질서가 해체되는 상상 속의 고향 집에서 즐겁고 긴 휴가를 만끽하는 어린아이 말이다.

우리가 이 같은 시대의 사고 방식을 습득하려 한다면 어린아이의 시선으로 세계를 볼 수 있도록 우리의 지성과 감각을 단련하면서 망각하는 법을 다시 배우려고 노력해야 한다. 아마 집의 개념에 대한 실증주의적 사유 방식 – 오늘날까지도 건축계에 고스란히 남아 있는 – 이 우리에게 보여주는 것 중 그 어떤 것도 이런 어린아이에게는 중요하지도, 흥미롭지도 않을 것이다. 따라서 겉으로는 단순해 보이지만, 배움의 과정이란 먼 길을 되돌아가야만 하는 어려운 과정이 될 수밖에 없다. 그러면 이 어린아이 건축가는 집을 어떻게 디자인할까? 그는 무엇을 가장 중요하게 여길까? 그가 가진 주요 아이디어는 어떤 것들일까? 현상학적 관점에서 볼 때 가장 먼저 떠오르는 것은 긴 휴가 기간 동안 대가족이 머무르는 커다란 집, 지하실과 다락방, 비밀스러운 구석과 긴 복도, 그리고 헤아릴 수 없이 많은 방이 마치 미로처럼 이어진 바슐라르적인 집이 될 수 있을 것이다. 일반적으로 집이 갖는 대표적 특징인 위계나 기능에 따른 공간 배치가 전혀 느껴지지 않을 만큼 다양한 경험 가능성이 그물처럼 펼쳐지는 구조말이다. 이처럼 집이 경이로운 심층구조와 다수의 소우주로 나타나는 상태야말로 가장 순수한 경험을 구성해주는 것이다.

현상학적인 집은 다수의 소우주로 이루어지고 각각의 소우주는 고유하고 차별화된 위치적 특성을 통해 자신의 정체성을 얻게 될 것이다. 주택의 실내를 그린 어린아이의 그림처럼, 이러한 개념은 통일성이나 일관성 없이 집 전체를 자율적인 공간의 총합으로 세분화시킬 것을, 다시 말해 그 관계를 '전치사'로만 설명할 수 있는 방과 사물들이 펼쳐지게 만들 것을 요구한다. 스티븐 홀[109]은 요소 간의 연관성이 다양한 양상으로 전개되는 다이어그램을 정교하게 만들어 연구하고 실행에 옮겼다. 그가 제시한 도식에는 다양한 위치에 따라 두 개, 세 개, 그리고 네 개의 요소들을 구성하는 방법이 그려져 있는데, 이를 구현하려면 잠재적인 공간 전체를 독립된

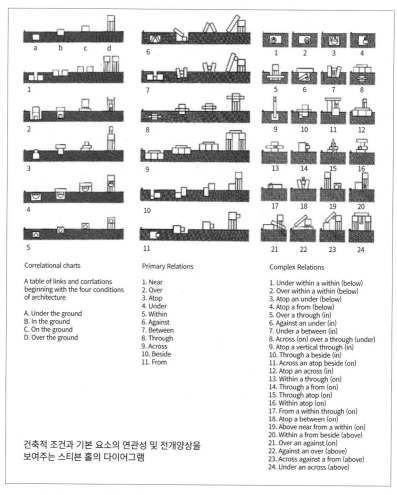

Correlational charts

A table of links and corrlations
beginning with the four conditions
of architecture

A. Under the ground
B. In the ground
C. On the ground
D. Over the ground

Primary Relations

1. Near
2. Over
3. Atop
4. Under
5. Within
6. Against
7. Between
8. Through
9. Across
10. Beside
11. From

Complex Relations

1. Under within a within (below)
2. Over within a within (below)
3. Atop an under (below)
4. Atop a from (below)
5. Over a through (in)
6. Against an under (in)
7. Under a between (in)
8. Across (on) over a through (under)
9. Atop a vertical through (in)
10. Through a beside (in)
11. Across an atop beside (on)
12. Atop an across (in)
13. Within a through (on)
14. Through a from (on)
15. Through atop (on)
16. Within atop (on)
17. From a within through (on)
18. Atop a between (on)
19. Above near from a within (on)
20. Within a from beside (above)
21. Over an against (above)
22. Against an over (above)
23. Across against a from (above)
24. Under an across (above)

건축적 조건과 기본 요소의 연관성 및 전개양상을
보여주는 스티븐 홀의 다이어그램

109   스티븐 홀Steven Holl(1947~)은 미국의 건축가이자 화가로 '빛의 건축가'라는 명칭답게 개념과 현상
       의 조화를 가장 중요한 과제로 여긴다. 대표작으로는 「MIT 대학 기숙사Simmons hall-MIT」(2002),
       「현대미술연구소Institute for Contemporary Art, VCU」(2018) 등이 있다.

방이나 통로로 먼저 분할해야 한다. 이를 통해 우리는 다락방에 사는 윌로 씨와 지중해 저택에 사는 피카소의 시적 비합리성을 체계적으로 재현해 볼 수도 있다. 하지만 기본적인 조건에 해당하는 복잡성과 배치상의 가변성에만 신경을 쓴다면, 우리가 추구하는 다양성multiplicidad은 결국 과도하게 단순화되고 말 것이다. 게다가 다양성은 자연 환경과의 색다른 관계, 공기에 대한 감각을 다양하게 제공하는 방식을 통해서도 활성화될 수 있을 것이다.

페르메이르나 피카소의 실내 장면에서 살펴본 바와 같이 현상학적인 집은 공기의 자극을 통해, 겉으로는 움직이지 않는 듯 보이는 공기를 완전히 활성화함으로써 공간 개념을 구성한다. 공간은 더 이상 데카르트식 과학주의 특유의 중립적인 확장체res extensia 개념으로 이해되지 않고, 우리 몸을 포함한 모든 사물들에게 방향을 정해주고 예측하며 의미를 부여하는 여러 자극과 반응, 움직임, 욕망과 사랑이 "깃드는habitada" 실체로 변한다. 어떤 종류든 객관성을 전제하는 것은 개인의 주관성과 상호작용하는 물리적 현상이 등장함으로써 차별화된 능동적인 존재를 위해 폐기되고 말았다.

이처럼 현상학에 의해 이루어진 공기의 활성화는 현상학에 관한 고전적 저술인 『지각의 현상학』(1945), 『공간의 시학』(1957) 등과 게슈탈트 심리학에 관한 볼프강 쾰러의 『게슈탈트 심리학』(1929), 쿠르트 코프카의 『게슈탈트 심리학의 원리들』(1935), 그리고 루돌프 아른하임의 『예술과 시지각』(1954)[110]이 널리 발표되면서 건축가들로부터 점점 더 많은 관심을 받게 되었다.[111] 따라서 이러한 시각 및 현상적 인식은 이후 중요한 관련

---

110 볼프강 쾰러Wolfgang Köhler(1887~1967)와 쿠르트 코프카Kurt Koffka(1886~1941)는 독일의 심리학자이자 현상학자로 막스 베르트하이머 등과 게슈탈트 심리학을 처음 형성한 것으로 유명하다. 반면 루돌프 아른하임Rudolf Arnheim(1904~2007)은 독일의 미술 및 영화 이론가, 심리학자로 막스 베르트하이머와 볼프강 쾰러의 지도하에 게슈탈트 심리학을 공부했으며 이를 예술에 적용시켰다.

111 Koffka, Kurt, *Principles of Gestalt Psychology* [1935], Routledge, London/New York, 1955 (스페인어 번역본: *Principios de psicología de la forma* [게슈탈트 심리학의 원리들], Paidós, Buenos Aires, 1973), Köhler, Wolfgang, *Gestalt Psychology*, Liveright, New York, 1929 (스페인어 번역본: *Psicología de la forma* [게슈탈트 심리학], Paidós, Buenos Aires, 1973), Arnheim, Rudolph, *Art and Visual Perception*, University of California Press, Los Angeles, 1954(스페인

저술이 많이 등장하게 되는 동기가 되었다. 그중에서 주목할 만한 저작으로는 최르지 케페스(매사추세츠 공과대학교MIT 시각예술 전문연구 센터Center for Advanced Visual Studies 소장)의 『예술과 과학에 있어서 새로운 전망』(1956)[112]과 케빈 린치의 『도시의 이미지』(1960)[113], 크리스티안 노르베르크슐츠의 『건축의 의미와 장소성』(1967)[114], 에드워드 T. 홀의 『숨겨진 차원』(1969)[115] 등을 들 수 있다.[116] 이 저술들은 근대의 이상적 공간을 보다 진전된 환경 개념으로 전환하는 데 결정적인 기여를 했다. 알도 반 에이크, 예른 웃손, 유하니 팔라스마, 후안 나바로 발데웨그[117], 그리고 스티븐 홀은 현상학적 지각 이론의 영향을 받은 중요한 건축가들이다.

1976년 후안 나바로 발데웨그가 바르셀로나의 살라 빈손[118]에 설치한 작품보다 이러한 현상적 공간의 개념을 명확하게 통합한 설치물은 거의 없다. 이 작품에서 자연광은, 페르메이르의 분위기가 연상되는 배경에 설치된 선형작업에 의해 자연스레 시선이 모이는 창문에 고정된다. 여기서

어 번역본: *Arte y percepción visual* [예술과 시지각], Alianza, Madrid, 2002). [원주]

112 Kepes, György, *The New Landscape in Art and Science*, Paul Theobald, Chicago, 1956. [원주]

113 Lynch, Kevin, *The Image of the City*, The MIT Press, Cambridge (Mass.), 1960 (스페인어 번역본: La imagen de la ciudad [도시의 이미지], Editorial Gustavo Gili, Barcelona, 2015). [원주]

114 Norberg-Schultz, Christian, *Intensjoner i arkitekturen*, Universitetsforlaget, Oslo, 1967 (스페인어 번역본: *Intenciones en arquitectura* [건축에 있어서의 의도], Editorial Gustavo Gili, Barcelona, 1979). [원주]

115 Hall, Edward T., *The Hidden Dimension*, Doubleday, Garden City, 1966 (스페인어 번역본: *La dimensión oculta* [숨겨진 차원], Instituto de Estudios de Administración Local, Madrid, 1973). [원주]

116 최르지 케페스György Kepes(1906~2001)는 헝가리 태생의 미국 화가, 사진작가, 디자이너, 교육자, 미술 이론가이다. 케빈 앤드류 린치(Kevin Andrew Lynch: 1918~1984)는 미국의 도시계획가로, 특히 도시 환경의 지각적 형태에 대한 연구로 널리 알려져 있다. 크리스티안 노르베르크슐츠Christian Norberg-Schultz(1926~2000)는 노르웨이의 건축 이론가로, 건축 현상학과 관련된 연구에 집중했다. 에드워드 T. 홀Edward Twitchell Hall, Jr.(1914~2009)은 미국의 인류학자이자 비교문화 연구자이다.

117 예른 오베르 웃손Jørn Oberg Utzon(1918~2008)은 오스트레일리아의 시드니 오페라 하우스를 설계한 덴마크 출신의 건축가이다. 유하니 팔라스마Juhani Uolevi Pallasmaa(1936~)는 핀란드 출신의 건축가이다. 후안 나바로 발데웨그Juan Navarro Baldeweg(1939~)는 스페인의 건축가이다.

118 살라 빈손*Sala Vinçon*은 20세기 초 라몬 카사스Ramón Casas라는 화가의 화실이던 곳을 1973년에 페르난도 아마트Fernando Amat가 전 세계의 다양한 예술적 문화적 행사를 기획하고 전시하는 비영리 갤러리이다. 가정용 디자인 상품을 판매하는 바르셀로나의 빈손 매장 내에 위치한다.

관람자는 천장에 매달린 그네를 보고 유아기의 무중력 경험을 떠올리며 행복한 기억에 빠지는 동안, 시간은 잠시 멈춘다. 어린아이의 경이로운 시선과 같은 높이에서 찍은 사진 시점을 포함해 모든 요소는 데카르트의 확장체가 갖는 중립성을 깨뜨리면서, 공간에 존재감과 의미 그리고 지향성을 부여한다. 이런 공간에서 자연환경은 단지 인간의 방문을 기다리며 바깥에 머무는 외부적인 요소가 아니라, 감각적 경험을 형성하고 위상학적 복합성에 의미를 부여하며 실내 활동에 참여하는 것으로 나타난다. 앙헬 곤살레스[119]는 후안 나바로 발데웨그의 작품에 나타난 이러한 현상에 관해 다음과 같이 말한다.

페르메이르의 방에서 후안 나바로는 그야말로 자신이 '강렬한 현실감'이라고 명명한 것을 발견하게 된다. 이 방은 카라바조의 순진한 추종자들이 어지럽게 뒤얽힌 그림자와 근육을 통해 사라지게 한 여러 징표와 존재의 모든 속성을 활성화한다. 그것은 사물의 낙하, 그 압축적 무게와 상징, 멍한 시선과의 마주침, 대칭과 그 결함, 흐름과 역류, 빛의 흔적, 공기… 아니면 후안 나바로가 암시적인 방법으로 간결하게 말했듯이, 여러 관계와 그 반영으로 이루어진 압축적 구조를 보여준다.[120]

우리가 후안 나바로의 방에서 느낀 '강렬한 현실감'은 바슐라르가 항상 언급하는 것으로, 규모가 크면서도 촘촘하게 구성되어 위치에 따라 공간의 냄새와 실내 조도가 달라지는 집에서도 쉽게 확인할 수 있다. 여기서 피카소의 집을 다시 한번 살펴보면서 그의 딸 팔로마가 뛰어노는 사진에도 나타나는 유사성에 주목할 필요가 있다. 이런 집은 지형에 따라 복잡한 구성이 가능한 수평적 공간 배치로 지어지는데, 중정을 끼고 있고 실외에도 작업 공간이 있으며 실내에 더 많은 자연환경이 유입될 수 있게 해주는 온갖 종류의 실내외 경계면 처리 방식을 보여준다.

이에 따라 우리는 바슐라르와 메를로 퐁티가 이미 지적한 바 있는 이

119　앙헬 곤살레스 아길레라Angel González Aguilera(1986~)는 스페인 출신의 건축가로 스튜디오 AM2의 대표이다.

120　Ángel González, "*De una habitación a la otra* [어느 방에서 다른 방으로]", *Juan Navarro Baldeweg*, Ministerio de Cultura, Madrid, 1986, pp.6-31. [원주]

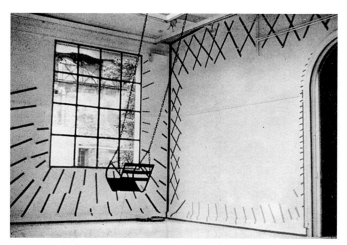

「빛과 금속」, 후안 나바로 발데웨그, 살라 빈손 갤러리, 바르셀로나, 1976년.

원성에 이르게 된다. 한편으로는 아무렇게나 자리 잡은 듯한 오래된 저택
과 느긋하게 즐기는 휴가, 다른 한편으로는 자연환경을 포용하면서 그 접
촉을 강화하고 수평방향으로 확장하는, 좀 더 현대적인 유형의 공간 배치
이다. 다시 말해 기념적 배치와 집중된 배치(물론 이 두 가지는 상호 배타
적이지 않고, 다양한 지형에 따른 결과로 나타난 것이다)라는 이원성이 그
것이다.

　이런 점을 감안하면 현상학적인 집은 실존적인 집과는 사뭇 다른 외피
개념을 가지게 된다. 이러한 외피는 이제 극도로 정교해져서 민감한 감정
적 필터 역할을 하는 것이지, 폐쇄된 영역을 암시하거나 "안정성"을 의미
하지는 않게 되었다. 현상학자에게 있어서 집이란, 프란시스코 하비에르
사엔스 데 오이사[121]가 자주 언급했듯이 "반쯤 벌어진 유기체"이자 연속
으로 이어지는 문턱이고, 교류가 규칙적으로 발생하며 미로와 같은 복잡
성이 나타나는 전환의 공간이다. 집이 그 충만함으로 절정에 이르는 순간
이란, 말로 표현하기 어려운 공간 속에 거주자를 가두어놓고 집의 방어적
개념을 강요하는 하이데거적인 불안감이 아니라 현상학적 광휘가 비치
는 특별한 순간, 지중해를 물들이는 새벽빛 혹은 이슬비가 그치고 온 자연

121　프란시스코 하비에르 사엔스 데 오이사Francisco Javier Sáenz de Oiza(1918~2000)는 스페인의
　　　건축가로 모더니즘 건축 운동을 주도했다.

이 다시 활짝 열리는 순간을 가리킨다.

　마요르카에 있는 요른 웃손의 집, 칸타브리아[122]에 있는 후안 나바로 발데웨그의 집은 현실적 한계를 갖고 있음에도 불구하고 이런 식으로 전개된 공간 배치가 어떻게 특정한 기후와 관련하여 민감하게 반응하는 외피를 갖게 되었는지 설득력 있게 보여준다. 여기서 웃손은 지중해의 기후, 발데웨그는 대서양의 기후에 감응한다. 태양의 집Casa del sol과 비의 집 Casa de la lluvia이라는 이름이 붙은 두 집은 풍경에 대한 독특한 해석에 따라 조금씩 변형되기도 하지만, 미로처럼 전개되는 배치를 통해 경험을 최대한 강화시키는 것을 목표로 한다. 비의 집에선 빗물이 마치 "빗질"하 듯 박공지붕을 타고 흘러내리는데, 지붕은 빗물받이와 배수 홈통 때문에 덮개가 서로 겹쳐진 듯한 모양을 하고 있다. 반면 태양의 집은 바다와의 만남을 추구한다. 태양 광선에 의해 뚜렷한 특징을 드러내며 거주 공간으로 바뀌는 개구부를 통해 집과 거주자가 물리적 환경과 어떻게 능동적인 관계를 유지하는지 분명하게 보여준다. 이들이 주변 환경과 맺는 관계는 방어적인 실존주의나 위생을 중시하는 실증주의, 니체의 관조적 사유와는

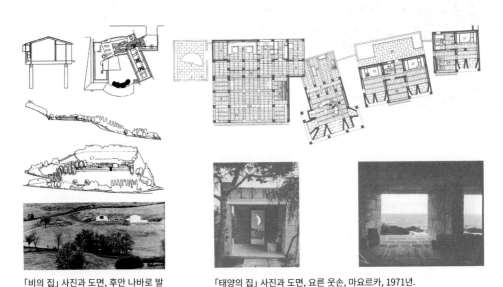

「비의 집」 사진과 도면, 후안 나바로 발데웨그, 칸타브리아, 1982년.

「태양의 집」 사진과 도면, 요른 웃손, 마요르카, 1971년.

122　스페인 북부에 위치한 자치주로 칸타브리아 해에 면해 있다. 산탄데르가 주도이다.

전혀 다르다.

　이들이 자연환경과 맺는 관계를 좀 더 알기 쉽게 설명하자면, 두 집의 거주자들은 날씨가 허락하는 한 텃밭과 과실나무에 꽃과 비둘기집까지 갖추고 있을 가상의 정원을 직접 정성스럽게 가꾸고 있다고 말할 수 있다. 피카소가 현상학적인 집의 체험을 통해 비옥하고 풍요로운 지중해풍 자연의 존재를 우리의 기억에 각인시켰던 그 창문들을 고스란히 떠올리게 해주는 것도 바로 이런 창조적 관계다.

　공기는 그것을 구성하는 경계면인 외피를 초월하기 때문에 현상학적인 집의 물질성은 개연성이 높아져 다루기가 다소 어려워진다. 게슈탈트 용어로 물질성은 결국 공간이라는 "그림"의 "배경"이 될 것이다. 따라서 특별한 카테고리나 선험적 의미를 따질 필요없이 인공적이거나 자연적인 재료를 구별 없이 사용할 수 있을 것이다. 비의 집과 태양의 집에서 볼 수 있듯이 여러 재료들을 융통성 있게 혼합하여 사용하는 경향을 보이게 되고, 기술적이거나 구조적인 것보다는 감각적인, 특히 촉각적인 면에서 조화와 경제성을 확보하는 방향으로 전개되는 것이다. 질감과 반사색의 따뜻함, 실내의 음향 등이 진정한 건축 재료로 알려진 자연적 요소, 즉 수면이나 나무 그늘 같은 것을 적극적으로 통합함으로써 선택 기준을 결정하게 될 것이다. 따라서 현상학적인 집은 엔지니어보다 브리콜뢰르 *bricoleur*[123]에게 더 어울리는 감각적인, 구조적이라기보다 오히려 촉각적인, 억제되지 않는 관능적 물질성을 풍긴다.

　그럼 이제 피카소의 집 실내 장면으로 돌아가, 현상학적인 집에서 실내가 구성되는 논리를 살펴보기로 하자. 그의 집 내부에는 개인 물건들, 캔버스, 물감통과 붓, 의자와 테이블, 아무렇게나 쌓여 있는 도자기와 접시들이 여기저기 흩어져 있어서 그야말로 우리는 이 방의 냄새를 바로 맡을 수 있는데, 이는 아이의 침실과 전형적인 바자르bazar에서 볼 수 있는 색깔이나 무질서함과도 유사하다. 따라서 우리는 집 전체를 설명해주는 다양한

123　여러 가지 재료나 물건을 조합하거나 재조립해서 새로운 것을 창조하는 행위, 즉 브리콜라주 bricolage를 하는 사람을 가리킨다.

소우주인 위상학적 미로가 공간을 장악하여 활력을 불어넣는 가구와 오브제들로 전환되는 지점을 감지할 수 있다. 아울러 거리나 크기보다 관계가 더 중요한 공간이 연달아 펼쳐지며 확장되는 것을 알 수 있다.

현상학적 주체는 자신에 대한 기억을 보증해주는 정서적인 물건들 더미에 둘러싸이게 된다. 하지만 그 물건들은 위계적인 관계에서 벗어나 무질서한 미로처럼 조직되어 집 자체를 재구성하고, 거주자는 미로처럼 조직된 개별 공간을 전유하게 된다. 따라서 다양하고 방대한 양의 필요성과 수많은 개인화된 물건을 지배하려는 심리가 결합된 이러한 요구는, 현상학적인 집의 실내 공간에 항상 존재하게 될 것이다. 이는 다른 유형의 가정관이나 가치, 예컨대 안락함이나 기능성, 고급스러움 같은 것보다 "친밀감"을 우선시하는 관점에서만 온전히 설명될 수 있다.

현상학적인 집의 거주자는 집 안의 여러 사물과 감성적인 교감을 통해 웰빙을 추구할 것이고, 사물을 통해 아이들의 장난감에서 볼 수 있는 소형화된 세계를 재창조한다. 왜냐하면 이들은 자신의 주변 환경에 대한 기술적 측면에는 무관심하기 때문이다. 사물은 현상학적인 집에서 볼 수 있는 개인적이고 친밀하며 거의 어린아이 같은 특성을 강조하게 된다. 여행 가방, 궤짝, 옷장, 상자, 열쇠가 공간을 차지하고 자신의 것으로 만든다. 이는 집에 대한 위계적 인식 체계를 파괴할 정도의 와해를 수반하는데, 이런 현상은 강도를 잃지 않은 채 서랍 내부의 냄새로까지 확장되어 건물과 그 점유 공간 사이의 모호한 구분을 암시한다. 이는 전통적인 용어로 "장식"이라는 세부사항이 현상학적 접근 방식의 주요 측면이며, 이 세부사항이 구성이나 구조적 측면 또는 에너지 문제보다 훨씬 더 중요하다는 점을 보여주는 것이다.

이와 마찬가지로 우리가 공적/사적 체계에 주의를 기울인다면, 현상학적 주택에서 도시 모델로까지 확장되는 다양한 소우주가 단계적으로 재생산되는 메커니즘을 발견하게 될 것이다. 1956년 두브로브니크에서 개최된 CIAM 회의에서 건축가들이 카스바[124]의 생동감과 그 미로 같은 공

---

124 카스바Kasbah는 아프리카 북부의 나라에서 볼 수 있는 성채는 물론, 그 주변의 성벽으로 둘러싸인

간 조직을 근대 건축의 순수함과 비교하며 비판했을 때도 이런 식으로 이해했던 것이다. 그래서 그들은「아테네 헌장」의 뼈대를 이루던 네 가지 기능을 일상적 경험과 직접적으로 연결되는 또 다른 네 가지 범주, 즉 집, 거리, 구역 그리고 도시로 대체할 것을 제안했다. 이와 마찬가지로 로마 시대의 대형 온천장은 신체와 자연을 감각적으로 연결하는 방식과 그 공간적 복합성을 하나의 일관된 모델로 보여준다. 이 모델은 콜린 로우와 프레드 케터가 쓴『콜라주 시티』의 디자인, 기억과 자전적 연상에 기초한 콜라주인 알도 로시의 유추적 도시개념으로 이어져 피라네시[125]의 느낌을 풍기는 건축물을 낳았다. 따라서 현상학적 도시는 결국 경험과 시간이 서서히 여과시킨 요소들로 조밀하게 구성된 총체이자 단편적인 배경으로서 복합적인 성격을 띠게 될 것이다.

"우리는 왜 과거보다 미래에 대한 그리움을 더 선호해야 하는 걸까? 우리가 마음에 두고 있는 도시모델은 이미 잘 알려진 우리의 심리적 특성을 용인할 수 없을까? 이처럼 이상적인 도시는 예언의 극장이자 기억의 극장으로 분명하게 기능할 수 없을까?"『콜라주 시티』에서 로우와 케터는 도시의 구성 요소를 탈맥락화하여 배치하는 기법을 통해 기억과 경험으로 회귀할 것을 제안한다. 예컨대,「아테네 헌장」의 공간 구성 범주와 기법들과는 전혀 무관한, 오로지 기억에 남을 요소들로만 이루어진 도시, 데이비드 그리핀과 한스 콜호프[126]가 그린 도시 단편fragmento urbano에서 가장 이상적으로 표현된 도시, 그리고 로시로부터 영감을 받은 아르두이노 칸타포라[127]가 유추적 도시와 유사하게 그린 도시를 보라.

시가지, 즉 성곽 도시 전체를 가리키는 경우도 있다. 주로 진흙 벽돌로 만들어져 있으며 언덕 위나 높은 산자락 위에 세워져 있다.

125 조반니 바티스타 피라네시Giovanni Battista Piranesi(1720~1778)는 이탈리아의 판화가이자 건축가로 고대 로마의 유적을 그린 에칭 연작「상상의 감옥Carceri d'invenzione」은 지하 감옥의 미로 같은 공간과 다층 구조, 신비한 기구들로 몽환적 분위기를 띠며 숭고의 미학을 창조해냈다. 마우리츠 코르넬리스 에셔와 같은 초현실주의 화가들과 신고전주의 건축의 발전에 큰 영향을 주었다.

126 한스 콜호프Hans Kollhoff(1946~)는 독일의 건축가로 고전적인 건물 양식과 견고한 전통적 재료를 현대의 고층 건물에 적용하는 실험으로 주목받았다. 대표작으로는 베를린 알렉산더 플라츠 마스터플랜, 포츠다머 광장의「콜호프 타워Kolhoff Tower」가 있다.

127 아루두이노 칸타포라Arduino Cantafora(1945~)는 이탈리아계 스위스인 건축가이자 화가로 밀라노

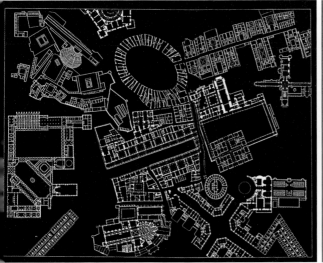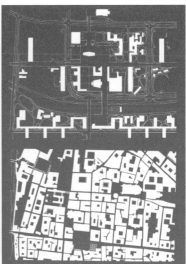

『콜라주 시티』에서 재인용, 콜린 로우 & 프레드 케터, 구스타보 힐리 출판사, 1981년.

『콜라주 시티』에서 우리는 현상학적 집에서 본 것과 동일한 복제물을 발견하게 된다. 하나는 기억rememoración이고, 다른 하나는 형태를 인식하는 능력의 증대intensificación gestáltica de la percepción이다. 이 책의 저자들이 맞서 싸우고자 하는 근대 도시들이 게슈탈트적인 관점에서 비판받는다면, 그들이 제안한 계획은 전통적인 기억 모델에 따라 구성되는 것이다.

형태 인식의 관점에서 근대 도시를 바라보면, 확실히 게슈탈트적인 측면에서 비난받을 여지가 많다. 왜냐하면 어떤 사물이나 형상을 감상하거나 지각할 때, 어떤 종류의 배경이나 장場이 먼저 있어야 하며 모든 지각 경험은 제한된 범위 안에서만 이루어지는 게 전제조건이고, 배경에 대한 인식이 형상에 대한 인식에 선행한다면, 그래서 형태가 그 어떤 인식 가능한 참조틀frame of reference에 의해서도 뒷받침되지 못한다면, 형태는 자기 스스로를 약화시키거나 파괴시킬 수 있기 때문이다.[128]

공과대학에서 알도 로시에게 배웠다. 르네상스 회화와 조르지오 데 기리코의 영향을 강하게 받았다. 대표작으로는 라 스칼라 오페라극장의 「페르세우스와 안드로메다」(1991)의 무대 디자인이 있다.

128   Rowe, Colin / Koetter, Fred, *Collage City*. [원주]

자크 타티의 영화 「나의 삼촌」의 한 장면, 1958년.

로우와 케터는 이러한 배경fondo과 그림figura 사이의 대비가 존재하지 않는 상황을 타개하기 위해서 전통적인 공간성으로 돌아갈 것을 제안하면서 테세노프 식의 소도시 유형이 아니라, 역사유적지구에 남아 있는 도시의 파편적 흔적들을 기반으로 한 복합적이고 기념비적인 대도시 모델로의 회귀를 주장한다. 따라서 베니스, 로마, 베를린, 런던, 파리, 뉴욕 - 이 도시들은 모두 관광객이 많이 찾는 곳이다 - 이 모델이자 기능 분석의 대상으로 제시된다. 여기에는 도시의 기능 분석 자체가 의미없는 사례가 포함된다는 점을 주목해야 하는데, 이 도시들의 과도함exceso이야말로 사람들의 기억에 남는 것이기 때문이다. 콜라주 시티라는 개념에 내포된 기술적 문제를 제외하고 - 이러한 도시가 결국엔 일종의 문화적 테마 파크가 되리라는 것은 쉽게 상상할 수 있다 - 가장 흥미로운 점은 현상학적 주장의 두드러진 특징을 이해하는 것이다. 그것은 경험을 유일한 확실성으로 간주함으로써, 즉 다른 논리가 암시하는 추상적 모델이 없다는 사실이다. 그런데 이 점에 있어서 타티는 분명히 로우와 케터를 넘어서고 있다. 윌로 씨에게 도시는 공공장소와 기념물뿐 아니라 기존 도시에 대한 그의 비전과 관련된 모든 것을 담고 있는 공간이다. 그래서 여기에는 카페, 시장, 소광장 등 전통적인 사교 공간뿐 아니라 개발되지 않은 땅도 일부 포함된다. 이런 장소들은 산만한 듯 펼쳐진 피카소의 집처럼 우리 자신이 원하는 방식대로 활용할 수 있을 때만 온전한 의미를 얻게 된다.

따라서 우리는 공적 영역에 대한 비전을 갖게 된다. 여기서 공적 영역이란 피카소가 여름 별장에 거주하는 것과 유사한 방식으로 부르주아적인 근대 도시를 해석하고, 현상학적 시간성과 공간성을 형성하는 자극과 지향성의 네트워크가 구체화된 영역을 의미한다. 그러므로 현상학적 도시가 지향하는 공적 영역의 핵심사항은, 도시계획의 관점에서 단선적인 linealidad 전략을 중단하고 객관적 방법에 의문을 제기하며 경험에 기반하는 주관적 모델에 대한 확신이다. 이는 카스바나 "유휴지terrain vague"와 로마의 공중 목욕장 등에서 볼 수 있는 현상학적 공공 영역이라는 개념이다.

피카소와 윌로 씨는 사적인 영역과 공적인 영역에서 현상학적 세계를 통합함으로써 니힐리즘적인 초인의 영웅적 성격과 거리가 멀고, 실증주의자의 사회적 복종과 완전히 상반되며, 하이데거의 내면적 인간과도 무관한 집에서 거주하는 방법을 만들어낸다. 그들은 메를로 퐁티가 규정한 바와 같이 "세계에 전념하는 주체"로, 이러한 생각을 구체적으로 실현하기 위해 자신만의 디자인 방법을 발전시킨다. 이는 분명 어린아이의 시선을 흉내 내는 태도로는 불가능할 것이다. 또한 기하학적 문제 대신 지형적 측면을 다루고, 공기와 빛을 가지고 작업하거나 특정 물질을 애드호키즘 *ad hocismo*[129]의 관점에서 다루는 것만으로도 충분하지 않다. 피카소의 사례에서 명백하게 알 수 있듯이, 과학자나 장인이 아닌 아마추어 또는 브리콜뢰르처럼 일하면서 다양한 이질적인 기술을 활용하게 만드는 동인은, 이처럼 세계에 전념하는 사람 앞에 나타나는 놀라움이다. 콜라주는 도시를 사유하기 위한 하나의 참고 자료일 뿐만 아니라 엔지니어에게 최적

---

129 애드호키즘은 미국의 건축가인 찰스 젱크스Charles Jencks(1939~2019)가 1968년에 사용한 건축 비평 용어로, '임시변통' 또는 '어떤 목적에 맞는'이란 의미의 애드호크ad hoc에 이즘ism이 조합된 것이다. 즉석 대처, 혼종성, 즉흥성, 소비자 민주주의, 비주류 등을 의미하는 애드호키즘은 시대 양식이 아니라 디자인, 건축, 미술, 우주론을 관통하는 인간의 사고방식이며 삶을 생산하는 방식이기도 하다.

화된 감각과는 전혀 다른, '브리콜뢰르' 건축가의 기술이다. 실제로 메를로 퐁티에게 헌정된 『야생의 사고』[130]에서 클로드 레비스트로스는 이러한 생각을 발전시켰고, 로우와 케터는 이를 곧장 수용했다.

'브리콜뢰르'는 여러 가지 일을 하는 것을 좋아하지만, 기술자와 달리 특정 프로젝트의 목적에 맞게 준비된 재료 유무에 그다지 신경쓰지 않는다. 그가 사용하는 도구의 세계는 "손안에 있는 것"으로, 항상 유한하고 그나마 잡다하기 이를 데 없는 재료와 도구를 가지고 작업하는 것이 원칙이다. 왜냐하면 현재 하는 일이나 또 어떤 특정 프로젝트와 관련해 준비된 것들이 아니라, 단지 우연히 그렇게 된 것이기 때문이다. 그는 어느 때고 예전에 파손된 부품이나 만들다 남은 것을 가지고 본래 모습을 재생 또는 보수하거나 완전히 새것을 만들어내기도 한다. 그러므로 '브리콜뢰르'가 사용하는 수단들은 프로젝트에 따라 정해지는 것이 아니다(예를 들어 엔지니어의 경우 적어도 이론상으로는 가능한 한 많은 도구와 재료 세트가 있고, 프로젝트의 종류에 따라선 일종의 "해법 세트"를 활용한다는 것을 전제로 한다). '브리콜뢰르'의 도구와 재료라는 것은 잠재적인 용도에 의해서만 규정되어야 한다. […] 여러 가지 요소들을 모으거나 보존하는 이유는 "언제든지 쓸모가 있기 마련"이라는 원칙 때문이다. 이러한 요소들은 어느 정도 분화되어 있어, '브리콜뢰르'에는 팀이나 다양한 업종에 대한 전문 지식이나 기술이 필요없고, 각각의 요소들도 하나의 고정된 용도로 사용될 이유가 없다. 각 요소는 실제적이면서도 잠재적인 일련의 관계를 나타낸다. 이들은 "조작 매체operateur"이지만, 동일한 유형에 속하는 것이라면 다른 작업에도 사용될 수 있다.[131]

이러한 이질적인 매체의 다양성은 현상학적 비전이 스며드는 공간 및 감각적 경험에 더 크고 자연스런 공감을 느낄 수 있게 해준다. 이는 프로젝트의 수단과 관심을 비선형적이고 비계층적 과정 속으로 분산시키는 다양성이다. 알렉산더 클라인이 제시한 계열별 분류 방법론의 도식을 다시 살펴보면, 설계자의 입장 차이가 크다는 점을 이해할 수 있다. 따라서 브리콜뢰르의 이미지는 분명한 시작과 끝이 없는 "분산된 지향성의 네트워크"에 보다 가깝다고 할 수 있다. 이는 바로 윌로의 상상력이자, 억제할 수

130 Lévi-Strauss, Claude, *La Pensée sauvage*, Plon, Paris, 1962 (스페인어 번역본: *El pensamiento salvaje* [야생의 사고], Fondo de Cultura Económica, Ciudad de México, 1964). [원주]

131 *Ibid.* [원주]

없을 정도로 무한히 확장하는 피카소의 독창성에 다름 아니다. 여기에는 우리가 추구하는 최종 단계도, 우리가 이미 알고 있는 전형적 특징을 가진 집도, 미리 정해진 단계를 갖는 프로세스도 존재하지 않는다. 현상학적 프로젝트는 미리 정해진 그 어떤 표상도 알지 못하고, 거기에 도달하기를 바라지도 않는 정신과 감각의 방황 자체로서, 무엇보다 그러한 이미지를 피하려고 한다.

그럼 이제부터 현상학적인 집의 탐방을 마무리 짓기 위해 비의 집과 태양의 집으로 들어가 정지된 순간 속에서 폭넓게 실내를 살피는 건축가의 모습을 보도록 하자. 실증주의적 프로젝트의 상투적인 주제 ― 구조, 외피, 효율적인 배치 ― 와 기법, 즉 평면 분석이나 일반 사항에서 특수 사항으로 초점을 옮기는 방식으로는 이 두 집이 갖는 의미나 계획 방법을 설명하기가 불가능하다. 비의 집은 독립적인 아치형 천장 아래 유리 진열장을 갖춘 소박한 미로를 구성하고 방문자를 반긴다. 부채꼴 모양으로 배치된 진열장은 소유자의 개인적 취향을 드러내주고, 다양한 수집품들이 하나의 풍경을 이루며 환영의 몸짓을 보여준다. 건물의 날개 중 한 곳은 중복도로 이루어져 작은 규모임에도 복잡해 보이고 공간 조직의 풍부함이 느껴진다. 외부 벽에는 물건을 보관할 수 있는 창고가 포함되어 있기 때문에 날씨 변화에 따른 피해로부터 추가적인 보호 기능을 제공한다. 계곡 안에 자리 잡은 입지 조건 때문에 이 집에 접근하려면 춤을 추듯 온몸을 움직여야 한다.

태양의 집은 바깥쪽으로 방을 만들어 화창한 기후에 조응하는 방식으로 자리 잡는다. 이 방들은 커다란 규모와 활용 가능성을 갖고 뚜렷이 구분되는 몸체로 나뉘어져 그 크기가 더 과장되어 보이며 태양과 바다, 절벽으로 이루어진 자연환경과 대등한 관계를 맺는다. 이 집에서 아주 중요한 요소인 가구는 영구적인 건축물로 취급되어 실내의 특정 위치에 고정된다.

이들 프로젝트가 보여주는 장면들은 이와 유사한 집에서 살아본 거주자의 경험에 비추어볼 때 결정적인 것이라고 할 수 있다. 이러한 장면들은 지각 능력의 강화를 추구하던 근대 정통파 건축가들에 의해 정형화된 방식을 특정한 디자인 방법으로 변형한 결과다.

우리는 지금까지 집을 이상화하면서 휴식과 관련된 성격에 관해 언급했다. 어쩌면 앞으로 현상학적 방법을 명확하게 규정해야 할 때 이러한 측면을 강조해야 할지도 모른다. 왜냐하면 그것은 여유로운 휴식과 그에 따른 특별한 감각적 느낌처럼 누구나 알고 있는 경험이며, 그로 인해 기존의 기능주의적 이상화와는 거리가 멀어진다는 점을 강조할 수 있기 때문이다. 우리는 이상적인 별장을 어떻게 상상하는가? 그런 집은 어떤 상상에 기반하고 있는가? 혹시 평면구성의 합리성이나 연결 통로와 실면적의 경제성, 주거 단지 내에서 하나의 세포로 기능할 수 있는 능력이나 구조, 외벽의 모듈 리듬 그리고 주변 환경을 첨단 기술화하는 문제를 기준으로 생각해본 사람이 있을까? 한가롭고 나른한 휴식의 느낌, 비록 허구적이라 할지라도 그 충만한 순간을 얼마나 도시와 집으로, 우리의 일상적 삶의 현장으로 옮겨놓을 수 있을까? 피카소가 누리던 공간을 만들어내기 위해 우리는 무엇을 해야 할까? 프로젝트의 논리를 어떤 식으로 구성해야 할까?

이쯤에서 현상학적인 집과 앞으로 우리가 방문할 집들을 구별해주는 무언가가 있다는 사실을 강조해두면 흥미로울 것 같다. 그것은 집을 설계하는 사람이 내리는 결정의 산물이자 그 결정대로 살아가는 사람이 경험하게 되는 대상이다. 달리 말해 건축은 그 자체로 현상학적일 수밖에 없다. 모든 집은 항상 누군가가 마주하는 물리적 대상이기 때문에 현상학적이다. 건축학은 무엇보다 그러한 관계를 연구하고, 대상에 대한 경험을 강화하기 위해 특정한 지식을 제공하는 학문이다. 따라서 현상학적인 집은 우리 자신의 생생한 경험을 통해 관료적인 실증주의적 방법에 의문을 제기하도록 가르치고, 실증주의라는 좁은 테두리에서 벗어나고자 하는 건축가라면 무시할 수 없는 "요리법"인 노하우를 제공해준다. 하지만 그것은 예술 영역에서와 마찬가지로 그 자체로 한계를 지닌다. 가장 자주 언급되는 한계 중 하나는, 뚜렷한 "감각적" 개인주의를 지지하는 정치적 입장을 향한 비판적인 노력을 망각한다는 것이다. 이러한 현상은 현대 사상에서도 나타나는 흐름이다. 또 다른 한계는 특히 바슐라르의 독자들에게서 흔히 나타나는 문제로, 문자 그대로의 향수에 과도하게 빠져 끊임없는 자기 도취와 회상적인 몽상에 휩쓸리는 것이다.

바슐라르가 우리 앞에 던지는 과제는 정확히 그 반대일 것이다. 그것은 경험의 복합성을 어떻게 되찾을 것인가, 불과 100평방미터도 안 되는 주거지와 아파트에서 어떻게 커다란 시골집의 미로 같은 공간 경험을 구현할 것인가, 아무런 특성도 없는 장소에, 게다가 한정된 표면적과 기술적 제약을 갖는 건물 파사드에 강력한 인상을 주는 반쯤 개방된 외피를 어떻게 만들 것인가, 피카소가 여유롭고 즐겁게 생산적인 휴가를 즐겼던 저택을, 우울하고 아무런 특징도 없는 도시 외곽 지대와 어떻게 연관시킬 수 있을 것인가 하는 문제일 것이다(왜 안되겠는가?). 물론 현상학적 경향이 너무 아름다워 현실적이지 않다고 가정하고 이러한 시도를 모조리 포기할 수도 있을 것이다. 어쩌면 이런 경향이 엘리트적인 운명을 지니고 있어서 상황이 허락하는 경우에만 그 강렬함을 드러내는지도 모른다. 건축 그리고 우리 시대는 종종 현상학적 비전의 세련된 순수성을 받아들이기에 너무 현실적이고 너무 잔인하다. 그러나 월로 씨는 전혀 가진 것 없이 작은 공간과 외진 변두리까지 도시 전역에 거주하면서 시적 충만함 속에서 살았다. 이는 상상력이 불행을 극복하는 경우도 있다는 것을 보여주는 분명한 증거이리라.

추가 참고도서 목록

Holl, Steven, *Anchoring*, Pinceton Architectural Press, New York, 1989.

_____, "Within the City. Phenomena of Relations", *Design Quarterly*, N°.139, Minneapolis, 1998.

Jacobs, Jane, *The Death and Life of great American Cities*, Random House, New York, 1961 (스페인어 번역본: *Muerte y vida de las grandes ciudades* [미국 대도시의 죽음과 삶], Paidós, Barcelona, 1994).

Lyotard, Jean-François, *La Phénomeé nologie*, Presses Universitaires de France, Paris, 1954 (스페인어 번역본: *La fenomenología* [현상학], Paidós, Barcelona, 1989).

Navarro Baldeweg, Jaun, "Movimiento ante el ojo, movimiento del ojo. Notas acerca de las figuras de una lamina [눈앞의 움직임, 눈의 움직임]", *Arquitectura COAM*, núm.234, Madrid, 1982, pp.22-27.

_____, "La geometría complementaria [보완적 기하학]", *Juan Navarro Baldeweg*, Electa, Madrid/Milan, 1993.

_____, *La habitación vacante* [빈 방], Pre-Textos, Valencia, 1999.

Pallasmaa, Juhani, *The Eyes of the Skin: Architecture of the Senses* [1996], John Willy & Sons, Chichester, 2005 (스페인어 번역본: *Los ojos de la piel. La arquitectura y los sentidos* [피부의 눈. 건축과 감각], Editorial Gustavo Gili, Barcelona, 2014).

Rossi, Aldo, *L'architettura della città*, Marsilio, Padua, 1996 (스페인어 번역본: *La arquitectura de la ciudad* [도시의 건축], Editorial Gustavo Gili, Barcelona, 2015).

Solà-Morales, Ignasi de, "La Casa della Pioggia", *Lotus Internacional*, núm.44, Milan, 1984.

5.
워홀의 팩토리:
프로이트-마르크스주의적 코뮌에서
뉴욕의 로프트로

팩토리의 벽면을 배경으로 앉아 있는 앤디 워홀.
사진: 빌리 네임, 1964년.

팩토리의 소파에 기댄 앤디 워홀.
사진: 존 나어, 1965년.

팩토리에 모인 루이 니콜슨, 척 웨인, 피터 놀, 대니 필즈 등의 친구들과 앤디 워홀.
사진: 스티븐 쇼어, 1965년.

오노 요코, 존 레논과 함께한 앤디 워홀.
사진: 데이비드 부르동, 1971년.

팩토리의 실내 이미지.
사진: 빌리 네임, 1964년.

자신의 작품 「자화상」과 「바나나」를 살펴보는 앤디 워홀.
사진: 빌리 네임, 1967년.

지금부터 우리는 다소 색다른 탐방을 하려고 한다. 그러니 마음속으로 칼 마르크스와 지그문트 프로이트 그리고 앤디 워홀처럼 서로 다른 개성을 가진 세 인물의 회동 장면을 떠올려야 할 것이다. 그 이유는 사회학이나 정치적 관심 때문이 아니라 근대적 삶의 원형이 구현되는 과정에서 비롯된 근대적 현상, 즉 도시 공동체의 출현과 확산을 설명하기 위해서다. 이 도시 공동체는 지난 수십 년 동안 로프트loft라는 다락방을 거주 공간으로 상업화함으로써 생겨난 것으로, 매력과 효율성을 지닌 근대적 라이프 스타일의 아이콘으로 자리 잡았고 "대안적" 영역을 넘어 우리 시대의 사유, 설계 그리고 삶의 또 다른 형식으로 확장되었다.

빌헬름 라이히[132]는 러시아의 혁명적 코뮌의 일상을 분석한 『성 혁명』(1936)[133]에서 프로이트와 마르크스의 사상을 결합시키려는 야심만만한 시도를 보여준다. 이러한 경험과 비판은 1950년대와 1960년대 일련의 대항문화corrientes contraculturales 흐름에 흡수되어 미국의 비트세대를 낳았는데, 이들은 특히 뉴욕에 사는 소수의 화가 그룹으로서 중성적인 상업공간인 로프트를 새로운 거주 방식으로 개발했다. 로프트의 가장 인상적인 버전을 꼽으라면 분명히 앤디 워홀이 이끌던 생산적인 코뮌, 팩토리Factory[134]를 들 수 있을 것이다. 사실 그는 거기서 잠도 자지 않았고—잠은 근처의 어머니 아파트에서 잤다— 마르크스, 프로이트, 라이히는 물론, 당시의 코뮌 운동에도 관심을 거의 보이지 않았다. 그럼에도 불구하고 매혹적이고 화려한 아우라를 지닌 팩토리는 당대의 라이프 스타일에 그야말로 형태와 광채를 부여했다. '형태 부여dar forma'라는 건축적 용어를 파

---

132 빌헬름 라이히Wilhelm Reich(1897~1957)는 오스트리아 출신의 심리학자이자 사상가로 프로이트의 영향을 받아 정신분석학과 마르크스의 사상을 결합시켰다. 그는 부계 체제, 결혼 제도와 가족 제도에서 비롯된 권위주의와 성 억압적 성향으로 인해 파시즘과 같은 체제가 등장한다고 봤다. 따라서 기존의 사회를 근본적으로 해체하고 새로운 세계를 이루려면 무엇보다 성의 해방이 선행되어야 한다고 주장했다. 대표작으로는 『성 혁명Die Sexualität im Kulturkampf』(1936)이 있다.

133 Reich, Wilhelm, The Sexual Revolution, Wilhelm Reich Infant Trust Fund, New York, 1945 (스페인어 번역본: La revolución sexual [성 혁명], Editorial Planeta-De Agostini, Barcelona, 1993). [원주]

134 팩토리는 뉴욕 맨해튼 이스트 47번가에 있던 앤디 워홀의 창고형 작업실이다. 워홀은 이 공간을 작업실이나 스튜디오라고 부르지 않고 공장이라는 뜻의 팩토리라고 명명했다. 조수를 고용하고 실크 스크린 기법으로 공장에서 물건을 생산하듯 작품을 쏟아낸 자신의 제작 방식을 시사한 것이다.

악한 것이다. 팩토리는 20세기에 이루어진 모든 시도들 중 적어도 문화적 관점에선 가장 널리 알려진 영향력 있는 코뮌일 것이다. 앤디 워홀이 발산하는 화려한 매력 덕분에 로프트는 1960년대의 공동체 전통과 언더그라운드 분위기의 진보적이고 반항적인 카리스마가 응축된 원형으로서 권위와 명성을 얻었다.

역설적이게도 자본의 상징 그 자체인 도시에 위치한 이 고도로 자본주의적인 코뮌은, 자본주의를 숭배하는 사람들이 거주하는 공동체로 삶에 대한 아나키스트적인 사고의 정점을 이룬다. 이러한 사고 방식은 가족 제도가 지속될 가능성이 불투명하다는 점과 더불어, 자발적으로 선택한 라이프 스타일로서 고독한 삶을 추구하려는 경향이 늘어난 현상과 관련된다. 그러나 코뮌은 가족이나 독거인처럼 특정한 사회 조직이 아니다. 그것은 명확한 건축적 유래와 함의를 지닌 삶과 사유 그리고 사적 공간을 건설하는 하나의 방식으로, 이것이 바로 우리가 이곳을 찾는 이유가 된다. 이 점을 각별히 유념하고 앤디 워홀이 우리를 맞이하는 커다란 홀 안으로 들

팩토리의 오픈 하우스 장면, 사진: 프레드 맥다라.

어가 보자. 그는 자신의 창조성은 물론이고 은빛으로 빛나는, 산만하지만 매혹적인 거대한 공간에 매우 만족해하는 모습이다. 그는 행복하고 편안한 자세로, 최소한의 의례만 갖추면 맘껏 즐길 수 있는 가정의 형식을 보여준다. 이를 이념적으로 뒷받침할 만한 정당성이나 가족 구조 또는 다른 대

안은 전혀 고려하지 않은 채, 도발적인 포즈를 취하며 편안하고 흡족한 모습이다. 결국 팩토리는 가장 자유로운 방식의 창의성을 친교의 영역으로 확장시키려는 욕구의 표현이다. 팩토리는 사람들이 자주 찾게 되는 오픈 하우스로 파티의 장소이자 일터, 즉 축제의 장이 되는 작업장이며 어떠한 배제와 소외도 용납하지 않는 장소가 된다. 그것은 가난한 이들과 부자들이 함께 참여하고, 미술관을 위한 예술 작품과 대중을 위한 음악을 만드는 파티의 장이다. 팩토리는 뉴욕 같은 도시의 취향을 알리기 위해 만들어진 잡지《인터뷰》[135]처럼 자체 홍보 매체를 갖고 있다. 따라서 팩토리는 대체 불가능한 존재이자 스스로를 공적 공간이라고 내세우지도 않는 장소가 된다.

　　이 공간에 익숙해지기 위해 이제부터 앤디 워홀의 공식적 전기 작가인 데이비드 부르동[136]의 안내를 받아 보기로 하자.

앤디 워홀은 자신이 쓰고 있던 소방서 건물을 1963년 말까지 비워야 했기 때문에 주변을 둘러보다 그랜드 센트럴 역에서 그리 멀지 않은 47번가 231번지의 4층에서 꽤나 널찍한 다락방을 찾아냈다. 면적이 15×30미터 정도 되는 그 공간은 남쪽 벽에 창문이 나 있어 밴더빌트 YMCA와 거리가 내려다보였다. 워홀은 창가에 작업대를 놓고 작업할 공간을 마련했다. 그 건물에는 바닥과 쇠창살로만 이루어진 화물용 승강기가 설치되어 있었는데, 4층의 전면 구석 쪽으로 곧장 문이 열렸다. 계단으로 이어진 출구 부근의 북쪽 벽에는 공중전화기가 달려 있었다. 그것은 오래전 룸메이트들이 장거리 전화를 자주 한 탓에 요금이 너무 많이 나오자 이를 피하기 위해 누군가가 떠올린 현명한 선택이었다. 그곳에서 엄청난 양의 그림과 영화가 제작되었기 때문에 워홀을 찾은 방문객들은 그곳을 '팩토리'라고 불렀다. […] 워홀은 빌리 리니치[137]를 불러 그의 새 스튜디오를 디자인했다. 리니치는 나중에 '팩토리'의 감독관이자 관리인이 되었다. 그는 세 개의 천장 아치 일부와

135　《인터뷰Interview》는 앤디 워홀과 존 윌콕이 1969년에 창간한 잡지로 유명인과 스타의 패션과 스타일을 보도하고 그들에 관련한 인터뷰와 사진을 싣는 것으로 유명했다.

136　데이비드 부르동David Bourdon(1934~1998)은 뉴욕을 중심으로 활동한 예술 비평가이자 작가이다. 초기 미니멀리즘 운동에 관한 비평 작업을 주도했고, 대표작으로는 『지구를 디자인하다Disigning the Earth』(1995)가 있다.

137　빌리 네임Billy Name이라는 이름으로 더 잘 알려진 윌리엄 조지 리니치William George Linich(1940~2016)는 미국의 사진작가, 영화 제작자, 조명 설계사이다. 그는 팩토리에서 앤디 워홀의 수많은 창작 작업─영화, 그림, 조각 등─에 참여했다.

콘크리트 벽을 알루미늄 포일로 덮어 은빛 실내 환경을 만들어냈다. 게다가 거친 벽돌 벽에 은빛 페인트를 칠해서 반짝이는 표면을 만들었다. 더 나아가 그는 테이블, 의자, 복사기, 변기, 팔다리가 잘린 마네킹, 전화 등 모든 물건에 은빛 페인트를 칠했다. 심지어는 바닥에도 알루미늄 페인트를 칠했지만, 사람들이 너무 많이 드나든 탓에 광택을 유지하기 위해선 2주에 한 번씩 다시 칠해야 했다. 리니치는 팩토리를 유지 관리하는 데 너무 많은 시간을 보내는 바람에 아예 거기서 살다시피 했는데, 암페타민으로 자극받은 그의 상상력은 계속 일을 만들어냈다. 그는 앤디를 도우면서 자신만을 위한 특별한 주거 공간을 만들었다. […] 워홀의 스튜디오에서 산 지 몇 달 뒤, 그는 어느 날 밤에 외출했다가 보도에 버려진 소파를 발견하고 팩토리로 끌고 왔다. 커다란 적갈색 소파로 양쪽 끝이 앞으로 구부러진 회색 줄무늬 등받이가 있었다. 그 소파는 실내를 장식하는 주요 아이템이 되었고, 이듬해 제작된 영화 「카우치Couch」—다양한 종류의 사회적, 성적인 관계로 얽혀 있는 방문객들을 그린 에피소드 영화—의 주요 소품이 되기도 했다.[138]

이제는 워홀 자신의 이야기를 들어보자.

47번가와 3번가가 만나는 곳에 있어서 위치가 정말 좋은 편이었다. 우리는 언제나 UN 빌딩을 향해 가는 시위대를 볼 수 있었다. 언젠가 한번은 교황이 세인트 패트릭스 대성당으로 가는 길에 47번가를 지나간 적도 있다. 후르시초프도 언젠가 그 길을 지나간 적이 있다. 그 길은 넓고 좋았다. 끊임없이 열리는 우리의 파티가 어떤 것인가 궁금했는지 언젠가부터 유명 인사들이 스튜디오에 찾아오기 시작했다. 케루악, 긴즈버그, 폰다와 호퍼, 바네트 뉴먼, 주디 갈랜드, 롤링 스톤즈 등이었던 것으로 기억한다. 벨벳 언더그라운드[139]는 우리와 함께 라이브 공연과 방송 공연을 하고, 1963년에 순회공연을 하기 직전에 우리 스튜디오 한쪽에서 연습을 했다. 그때부터 모든 것이 시작된 것 같았다. 대항문화, 하위문화, 팝, 슈퍼스타, 마약, 조명, 디스코텍 등 우리가 "새롭고 힙하다young-and-with-it"라고 여기던 모든 것이 그때 시작되었던 것이다. 그 당시에는 어딘가에서 항상 파티가 열리고 있었다. 지하실에서 파티가 열리지 않으면 지붕 위에서 열렸고, 지하철이 아니면 버스에서 열렸다. 그리고 배에서 파티가 열리지 않으면 자유의 여신상에서 열렸다. 사람들은 이런저런 파티에 가기 위해서 항상 옷을 차려 입었다. 「내일 있을 모든 파티All Tomorrow's

---

138 Bourdon, David, *Warhol*, Harry N. Adams, New York, 1989 (스페인어 번역본: *Warhol* [워홀], Anagrama, Barcelona, 1989). [원주]

139 1960년대 중후반 뉴욕에서 활동한 록 밴드로 전위적이고 실험적인 음악을 선보였고 펑크 록, 뉴 웨이브, 얼터너티브 록 등에 영향을 끼쳤다. 1996년 로큰롤 명예의 전당에 헌정되었다. 일찍이 이들의 잠재력을 알아본 앤디 워홀은 후원자 겸 매니저가 되어주기로 하고 적극 지원했는데, 바나나가 그려진 이들의 1집 앨범 커버도 워홀의 작품이다.

Parties」는 뉴욕의 로어 이스트 사이드Lower East Side가 이민자들의 구역이라는 '신분'을 떨쳐내고 핫 플레이스로 떠오를 무렵, 벨벳 언더그라운드가 돔에서 불렀던 노래 제목이다. "가엾은 저 여자아이는 내일 파티에 가려고/어떤 옷을 입을까…?" 나는 그 노래를 정말 좋아했다. 벨벳 언더그라운드가 연주하고 니코가 노래를 불렀다.[140]

이러한 라이프 스타일은 어떻게 생겨났으며 그 주요 참조점은 무엇일까? 건축적인 세부사항을 검토하기에 앞서 다소 번거롭더라도, 20세기의 전형적인 삶의 형식을 다룬 이 전기를 한번 훑어보는 것이 좋을 것 같다.

초기의 유토피아적 사회주의자들―특히 앙리 드 생시몽과 샤를 푸리에―, 새로운 사회 조직 형태를 제시했던 몇몇 퓨리턴 교파들은 19세기 초 미국에서 이와 같은 대안적 조직 모델을 실현할 수 있게 해준 약속의 땅을 찾아냈다. 그들은 이념적으로 서로 다른 입장이었지만 코뮌적인 삶의 형식을 제시한다는 점에선 일치했는데, 친족 관계가 아닌 집단이 어느 정도 전문화된 작업이 가능한 공간을 자유롭게 공유하기로 한 것이다.

역사적으로 볼 때 코뮌 사상을 옹호하는 사람들은 헤아릴 수 없이 많지만, 여기서는 마르크스와 프로이트라는 두 인물에만 초점을 맞출 것이다. 특히 이들의 지적인 작업은 전통적인 주체와 그의 거주 방식을 위기 상황에 빠뜨린 책임에서 자유롭지 못하다. 마르크스의 관점에서 코뮌은 사회에 대한 혁명적 이해, 즉 유물론의 논리적 목표로서, 급진적인 집단 행동을 요구한다. 마르크스주의적 주체는 자기 자신을 개인이나 가족이 아니라, 자신을 전적으로 규정하는 집단이나 사회계급 내로 귀속시킨다. 마르크스는 인간이 완전한 개성과 사상의 자유를 갖고 있다는 철학적 신화를 해체하고, 인간을 생산관계에 따라 결정되는 사회 집단과 계급에 위치시켰으며 인간이 자유를 얻게 되는 것은 생산력의 변화에 따른 결과라고 말했다. 그에게 있어 인간은 아무것도 창조하지 않으며, 인간 자신이 상상하는 그런 존재도 아니다. 인간은 물질적 생산 조건과 사회적 관계가 결합

140 Warhol, Andy, *The Philosophy of Andy Warhol: From A to B and Back Again*, Harcourt Brace Jovanovich, New York, 1975 (스페인어 번역본: *Mi filosofía de A a B a A* [나의 철학], Tusquets, Barcelona, 1981). [원주]

된 산물이다. 오로지 사회적 투쟁을 통해서만 역사적 과정 속에서 자유인으로서 존엄성을 획득할 수 있을 것이되, 이는 자유와 혼동되는 운명일뿐이다.

이와 같이 경제적, 역사적 분석을 통해 고전적 인본주의의 토대가 해체되자, 이번에는 정신분석학을 통해 또 다른 해체 작업이 그에 못지않은 강도로 이어진다. 인본주의적 주체에 대해 이중의 치명적 타격이 가해진 셈이다. 프로이트는 인간에 대한 마르크스의 관점을 뒤집으면서, 자기와 자아ego 사이의 근본적 기이성을 보여준다. 마르크스의 관점이 인간의 외적 실존과 관련되고 미래의 갈등 해결을 모색하는, 여전히 목적론적인 관점에 입각한 것이라면, 프로이트는 과거와 무의식으로 눈을 돌려야만 해결되는 자기 성찰적 비전을 도입한다. 프로이트적 인간은 개인적인 자기 인식 과정을 통해 상대적인 자유를 얻는다. 그는 교육과 가족을 통한 사회화 과정 속에 억압적 메커니즘이 존재함을 인식하고 자아와 세계 사이의 불균형과 자존감의 가치를 깨달으며 자신의 축소된 자아, 즉 신경증과 조화롭게 공존하는 법을 배우게 된다. 따라서 프로이트적 인간은 자기 자신을 사회적으로 인식하지 못할 뿐 아니라 자신의 심리적 구조 또한 파편화되어 더 이상 통합된 인격을 갖지 못한다. "이드"에서 구현되는 본능의 맹목적인 추구는 "자아"와 투쟁한다. 여기서 "자아"는 "이드"가 외부 세계에 적응하며 변형된 부분에 지나지 않는다. 반면 "초자아"는 부모에 대한 유아기적 의존과 충동을 통제하려는 욕구, 그리고 사회화 과정의 침전물이다.

그렇다면 인간의 통일성은 결국 이중으로 분열되는 셈이다. 인간은 자신을 사회적으로 규정하는 생산 관계에 연루되는 동시에, 그의 정신은 양립할 수 없는 성향으로 분열된다. 역사 유물론과 정신분석학은 모두 인본적 이상주의와 그 주체 그리고 자아, 이성, 세계의 조화라는 존재론적 기반에 의문을 제기한다. 결국 이 모든 것—자아, 이성 그리고 세계—은 객관성을 잃고 산산조각 나면서, 인간에게 정신적 위안을 주기 위한 가공의 구성물로, 관념론에 내포된 환상의 산물로 드러난다.

빌헬름 라이히는 역사 유물론과 정신분석학의 한계와 상호보완적 성격을 비판하면서, 새로운 사회적 주체를 창조하기 위한 하나의 과정으로

이 두 분야를 결합시키는 과제를 떠맡게 된다. 라이히에 따르면, 내면의 갈등을 개별적으로 해결한다는 생각은 부르주아적 이데올로기의 잔재일 뿐이다. 인간 내면의 해방은 사회적 차원에서가 아니면 실현 불가능한 것으로 개인의 차원에서는 이루어지지 않기 때문이다. 결과적으로 이러한 주장은 그가 "권위주의적"이라고 규정한 가족이, 사회적 조건을 재생산하고 부모/자식 관계를 통해 계급투쟁을 이어가는 사회 구조를 규탄하고 비판하는 것을 의미한다. 따라서 유물론과 평등에 대한 요구를, 신경증을 완화하거나 없애고 성적 에너지를 최대한 방출할 수 있는 삶과 성을 장려하는 사회적 학습 과정과 연계시킬 필요가 있다. 라이히는 공동체를 세계 - 세계는 또한 노동을 의미한다 - 와 자아를 연결하는 새로운 사회적 학습의 축으로 제안한다. 새로운 주체의 구성은 사적 공간과 공적 공간 사이의 관계 및 연결의 근본적인 변화를 수반한다. 하지만 라이히가 지적한 바와 같이 이는 현실 사회주의가 결코 해결할 수 없는 과제였다. 사회주의 체제 내에서 부르주아적 사회 질서 모델이 여전히 작동하고 있었기 때문이다. 마르크스와 프로이트가 가정의 공적인 의미에 주목한 반면, 라이히는 가정 내의 억압이 어떻게 사회 전반의 억압과 관련되는지, 어떻게 해서 가정이 두려움에 떨며 사회 질서를 지켜가고자 하는 개인을 만들어내는 장치가 되었는지를 보여준다. 한 가정이 "사회의 경제 체제를 심리적 수준에서 대규모로 재생산하도록" 방치하는 한, 가정은 결국 억압의 대리자 역할을 한다.

라이히가 히피 운동과 파리의 68년 5월 혁명의 지도자들에게 많은 영향을 주었다는 사실은 이미 널리 알려져 있다. 이 시기 동안 라이히와 더불어 헤르베르트 마르쿠제와 앙리 르페브르[141]에게도 많은 관심이 집중되었다. 라이히의 영향을 받은 마르쿠제와 르페브르가 일상생활과 권위주

---

141 헤르베르트 마르쿠제Herbert Marcuse(1898~1979)는 독일 출신의 미국 철학자이자 프랑크푸르트 학파의 사회주의 사회학자로 알려졌다. 산업사회에서 인간의 사상과 행동이 체제 안에 내재화함으로써 변혁 능력을 상실했다는 점에 주목했다. 앙리 르페브르Henri Lefebvre(1901~1991)는 프랑스의 마르크스주의 철학자이자 사회학자이며 산업사회에서 정보화 사회로 나아가는 과정에서 일상성의 중요성을 강조하며 도시와 인공지능의 문제를 집중 연구했다.

의적 가족 모델에 대해 마르크스적, 정신분석적 관점에서 비판한 내용은 당시 기존의 질서를 근본적으로 변화시키고자 했던 수많은 행동 단체, 특히 상황주의 인터내셔널,[142] 기 드보르[143]등에 곧장 수용되었다. 마르쿠제와 프랑크푸르트학파(막스 호르크하이머, 에리히 프롬, 테오도르 아도르노, 발터 벤야민)의 등장으로 인해 가정과 관련된 권위적 전체주의 현상에 대한 관심이 커짐에 따라, 이제 가족은 내면화된 권위의 메커니즘을 통해 위기 상황에서 카리스마적 지도자를 출현시키는 원인으로 간주되기 시작했다. 이들이 보기에, 실험할 만한 가치가 있는 새로운 삶의 형식에는 단순히 더불어 살고자 하는 욕구 이상의 노력이 필요했다. 우선 초기의 아나키스트 사상가들이 지적했던 것처럼 권위주의의 흔적을 모두 없애는 것이 급선무였다. 이를 위해서는 정신분석적 훈련과 비계층적인 공동 생활을 실험해 보아야 했다. 권위주의적 관행을 해체하고 생산적이면서도 즐거운 공동생활로 이끌기 위해 "행동을 통한 학습"이라는 접근 방식이 등장했다. 이는 인간 사회에 있어서 놀이의 역할에 관해 연구한 하위징아[144]에게서 영감을 얻은 것이다. 인간 관계를 생산과 상관없는 놀이의 절제된 추구로 이해할 것을 주장한 하위징아의 『호모 루덴스Homo Ludens』[145]는 1950년대 말에서 1960년대 초까지 10년간의 전환기에 등장한 대항문화 운동을 뒷받침하게 된다. 그 시기의 대항문화는 기성 문화와 반대되는 것으로 반권위주의, 독창성, 창의성, 자발성, 사랑과 기쁨, 놀이와 솔직한

---

142 상황주의 인터내셔널Internationale Situationniste은 프랑스에서 일어난 '68혁명' 당시 주도적인 역할을 했던 '상황주의자'라는 그룹이 주장했던 이념으로 일상을 비일상화함으로써 자본주의를 극복하는 개인과 사회를 만들 수 있다는 내용이다. 이를 위해선 일상성의 파괴가 필요하다고 주장했고, 이는 1970년대 펑크문화에 큰 영향을 미쳤다.

143 기 드보르Guy Debord(1931~1994)는 프랑스의 마르크스주의 철학자이자 영화 제작자, 상황주의 인터내셔널의 창립 멤버이다. '스펙터클'이란 개념을 통해 자본주의 체제를 비판했고, 예술적인 실험과 사회혁명의 결합을 시도했다.

144 요한 하위징아Johan Huizinga(1872~1945)는 네덜란드의 역사가이자 철학자로 문화사와 정신사를 주로 연구했다.

145 Huizinga, Johan, *Homo Ludens. Versuch einer Bestimmung des Spielelementst der Kultur*, Pantheon, Amsterdam/Leipzig, 1939 (스페인어 번역본: *Homo ludens* [호모 루덴스], Alianza, Madrid, 2007). [원주]

행동, 공동체 정신[146]과 코뮌이라는 가장 두드러진 특성을 획득했다. 베를린의 K1과 K2 코뮌은 이처럼 새로운 삶의 태도와 운동의 상징이 되었다. 그들은 완전히 새롭게 대두된 일상적 문제들, 예컨대 일의 분담과 교대, 커플의 형성 및 차별적인 관계, 재정 지원의 확보, 리더십과 공동체적 경향의 출현, 청결한 위생관념 등을 최초로 문서화했다. 그 결과 친밀한 관계나 사적 영역에서도 반권위적 정신을 배우고 실천하게 되면서, '스콰터스 squatters'나 '오쿠파스okupas'처럼 오늘날 전 세계적으로 확산된 무단 점거 운동의 전통을 형성하게 되었다.

그런데 이 모든 것이 마르크스주의와 정신분석학은 물론 그 어떤 이데올로기에도 의심의 시선을 거두지 않은 채, 미국과 그 체제를 숭배했던 앤디 워홀과 대체 무슨 관계가 있을까? 사실 워홀은 비판은커녕 미국 체제의 우상화 작업에 지나치게 몰두한 탓에 교훈적 담론보다는 비판적이고 왜곡된 패러디 효과를 얻은 인물이다. 그렇다면 팩토리는 공동체 특유의 공간성을 구축하려 했던 그간의 여러 노력과 어떻게 연결되는 것일까?

유럽 아방가르드의 주장을 흡수하는 과정에서 맥락을 달리하는 미국, 특히 뉴욕 문화의 특이한 능력을 고려해본다면, 그동안 공동체를 건설하려 했던 다른 수많은 시도와의 유사성을 워홀의 팩토리에서도 쉽게 발견할 수 있을 것이다. 파티와 창작 작업(그림, 영화 제작, 음악, 해프닝)이 지속적으로 이루어지는 분위기 속에서 우리는 특정 개인의 창조적인 작업 – "삶의 예술"을 실현함으로써 예술 행위를 하지 않는 것 – 을 지향하는 상황주의 인터내셔널의 선언문 정신뿐 아니라, 하위징아의 『호모 루덴스』에서 드러나는 유희적 정신, 라이히와 마르쿠제의 반권위주의를 인식할 수 있다.

그 당시의 시대정신은 『성 혁명』, 『도시 혁명』, 『호모 루덴스』, 『현대 세계의 일상생활』 등[147], 앞서 언급한 저자들의 책 제목만 살펴봐도 쉽게 알

---

146 원문에 나온 *espíritu tribal*은 '부족 정신'이라는 뜻이지만, 여기서는 문맥상 "공동체 정신"으로 옮긴다.

147 Reich, Wilhelm, *op.cit.*; Lefebvre, Henri, *La révolution urbaine*, Édition Gallimard, Paris, 1970 (스페인어 번역본: *La revolución urbana* [도시 혁명], Alianza, Madrid, 1980); Huizinga, Johan, *op.cit.*; Lefebvre, Henri, *La Vie quotidienne dans le monde moderne*, Éditions

수 있다. 이러한 정신은 분명 1950년대에 비트 제너레이션(잭 케루악, 앨런 긴즈버그, 윌리엄 버로스 등)이 코뮌에서 초보적인 형태의 공동생활을 시도하도록 자극했다. 그들에게 공동체는 냉혹한 사회에 맞서서 상호 부조, 환대, 책임, 우정을 기초로 한 선택적 친족 관계의 한 형태였다. "생산/소비" 모델과는 대조적으로 게으름, 장래에 대한 무관심 그리고 소극적 태도 등이 반체제적 행동과 혁명적 투쟁의 주요 형식이 되었다. 그들의 입장은 한편으로 도시를 버리고 이상주의적인 성격의 히피 공동체를 만드는 것으로 나타났지만, 다른 한편으로 특수한 도시적 생활양식, 즉 자신들의 특별한 세계시민주의cosmopolitanismo가 투영된 뉴욕에 보금자리를 잡은 아방가르드 예술가들의 라이프 스타일에도 큰 영향을 미쳤다.

이러한 상황을 제대로 이해하려면 『정신착란의 뉴욕』(1978)에서 렘 콜하스[148]가 도시에서 점차 격화되는 진보주의적이고 비합리적인 경향을 토대로, 뉴욕의 범세계적인 라이프 스타일을 어떻게 기술했는지 살펴볼 필요가 있다. 콜하스가 보기에 "맨해트니즘Manhattanism"[149]은 이미 1930년대에 "대형 주거용 호텔", 즉 경박하긴 하나 아방가르드적이어서 실제로는 코뮌의 자본주의 버전에 다름없는 새로운 삶의 형식을 만들어냈다. 그중 가장 눈부신 성과는 맨해튼의 월도프 애스토리아 호텔이었다. 어쩌면 시간상 너무 근접해 있었던 탓에 콜하스는 이러한 현상이 소호의 로프트에서도 재현되고 있었다는 사실을 알아차리지 못했을 것이다. 소호의 로프트는 위대한 세일즈맨인 앤디 워홀 덕분에 당시 맨해튼 엘리트들의 주요 욕망의 대상이 되었다. 일상생활의 변화, 창조적 작업 자체와 결합된 '삶의 예술'의 탐구, 인생 프로젝트로 인식되던 가정 개념의 포기 그리

Gallimard, Paris, 1968 (스페인어 번역본: *La vida cotidiana en el mundo moderno* [현대 세계의 일상생활], Alianza, Madrid, 1972). [원주]

148 렘 콜하스Rem Koolhaas(1944~)는 네덜란드의 건축가로 초기에 뉴욕의 건물과 도시계획을 연구하면서 두각을 나타냈다. 그의 『정신착란의 뉴욕: 맨해튼에 대한 소급적 선언문*Delirious New York: Retroactive manifesto for New York*』(1978)은 1850년부터 1960년까지 뉴욕의 역사를 통해 도시설계와 건축의 발전을 분석한 책이다.

149 대도시 형성 과정을 지배하는 이데올로기를 말하는 것으로 렘 콜하스가 제시한 개념이다. 그는 이 개념을 통해 맨해튼으로 대변되는 근대의 거대 도시에서 나타나는 전복된 가치체계를 해체하려고 시도한다.

고 삶과 성을 유기적으로 연결하기 위한 규범의 실천은 베를린과 파리에 만연했던 정치적 급진성을 잃고, 뉴욕의 정체성과 대도시 문화, 그리고 자본주의의 가장 해방적인 측면으로 나타나서 이 도시에 새로운 활력과 경제적인 자극을 주었다. 몇 년 내로 뉴욕은 관습을 거스르는 자신의 문화적 정체성을 주요 산업으로 전환하여 국제적인 문화 관광 명소가 된다.

상황주의 선언문과 베를린의 코뮌에선 내부로부터의 변화, 즉 자신이 넘어서고자 하는 이념적 기준에 근거한 변화가 필요했다. 이런 양상은 팀 텐 건축가들의 노력을 연상시킨다. 이처럼 상충되는 이념적 입장을 이해하려면 '당신은 마르크스주의자입니까?'라는 질문에 대해 상황주의자들이 했던 대답을 떠올리면 된다. 이들은 "마르크스 자신도 '나는 마르크스주의자가 아니다.'라고 말했다"고 답한다. 그렇지만 팩토리에서는 그런 노력조차 전혀 필요 없어 보인다. 논쟁하고 토론하는 것은 전혀 필요 없고, 그저 즐겁게 보내면서 가장 열정적이고 도발적인 방식으로 생산하는 것이 중요하다.

이처럼 워홀은 유럽과 미국의 진보적 흐름을 한데 모으는 데 성공했고, 그 과정에서 뉴욕의 진보적이고 범세계적인 자본주의를 그 안에 통합시키는 중요한 모델을 제시했다. 그렇지만 우리의 의도는 여기서 특정한 예술가 그룹, 예컨대 고든 마타 클라크와 조지 마키우나스[150] 등이 맨해튼 남동부로 이주해서 버려진 산업용 건물의 거대한 공간을 확보하는 과정을 다시 언급하려는 게 아니다. 그 대신 우리는 값싼 임대료 말고 정말로 그들이 본 것이 무엇인지, 그 뒤에 어떤 공간적 의미와 아이디어가 숨겨져 있는지, 그리고 20세기에 창조된 가장 특이한 거주 방식을 만들기 위해 무엇을 했는지 검토할 것이다. 아울러 우리는 초기 유토피아적 사회주의자들에게서 비롯된 이러한 오랜 전통이 어떤 이유로 가장 열광적인 유형인 뉴욕의 로프트로 이어지고, 또 이것이 어떻게 현대 주택에 대한 사유와 건설, 거주 방식으로 등장하게 되었는지 살펴볼 것이다.

---

150   고든 마타 클라크Gordon Matta-Clark(1943~1978)는 장소 특정적 예술 작품으로 널리 알려진 예술가이다. 조지 마키우나스George Maciunas(1931~1978)는 리투아니아 출신의 예술가로 예술가 그룹인 플럭서스Fluxus의 창립 멤버이자 해프닝 공연으로 잘 알려져 있다.

뉴욕 프린스 스트리트의 크리올 음식 전문식당 앞에서 친구들과 함께한 고든 마타 클라크(오른쪽),
사진: 리차드 랜드리, 1971년.

기본적으로 로프트는 넓은 면적에 공기가 잘 통하는 작업실 겸용 아파트로, 저렴하게 임대할 수 있으며, 19세기 말부터 경제적으로 침체된 중심가의 산업 공간이나 창고에 만들어졌다. 대개는 사적 공간과 작업 공간이 구분 없이 연결되었다. 로프트는 19세기의 전형적인 산업 건물 유형으로, 원래 여러 층으로 된 건물에서 임대나 분양 가능한 건평 위주의 공간을 의미했는데, 주철 기둥이 있는 구조적 베이[151]의 개수로 측정된다. 로프트는 기본적으로 경제적 능력 또는 거주자의 창의적 관심사나 사회적 역할에 따라 개별적으로 혹은 공동으로 사용할 수 있다. 어떤 경우든 소호처럼 도시의 특정 지역으로 이동한다는 것은 이미 특정 공동체에 대한 갈망을 말해주는 것이다. 로프트의 넓은 면적뿐 아니라 새로 유행하는 사교 방식으로 인해 작업실 겸 아파트는, 끊임없이 손님들의 출입과 파티와 사교 모임에 개방되면서 공동체적 성격이 가장 두드러진 특징이 된다. 모든 면에서 개인이든 집단이든 창의적인 작업이 안락함, 쾌락, 질서, 친밀감과 같

---

151 베이bay는 기둥이나 벽이 연속적으로 서 있는 건축물에서 기둥과 벽에 의해 사각형으로 구분되는 구획을 의미하며, 공간을 구분하는 단위가 된다.

은 사적 측면보다 우선한다. 공동체와 지속적으로 접촉하고, 안정된 부부 생활을 경멸하고, 섹스를 또 하나의 소통 수단으로 인식함으로써 정치화된 유럽의 코뮌이 의식적으로 실천했던 것과 아주 흡사한 사랑 및 성적 관행 또한 확산되었을 것이다. 그 분위기는 적어도 표면적으로는 창의적이고 자유로운 파티와 다르지 않다. 이러한 시설을 통해 집단 혹은 공동체는 비교적 독립적인 도시적 맥락을 스스로 만들어낼 뿐 아니라, 도시의 일부 지역과 건물을 차지하며 그 정체성을 근본적으로 변화시킨다. 그렇지만 이것은 유토피아를 건설하거나 '새로운ex novo' 프로젝트를 계획함으로써 이루어지는 것이 아니다. 이러한 집단의 예술적 실천을 설명하는 데 흔히 쓰이는 용어인 차용apropiación이라는 기법의 결과라는 점이 중요하다. 이 기법은 소위 '발견된 오브제objet trouves'와 그것의 탈맥락화를 말한다. 이는 상황주의 인터내셔널이 혁명적 실천으로서 제기한 우회détournement[152], 즉 "기존의 미적 요소를 차용하여 현재 또는 과거의 예술적 대상을 보다 높은 수준의 사회, 문화적 배경 속에 통합시키는 것"[153]이라고 규정한 것과 아주 유사한 방식이다.

그러면 지금까지 살펴본 주택의 핵심 개념을 다음과 같이 요약해보자. 실존주의적인 집을 "일관성consistencia"으로, 현상학적인 집을 "강렬함intensidad"으로 그리고 실증적인 집을 "가시성visibilidad"으로 규정할 수 있다면, 여기서 다루고 있는 이 독특한 거주 개념과 연관되는 어휘는 "차용apropiación"일 것이다. 이 용어는 코뮌과 더불어 '점거된 집casas-ocupadas'과의 연관성을 강하게 드러낸다. 왜냐하면 그것은 로프트를 중심으로 전개되는 충동이자 그 공간을 점유하는 방법을 의미하고, 공동체의 경험을 공유한다는 사실, 그리고 도시의 역사적 중심지에 자신을 위치시키려는 아이디어이기 때문이다.

---

152   우회─전환, 혹은 변환이라고도 한다─는 상황주의자들의 개념으로, 자본주의 사회에서 생산된 이미지에 저항적 의미를 부여함으로써 대항적 스펙타클을 생산하는 것을 가리킨다. 다시 말해 이미지에 내재한 자본주의 이데올로기를 전복시키는 과정이다.

153   Andreotti, Libero y Costa, Xavier (eds.), *Teoría de la deriva y otros textos situacionistas sobre la ciudad* [표류 이론과 도시에 관한 상황주의자들의 텍스트들], MACBA/Actar, Barcelona, 1996. [원주]

자신의 주거지와 작업실을 투기성 시장논리에 의해 버려진 건물과 도시 지역으로 옮기면서, 워홀 버전의 호모 루덴스라고 할 수 있는 이 예술가는 정통파 모더니즘이 변함없이 지지해온 '백지 상태tabla rasa'와는 대조적으로 도시의 기억 속에 자리 잡음으로써, 도시와 그 역사유적지구를 활용하고 실증주의적 전통이 거부해온 모든 가치를 복원한다.

  전형적인 산업 시설의 기둥 배치에 따라 펼쳐지는 균등한 공간, 커다란 창문과 높은 천창 그리고 안이 시원하게 뚫려 있는 공장 건물을 활용하여 얻게 되는 공간은 어떤 공간일까? 우선 그것은 근대성을 부정하는 공간이며 거주에 대한 실증주의적 이상화를 버리고 근대 이전의 상업 및 산업 공간으로 옮겨갈 수 있는 거주자를 위한 공간이다. 기능주의를 지배하는 일상생활의 규칙적 질서와는 대조적으로, 특정한 가치를 갖는 무질서가 가장 뚜렷한 시각적 특징이 될 것이다. 이 무질서는 공간에서 비롯되어 항상 예측 불가능하고 즉흥적으로 사용되는 시간 자체로 확장되면서, 결국 전형적인 삶의 리듬에서 벗어나 전혀 다른 삶의 방식을 형성한다. 로프트는 결코 규정되지 않은 자신만의 고유한 생명력을 계속 유지하면서, 창조적 작업이든 디오니소스적 파티든 여러 이벤트가 벌어지면 도시의 여타 지역이 모두 문을 닫을 때 최고의 순간을 맞이한다.

  자크 타티의 「나의 삼촌」에 나오는 아르펠가의 집에서는 모든 것이 통제와 감시의 대상인 반면, 워홀의 로프트에서는 그 어떤 질서나 감시도 존재하지 않는다. 그 "집단"에 적합한 자격을 갖춘 사람이라면 누구든 그곳을 점유할 수 있다. 각자가 자신에게 부과하는 것 외에 그 어떤 의무나 일상적 관습은 그곳에 존재하지 않고 또 존재해서도 안 된다. 따라서 거기에는 일정이나 계획은 없고 즉흥적인 활동만 존재한다. 실증주의적 거주자의 눈에는 코뮌 구성원들이 비트족beatnicks이나 그와 유사한 "기생충들parásitos"로 보이겠지만, 코뮌 구성원들에게 실증주의자들은 기껏해야 "분위기를 깨는 이들"에 지나지 않을 것이다.

  청결함이나 옷차림처럼 겉으로 보기에 사소한 측면들도 정치적인 함의와 정확한 공간적 의미를 가지게 된다. 저항의 정신, 즉 "항의"는 짜증날 정도의 위생학적 기준에 의해 강요되는 "가짜 욕구"를 해체할 것을 강력하게 요구한다. 아스게르 요른[154]은 「기능주의 사상의 현재적 의미에 대해서」(1956)에서 "우리는 사물에 대한 절대적 필요성을 주장하는 어떠한 생각에도 반대한다."[155] 고 주장했고, 베를린의 코뮌 구성원들은 근대 사회 특유의 "불결함에 대한 금기"를 논의의 기준으로 받아들이기를 거부했다. 그들에 의하면, "불결함은 현실의 일부이기 때문에… 청결에만 집착하여 불결함이 존재하지 않는 척할 수는 없다."[156]

　　이와 같은 대항문화의 출현은 실증주의적 삶의 방식이 이상화했던 것들과 일일이 충돌하게 된다. 따라서 로프트는 실증주의적 계획 과정에서 '탁월한por excelencia' 척도 역할을 한 평방미터를 부정하는 것이자, 주요 공간적 자산인 입방미터가 확산되어 평방미터를 대체한 양상으로 볼 수 있다. 기술화와는 상관없이 누릴 수 있는 입방미터의 풍부함은 이제 기본적인 요구로 확립되었고, 이는 근대 정통 건축가의 방법론이나 사이비 과학, 기능주의적 시스템에 반하는 요구로서 나타났다. 이러한 공간에서는 모든 선택지가 열려 있기 때문에 거기에 거주할 때 발현되는 창의성이 최고치에 이르게 된다. 그 정도의 볼륨을 활용하는 것은 워홀적인 주체가 자신을 실현하는 거주 방식의 본질이다. 그 공간 안에서 워홀은 차용이나 "우회détournement" 기법을 통해 자신의 물질적, 대안적 문화를 계획한다.

　　그러면 팩토리 내부로 돌아가서, 오만하고 자기만족적인 포즈로 스스로를 과시하고 있는 워홀의 모습을 다시 한번 주목해보자. 그는 이렇게 말한다.

나는 항상 남은 것을 가지고 작업하기를 좋아했다. 버려진 것들, 모두가 쓸모없다고 여기는 것들이 재미난 것으로 변할 수 있을 거라고 믿었다. 그것은 재활용 작업과 마찬가지다. 그래서 나는

154　아스게르 요른Asgar Oluf Jorn(1914~1973)은 사회 참여적 예술운동을 주도한 덴마크의 화가이자 조각가로 아방가르드 운동인 COBRA와 상황주의 인터내셔널의 창립 멤버이다.

155　Jorn, Asger, "Sobre el valor actual de la concepció funcionalista" [1956], Andreotti, Libero y Costa, Xavier (eds.), *op.cit.* [원주]

156　Andreotti, Libero y Costa, Xavier (eds.), *op.cit.* [원주]

늘 버려진 것들 속엔 유머가 넘친다고 생각했다.[157]

　　팩토리가 그 자체로 버려지고 재활용된 산업 건물인 것처럼, 공간의 점유를 완성하는 오브제는 '아무 쓸모도 없는 것'에서 "차용"되어 20세기에 널리 알려진 예술적 기법인 뒤샹 풍의 탈맥락화된 사물, 즉 '발견된 오브제'를 재생산해낸다. 창의성은 노동에서 일상생활로 확장되어 캠벨의 통조림 깡통과 브릴로 패드[158]에서 가정용품으로까지 확대된다. 사치, 부르주아적 안락함, 현상학적 친밀감, 근대의 기술화, 또는 니체적인 집의 본질적인 아름다움에 맞서, 소비주의가 폐기한 사소한 물건들의 탈맥락화와 증식에 기초한 공간의 개념이 등장한다. 이러한 폐기물은 일단 새로운 맥락을 갖게 되면 미학적 의미뿐 아니라 기존의 일상, 즉 생산/소비 주기에 끼어드는 창조적 기생parasitar creativo이라는 풍자적 의미를 얻게 된다. 빛이 요하네스 페르메이르의 집에서 공기의 존재를 강화시켰던 것과 마찬가지로, 낯선 것은 워홀의 공간을 특별한 것으로 만든다. 재활용된 오브제의 세계에는 근대의 고정 관념과 달리 축적의 미학과 이질성이 담겨 있다. 이질적이고 모순적인 사물들은 독특한 장면이나 무대 배경을 만드는데, 그 안에서 기괴함과 우아함, 유용함과 무용함이 뒤엉켜 혼란스럽게 공존한다. 이와 같은 무질서야말로 장난기 넘치는 창조적 환경을 위한 자산임을 확인할 수 있다. 이러한 태도는 흔히 과잉의 미학, 증식과 축적의 미학을 낳게 되는데, 앤디 워홀의 경우에는 강박적이고 물신적인 소비주의로 나타난다(엘비스 프레슬리나 엘튼 존 같은 팝 세계의 스타들에게도 공통적으로 나타나는 현상이다). 그러나 워홀의 경우, 이러한 페티시즘은 의미심장하다. 왜냐하면 모든 예상과 달리 그의 페티시즘은 단지 앞서 설명한 물건들에만 적용될 뿐만 아니라, 그게 미국식이든 영국식이든 19세기의 부르주아 가구에도 뚜렷한 이중적 취향 속에서 적극 수용되기 때문이

157　Warhol, Andy, *op.cit.* [원주]

158　캠벨Campbell은 1869년에 창립되어 오늘날까지도 보존식품과 즉석식품을 만드는 회사다. 브릴로 패드Brillo Pad는 비누가 함유된 금속섬유로 만들어진 수세미이다.

브릴로 박스를 든 앤디 워홀과 고양이 루비, 사진: 빌리 네임, 1964년.

다. 이와 같이 분열된 그의 취향은 팩토리와 어머니의 집 사이에 존재하는 역설적인 거리감으로 나타난다. 이 집에 있는 그의 침실은 개인의 기본적 욕구를 모두 거부한다. 만약 이를 팩토리의 은빛 공간과 그 강렬한 근대성에 결부시켜 본다면, 앤디 워홀이 로프트의 색다른 미학을 상류 계급의 소비에 적합한 공간으로 변형시키는 데 아주 적합한 인물이었다는 것을 이해할 수 있을 것이다. 워홀의 세계에는 그 어떤 모순도 존재하지 않는다. 그는 모든 것을 원하되, 그중에서도 최고를 원한다. 그에게 필요하지 않은 것은 통일성, 부분들 사이의 조화와 일치, 초월적 일관성 같은 것들뿐이다. 실제로 그의 예술은 매우 빠르고 명쾌하게 이런 관념들을 벗어던졌다.

　1970년대에 급증한 수많은 로프트들과 달리, 팩토리가 지닌 진정한 독창성은 근본적으로 세인의 이목을 독차지하려는 워홀의 태도, 그의 화려하고 자기 과시적인 미장센에서 비롯된 것이다. 워홀의 태도는 이러한 빈 공간을 축제 같은 삶이 이루어지는 감각적인 장소로 만드는 데 결정적 기

앤디 워홀의 침실, 사진: 켄 헤이먼.

여를 한 것이 분명하다. 이곳에선 창조성이 유희처럼 펼쳐지고, 소외는 물론 반체제 이념에 대한 복종 또는 자본주의가 주는 쾌락을 포기할 것을 부추기는 듯한 분위기도 조성되지 않았다. 여기서는 트루먼 카포티나 믹 재거[159], 또는 재키 케네디 등이 참석한 가운데 사교계 명사들의 파티가 열리는가 하면, 한구석에서는 섹스, 명성, 돈, 마약, 오락의 열기에 둘러싸인 채 벨벳 언더그라운드가 리허설을 하고 기발한 영화가 촬영되고 거리낌 없이 제멋대로 행동하는 스타들이 탄생하기도 했다. 그런 가운데 워홀은 두 가지 의미에서 혁명적인 생활양식을 가진 캐릭터를 만들어냈다. "진정한" 저항 운동 세력에 대해선 그들이 과시하는 진부한 태도를 비난하고,

---

159   트루먼 카포티Truman Capote(1924~1984)는 미국의 소설가로 대표작으로는 『인 콜드 블러드In cold blood』(1965)가 있다. 마이클 필립 "믹" 재거Michael Philip Jagger(1943~)는 영국의 싱어송라이터이자 배우로 국제적인 명성을 펼쳤으며, 전설적인 록 밴드 롤링 스톤즈의 리드 보컬 겸 창립 멤버이다.

기득권층에 대해선 그들의 근본적인 부도덕성을 비난하며 모욕을 퍼부었다. 이와 동시에 좌파의 지루한 참여 운동을 회의적으로 바라보고 공공 기관의 냉소적인 도덕주의를 혐오하는 문화생활 계층을 매료시킨다는 의미에서 이중적 라이프 스타일의 소유자였다. 그는 이러한 생활 방식을 폭넓게 수용할 수 있는 길을 마련했다. 1980년대에 이러한 생활 방식은 사회에서 존경받는 계층을 대상으로 한 부동산 프로모션 현상으로까지 나타났는데, 이들 계층은 수년 전만 해도 주거형 호텔에 거주하며 가장 세련되고 엘리트적인 라이프 스타일을 추구하던 사람들이다. 이제 버려진 물건들은 골동품점이나 전문화된 매장에서만 팔리고, 더 이상 거리에서 찾아볼 수 없게 되었다. 불결함과 무질서는 의도된 부주의나 나태함에 자리를 물려주었고, 기이한 패션 스타일은 이제 매력적인 의상으로 변해 고급 패션 부티크에서나 살 수 있게 되었다. 벽에 걸린 팝 아티스트와 미니멀리스트 아티스트들의 그림은 로프트라는 주거 모델의 독창적 창의성을 환기시킨다.

1970년에 리오 카스텔리[160]가 웨스트 브로드웨이 420번지에서 문을 연 깔끔하고 우아한 갤러리를 위시해 소호에 세워진 선구적인 갤러리에서 볼 수 있던 것처럼, 이제 로프트는 부동산 시장의 요구에 따라 아트 갤러리의 면모를 띠게 되었다. 그 덕분에 로프트의 미학은 1980년대의 새로운 미학적 모델을 따라 다소 "박물관스러운 미니멀리즘minimalismo museístico"을 지향하게 되었다. 이제부터는 가브리엘레 헨켈[161]이 안내하는 대로 재스퍼 존스, 로버트 라우셴버그, 로이 리히텐슈타인, 클라스 올든버그[162] 그리고 워홀의 붐이 일어난 지 몇 년 후인 1988년에 오픈한 카

---

160 레오 카스텔리Leo Castelli(1907~1999)는 이탈리아계 미국 아트 딜러로 현대 아트 갤러리 시스템을 확립했다.

160 레오 카스텔리Leo Castelli(1907~1999)는 이탈리아계 미국 아트 딜러로 현대 아트 갤러리 시스템을 확립했다.

161 가브리엘레 헨켈Gabriele Henkel(1931~2017)은 독일의 예술 수집가이자 저술가이다.

162 재스퍼 존스Jasper Johns(1930~)는 미국의 팝 아트 미술가이고, 로버트 라우셴버그Robert Rauschenberg(1925~2008)는 미국의 화가이자 그래픽 아티스트이다. 로이 폭스 리히텐슈타인Roy Fox Lichtenstein(1923~1997)은 미국의 팝 아티스트이고, 클라스 올든버그Claes Oldenburg(1929~2022)는 스웨덴 태생의 미국의 조각가이자 대표적인 팝아트 미술가로, 일상생활에서 흔한 물건을 거대하게 복제하는 공공 미술, 설치가로 잘 알려져 있다.

스텔리 갤러리로 들어가보자. 그녀의 해설을 통해 우리는 이미 사회적 엘리트의 장소로 변한 이러한 공간에서 변화와 통합의 메커니즘이 어떻게 작동하는지 볼 수 있을 것이다.

좁은 계단은 카스텔리 소유의 건물로 이어지는데, 그 공간의 규모만으로도 당당한 분위기를 풍긴다. 우선 승강기 맞은편에 있는 리셉션 홀은 언제나 방문객들로 붐빈다. 밝은 빛깔의 쪽널 마룻바닥, 다양한 전시회를 위해 섬세하게 설치된 조명과 하얀 벽, 그리고 여러 개의 주철 기둥과 한 쌍의 벤치. 그 외에 어떤 가구나 설비도 없다. 보다 좁은 두 번째 방은 전시실로 쓰이며 동시에 로프에 의해 분리되어, 현실 세계와는 완전히 차단된 채 가장 큰 활동이 벌어지는 중심 공간으로 가는 통로 역할을 한다. 그 왼편에는 대여섯 명의 여자 비서들—정말로 눈에 띄게 예쁜 여성들—이 앉아 있는 책상들이 줄지어 있다. 이들은 부드럽고 공손하게 벨소리가 나는 전화기 앞에 앉아 매일 전 세계로부터 걸려오는 수백 통의 전화를 받는다. 그중 한 명은 컴퓨터 단말기 옆에 자리를 잡고 있다. 그녀는 문서를 분류하고 슬라이드를 고르며 방문객들에게 정중하게 인사를 건넨다. 어쩌다 레오가 통화중일 때는—레오는 정말로 전화를 많이 하는 편이다—방문객이 무료하지 않도록 함께 시간을 보내주기도 한다. 평소 레오는 비서들 사이에 앉아 있거나 페리에perrier 한 잔을 들고 책상 앞에 서 있기도 하고, 어떤 때에는 커다란 유리 칸막이로 된 방에 있기도 한다. 이곳은 갤러리 전체를 구석구석 살펴볼 수 있는 컨트롤 센터의 역할을 한다. 아마 주변환경 때문이겠지만, 레오는 소음을 특히 싫어해서 오래 전부터 눈에 띄지 않게 보청기를 끼고 다닌다. 그래서 아무도 큰소리로 이야기할 필요가 없다. 그의 앞에 있는 검은색 테이블 위에는 작은 메모장이 놓여 있다. 여기서는 무질서가 허용되지 않는다. 카스텔리 특유의 스타일과 분위기를 따르는 젊은 딜러들은 이미 상당히 많다. 그들은 박물관 스타일의 장식용 밧줄과 책상 위에 놓인 화려한 꽃과 같은 세부 사항에 이르기까지 모두 카스텔리의 스타일을 따르고 있다.[163]

로프트는 이제 우아함을 상징하는 공간이자 모든 주요 도시로 수출할 수 있는 독특한 모델이면서 20세기에 상상하던 주택의 원형을 완성하게 될 삶의 형식이 되었다. 그러나 워홀이 변방에 머물기를 거부하고 렉싱턴에 있는 자신의 팩토리에서 도시 전체를 정복하기 시작한 시점, 분명 더 설

---

163 Henkel, Gabriela, "Solo lo más nuevo del presente [현재 가장 새로운 것만]", AA VV, *Colección Leo Castelli* (catálogo de exposición) [레오 카스텔리 컬렉션 (전시회 카탈로그)], Fundación Juan March, Madrid, 1989, pp.67-71. [원주]

득력이 있는 순간으로 돌아가 보기로 하자. 그리고 로프트가 도시 및 자연과 어떤 관련이 있는지, 이러한 거주 방식에는 어떤 공공 공간이 포함되어 있는지 살펴보자.

현존하는 도시 뉴욕은 워홀 스타일의 로프트에 거주하는 사람에게는 자연환경이나 마찬가지다. 그는 하이데거적인 거주자가 검은 숲에 있는 재료로 자신의 거주지를 지은 것과 유사한 방식으로 버려진 물건을 이용해 거주 방법을 구성한다. 워홀에게는 자연도 "시골"도 존재하지 않는다.

나는 도시인city boy이다. 대도시에서는 공원에서 시골의 축소판을 경험할 수도 있지만, 시골에서는 도시의 흔적을 찾을 수 없기 때문에 도시가 무척 그리워지기 마련이다. 내가 시골보다 도시를 더 좋아하는 이유가 또 하나 있다. 도시는 모든 것이 일에 맞추어져 있는 반면, 시골은 모든 것이 휴식에 맞추어져 있기 때문이다. 나는 편하게 쉬는 것보다 일하는 것이 더 좋다. 도시에서는 공원의 나무들조차 수많은 많은 사람들을 위해 산소와 엽록소를 만들어내야 하기 때문에 열심히 일한다. 만약 당신이 캐나다에 살고 있다면, 당신 한 사람만을 위해 산소를 만드는 나무가 백만 그루나 있을 테니, 그 나무들 각각은 그렇게 열심히 일하진 않을 것이다. 반면 타임스퀘어에 있는 나무 한 그루는 백만 명의 사람들에게 산소를 공급해야 한다. 뉴욕에선 정말 열심히 일해야 하고, 나무들도 이 사실을 잘 알고 있다. 그 나무들을 보는 것만으로도 충분하다.[164]

도시에선 나무들도 창의적으로 일을 한다. 센트럴 파크는 도시를 위해 일하고 자연은 뉴욕을 위해 일한다. 도시는 창조적인 일을 즐기며 재미있게 살 수 있는 곳이다. 로프트 거주자는 도시의 중심에 살면서 이를 적극적으로 활용한다. 왜냐하면 그가 있는 위치는 그가 원하는 바를 모두 충족시켜줄 뿐만 아니라, 그 자신의 실존적 우주의 중심이기 때문이다. 하지만 이 도시는 오래된 여느 도시가 아니다. 이 도시는 범세계주의가 최대한으로 발현된 뉴욕이다. 현대 세계에서 매력적이고 흥미로워 보이는 모든 것을 차용하여 건설된 도시, 자본주의의 거스를 수 없는 탐욕과 소비적인 경향이 발현된 도시, 위대한 도시가 모두 위대한 영화나 소설의 배경이 되었듯이 렘 콜하스가 당시에 회고적인 선언문을 써서 위대한 도시라면 당연

---

164 Warhol, Andy, *op.cit.* [원주]

히 가져야 할 책을 헌정한 도시다. 여기서 '규모만 다른 동질성homotecia aescalar'이 다시 등장한다. 이제 도시는 소비해야 할 물건이 축적된 곳이자, 이를 활용함으로써 새로운 아름다움을 갖게 되는 장소로 간주된다.

이런 점에서 거리는, 근대의 도시주의urbanismo가 "억압"했고 따라서 이를 지키려는 행위 자체가 곧 저항의 의미를 갖게 된 곳이자, 도시의 유쾌한 재전용reapropiación이 펼쳐지는 장소로서 나타난다. 기존 도시의 주관적 심리지리를 구성하기 위해 거리를 배회하는 상황적 "표류dérive"[165]는 객관주의적 근대 도시의 결정 요인에 맞서는 혁명적인 틀로서 기억과 경험의 도시, 가치가 떨어져 소멸 위기에 처한 도시를 되찾기 위한 하나의 실천이다. 이러한 환경에서만이 혁명적 상황과 완전히 유희적인 주체가 탄생할 수 있고 앙리 르페브르가 말한 대로 공공 공간에서 주체성의 해방과 더불어 일어나게 될 도시 혁명도 이루어질 수 있다.

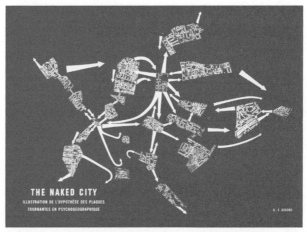

기 드보르의 「벌거벗은 도시」에 소개된 '심리지리적 거점 생성' 다이어그램, 프란체스코 카레리의 「산책풍경walkscape」에서 재인용, 구스타보 힐리, 2002년.

165 상황주의자들은 올바른 사회가 일상생활과 개개인의 실천을 통해 구현된다고 보았다. 따라서 그들이 추구하는 첫 번째 혁명은 바로 일상의 혁명이었고, 이는 새로운 세계의 구현을 위한 가장 기본적이고 궁극적인 단계였다. 일상의 혁명을 위해서는 기존과는 다른 방식으로 도시를 인식해야 했다. 그들은 새로운 지도 만들기, 즉 "표류"를 통해 개개인의 심리, 순수한 감정과 그것으로 드러나는 의식적, 무의식적인 반응으로 도시적 지리를 재구축하는 심리지리Psychogeography를 연구했다. 도시는 자본주의의 스펙터클이 만들어낸 거대한 괴물에 불과하기 때문에, 그들은 객관주의적 도시 인식을 거부하고 산책하는 사람flaneur과 같이 무의식적인 행동과 전유를 강조하였다. 그러한 표류를 통해 수동적인 삶, 맹목적 노동, 목적을 가진 공간의 점유 대신, 마치 유희하듯 의식과 체계의 통제로부터 분리된 상태로 경험할 수 있는 도시, 자본주의에 대항하는 도시를 재창조하기 위한 작업에 전념했다.

이와 같은 정치적 주장은 소호의 변화에서 명확하게 드러나는데, 이는 상황주의 도시 이론의 관점에서 도시의 버려진 지역을 활용한 다양한 일상의 실천, 즉 사적 영역인 로프트에서 거리로 확장되는 행위를 통해 그 지역을 변형시키는 소중한 사례로 꼽을 수 있을 것이다. 워홀은 결코 소호에 만족하지 않았다. 그의 야망과 개인주의는 그보다 더 커서, 뉴욕이라는 공간 전체 아니면 뉴욕이라는 "쇼윈도"를 완전히 전용하는 것이 그의 목표였다. 따라서 그가 도시 전체를 떠돌아다니는 것은 기 드보르가 설명한 것만큼이나 감각적이고 심리지리적인 "표류"였을 것이다. 하지만 표류행위가 갖는 반자본주의적 의미는 모두 잃었을 것이다. 그건 콜하스의 경우와 마찬가지로, 뉴욕의 도시적 감성이 자본주의와 그 소비적 관행의 표현이라는 정체성 자체에서 비롯되었기 때문이다.

뉴욕을 걸을 때마다 나는 항상 주변에서 풍기는 냄새를 잘 알고 있다. 사무실용 빌딩의 고무 매트, 천을 씌운 극장 좌석, 피자, 음료수, 오렌지 줄리어스, 에스프레소-마늘-박하 향신료, 햄버거, 면 티셔츠, 동네 식료품점, 고급 식료품점, 핫도그, 소금에 절인 양배추를 곁들인 소시지, 철물점 특유의 냄새, 문구점 냄새, 그리스식 시시 케밥과 가죽 냄새 그리고 던힐, 마크 크로스, 구찌 매장에 깔린 카펫 냄새, 노점상에서 파는 무두질된 가죽, 신간이나 과월호 잡지, (화물선에 실려 오는 동안 곰팡이가 핀) 중국 물품점, 인도 물품점, 일본 물품점, 레코드 가게, 건강식품 판매점, 소다수 판매기가 있는 약국, 할인 판매 약국, 이발소, 미용실, 육류 가공식품점, 목재 야적장, 뉴욕 공립 도서관의 목재 책상과 의자, 지하철 도넛 가게, 프레첼 가게, 껌, 지하철역에서 파는 포도 주스, 주방용품 가게, 사진 현상소, 신발 가게, 자전거포, 스크라이브너스Scribner's, 브렌타노스Brentano's, 더블데이Doubleday, 리졸리Rizzoli, 말보로Marlboro, 북마스터스Bookmasters, 반스 앤 노블Barnes & Noble 서점에서 풍기는 종이와 인쇄 잉크 냄새, 구두닦이 노점, 버터 셰이크, 헤어 포마드, 울워스 빌딩 맞은편에서 파는 싸구려 사탕의 향긋한 냄새, 골목 깊숙한 곳에서 나는 란제리 냄새, 플라자 호텔 앞에 서 있는 말들, 버스와 트럭에서 내뿜는 연기, 건축가의 청사진, 향신료 커민과 호로파, 간장, 계피, 튀긴 바나나, 그랜드 센트럴 역의 선로, 세탁소에서 나는 바나나 냄새, 아파트 건물의 세탁실에서 내뿜는 증기, 이스트사이드의 바(크림)와 웨스트사이드의 바(땀), 신문 가판대, 딸기, 수박, 자두, 키위, 체리, 콩코드 포도, 귤, 파인애플, 사과 같은 사계절 과일을 파는 가판대. 나는 특히 거친 나무 상자와 고운 포장지에 스며든 과일

향기를 좋아한다.[166]

이러한 표류는 워홀이 대항문화적 기법과 미학을 차용한 후, 이를 왜곡하고 정교하게 탈맥락화한 결과로 나타나는 완벽한 소비주의적 파생물perfecta deriva consumista이다. 워홀이라는 매력적인 호모 루덴스는 자본주의적 소비주의라는 피상적인 세계에 대항문화적인 관행을 통합함으로써 질적인 도약을 이루었다. 워홀은 엘리트적 소비를 위한 공간 개념도 준비해두었는데, 이는 사적 영역뿐 아니라 공적 영역에서도 실현 가능한 완벽한 공간 모델을 제공하게 된다. 그의 뒤를 이어 소호에서 나타난 거주 방식은 1980년대의 레이건을 지지하는 여피족[167]들의 위신을 세워주었다. 이들은 관습을 따르지 않는 태도가 주는 매력을 포기하지 않으면서 물질적 성공을 갈망했다. 오래지 않아 로프트는 특권층을 위한 가정 공간으로 변모하게 되었다.

이러한 미학적, 실존적 모델은 지나치게 획일적이고 워홀과 그의 팩토리에 과도하게 연결되어 있어서 초기의 코뮌이나 무단 점거 운동의 투쟁적이고 이상주의적인 성격과는 거리가 먼 것처럼 보일 수도 있다. 그렇다면 이제 빌헬름 라이히에 이르러 가장 정확하고 종합적인 이념으로 완성된 위대하고 널리 확산된 사상의 맥락을 되짚어봐야 할 것 같다. 공동체와 로프트, 무단 점거 주택은 가족을 버리고 고립된다는 점 외에 어떤 공통점을 갖는 것일까? 이러한 계획에는 삶에 대한 어떤 생각과 기술이 관련되어 있는 것일까? 아무튼 이러한 개념이 시사하는 가족에 대한 비판은 분명 실증주의의 이념적 모델과 그 생산 및 소비 모델에 대한 비판과 분리할 수 없다. 기능적 실증주의 주택에 대한 부정 또는 "논쟁"은 비록 대안적 이념의 입장마다 다소 차이가 있더라도(기본적으로는 아나키즘, 급진적 사회주의, 프로이트-마르크스주의) 다양한 기준을 연결한다. 효율적인 측정 기준이었던 평방미터는, 프로그램상으로나 기술적으로는 비효율적이지만

166   Warhol, Andy, *op.cit.* [원주]

167   여피족은 미국에서 전후 베이비붐 후반, 즉 1940년대 말에서 1950년대 전반에 태어난 세대로 도시 근교에 사는 화이트칼라의 젊은 엘리트층을 가리킨다.

폭넓게 확산되던 입방미터로 대체되었다. 기능적인 디자인이 프라이버시의 정도에 따라 공간을 단편화하는 데 반해, 코뮌적 공간 모델은 권위주의와 부르주아, 가족 중심 생활 방식의 결과로 간주되는 프라이버시의 영역을 최소한으로 축소시킨다. 따라서 침대와 화장실은 대부분 약간만 분리되어 있을 뿐이다. 이들에게 집은 반권위주의를 배우고 실천하는 장소가 된다. "엄마와 아빠의 비밀방"도 해체 가능한 공간으로 규정되어 친밀감이 강조되고 사회적 성적 금기를 깨는 계기가 될 것이다. 이제 더 이상 위계 구조나 고정된 레이아웃, 특화된 공간도 존재하지 않게 되고, 중립적 용기의 단순성은 주거의 새로운 패러다임이 된다. 그 공간 내에서 크기/볼륨 외에 다른 특성은 더 이상 없을 것이다. 실제로 실내의 온기도 부정적인 속성이 되어 "따듯함"이라는 열환경을 받아들이는 순간, 부르주아적 소비주의에 내포된 의미가 뚜렷하게 드러나고 만다. 따라서 공기는 기술적, 감각적, 실존적 특질을 갖지 않을 것이고, 유별나게 '디자인된' 사물도 보이지 않을 것이다. 품질 중심의 일반적인 모델과 달리, 즉각성inmediatez은 실존적 가치로서 드러나게 된다. 싼 것 또는 공짜가 최고다. 결과적으로 차용은 이 집의 거주자가 생산/소비의 주기 속에서 자신이 어떤 태도를 취하는지를 보여주는 실증적인 기법이 된다. 그 거주자는 기회주의적인 기생충이 될 것이다. 다시 말해 그는 지배적인 가치의 주변부에 있으면서도 그에 맞춰 살아가고, 사회가 버린것들을 전용함으로써 소비주의적 순환에 반대한다. 여기서 "복고풍"이라는 새로운 범주가 출현하게 된다. 이는 점점 더 빨라지는 유행주기에 의해 폐기된 것에 새로이 가치를 부여함으로써 "올드-모던viejo-moderno"으로 바뀌는 현상, 즉 매우 짧은 기간 동안만 지속되는 일종의 미세 기억micromemoria이다. 그러므로 버려진 물건을 재활용하는 것은 맥락에서 분리된 사물로 구성된 가정생활 속에서 실현된 미학이라는 의미를 갖게 된다. 그런데 이렇게 재활용된 낡은 물건들은 더 이상 가정의 영역에 속하지 않게 된다. 흥미롭고 독창적인 것, 창의적이고 유희적인 것은 그 집의 전통과 어울리지 않는 요소들을 통합한다. 따라서 자동차의 부품과 파편들, 카페, 거리 시설물, 디스코텍과 클럽, 버스나 비행기에서 나온 폐기물들은 한 집단의 가정 영역을 가장 잘 보여주는 요소들이 된다. 이 모든 것을 하나로 결합시키는 방법은 맥락에서 벗어나면서 생긴 유쾌함, 집 안을 지배하는 유머 감각, 반권위주의, 집단에 의한 가족 포기라는 명시적 목표다.

따라서 사물에 대한 태도는 "디자인의 통일성과 일관성"과는 반대로 엉뚱하고 터무니없는 것에 의존한다. 이러한 문화는 특이한 장면을 만들어낸다. 집은 프라이버시와 원초적인 자연 상태에 대한 근본적 욕구가 억제되는, 혼란스럽고 퇴폐적인 도시 풍경으로 변하게 된다. 도시는 이제 이러한 집의 거주자에게 생명력과 창의력을 부여해주는 이념적 틀로서, 진정한 자연환경으로 인식되기 시작했다. 이 집에서는 엄격히 기능주의적인 영역은 모두 거부된다. 그래서 집 안의 위생은 완벽하게 처리되지만, 쓸모없는 살균과정으로 치부될 것이다. 이러한 개념은 결과적으로 실내 환경과 공간적으로 결합된 기계설비, 욕실 및 주방 등의 크기를 극단적으로 축소시켜 고의적인 반위생 상태로 이어질 것이다. 또한 집에 사용된 재료는 "자연적"인 것 ─ 이 집에 거주하는 이의 사고방식에는 존재하지 않는 ─ 은 물론, 근대의 도시 설비가 갖는 위생적이고 생산적인 기능이라면 무조건 피할 것이다. 그 대신 이미 버려진 초창기 공산품이나 평가 절하된 산업제품, 즉 유행이 한참 지난 물건들을 재활용할 것이다. 집의 물리적 양상은 인공적이고 재활용된 것, 그리고 맥락에서 벗어난 것을 기반으로, 앞서 언급한 기준을 주택 설계의 모든 단계로 확대시킨다. 결과적으로 이 집은 다음 두 집들과는 아주 다른 성격을 갖게 된다. 그것은 아르펠가의 실증주의적인 집도 아니고, 한 장소와 자연에 뿌리를 둔 내면적 인간과 그 혈통을 보호하는 피난처로서 실존적인 집도 아니다. 이 두 세계와 대척점에 있는 코뮌 거주자에게는 가족과 본질, 그리고 진보와 자연에 대한 믿음이 없다. 그는 고귀한 목적 없이 순수한 외관으로만 존재한다. 그의 목표는 놀이, 파티 그리고 여럿이 함께 웃는 것이다.

마지막으로 워홀식 로프트의 운명, 즉 원형으로서 갖는 유용성에 관해 여담을 하나 하려고 한다. 왜냐하면 차용이라는 아이디어가 신축 프로젝트는 허용하지 않고, 주거 재활용에 적합한 공업지역에서 소호 모델만 반복하는 결과를 가져올 뿐이라고 오해할 수 있기 때문이다. 지금까지 설명한 것은 대체로 정반대의 목적을 가지고 있다. 팩토리를 방문하고 뉴욕의 로프트를 경험하면서 앞으로 우리가 완전히 새로운 계획 방법을 찾아낼 것이라는 점이 분명히 드러난다. 그것은 창고나 차고 같은 가장 평범한 건물을 저렴한 가격에 대량으로 제공하고, 아주 기본적인 프로그램이나 수단만으로도 사용자가 그 공간을 폭넓게 쓸 수 있도록 하는 방식이다. 가령 프랭크 O. 게리의 데이비스 하우스(말리부)[168] 같은 프로젝트는 단독 주택에서 로프트 특유의 공간과 재료, 물건의 가치를 재현했다. 단순하고 넉넉한 외피를 가진 격납고 형식을 택한 것과 즉흥적인 프로그램, 적당히 처리한 외관, 맥락에서 벗어난 오브제와 기술의 사용이 그 특징이다.

로스앤젤레스 북쪽의 아방가르드 화가를 위한 작업실 겸 주택에 적용된 이 방식이 뉴욕의 로프트와 조화를 이루는 공간 개발을 허용한 반면, 1993년 라카통과 바살[169]이 프랑스 지롱드에 건축한 플로리악의 작은 집의 경우는 더 전통적인 성격으로 나타난다. 이 집에는 부부와 자녀들이 살고 있는데, 그들의 가치관과 생활 방식은 대안적인 문화 환경을 지향한다. 이 작업은 그러한 열망에 최대한 부응해서 이루어진 것으로, 폴리카보네

론 데이비스 하우스의 내부 사진과 평면, 프랭크 게리, 말리부, 1968년.

---

168 프랭크 O. 게리Frank Owen Gehry(1929~)는 캐나다 출신의 건축가로 더 이상의 설명이 필요 없을 만큼 유명한 인물이다. 본문에서 언급된 집은 화가인 론 데이비스가 게리에게 의뢰하여 1968년 완공한 스튜디오 겸 주택이다. 애초에 건축주는 두 개의 개별 건물을 요청했으나 단일 건물로 지어졌다. 내부는 헛간과 유사한 구조로 로프트의 느낌을 준다. 지금은 철거되어 사라졌다.

169 안 라카통Anne Lacaton(1950~)과 장 필립 바살Jean-Philippe Vassal(1954~)은 모두 프랑스 건축가이다. 건물의 철거는 일종의 '폭력'이며 사회에 부정적인 영향을 준다는 생각으로, 기존 건물의 구조를 유지하면서 건축물의 수명을 연장하는 작업을 하고 있다. 2021년 프리츠커 상을 받았다.

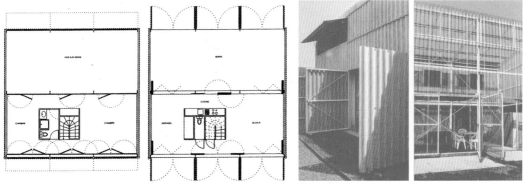

라타피 주택의 평면과 사진, 라카통 & 바살, 플로리악, 1993년.

이트를 사용한 덕분에 상당히 모호한 분위기를 풍긴다. 아울러 확대된 격납고의 형태와 브리콜라주 특유의 기법으로 실현된 내부 공간이 중성적이고 유동적인 성격을 띠면서 에너지를 조금도 잃지 않게끔 했다. 로프트의 원형을 또 다른 유형으로 확장시키려는 아이디어는 1987년 프랑스의 남부 도시 님에 지어진 장 누벨의 네마쥬스Nemausus에서보다 급진적인 방식으로 나타난다. 그는 로프트의 원형을 공공 주택의 영역으로 확장시키려고 했다. 유사한 시도 중 분명 성공적인 실험이었던 이 프로젝트에서도 우리는 창조적인 활용을 가능하게 하는 로프트의 용적 원리principio volumétrico를 마주하게 된다. 장 누벨은 여기서 건물의 배치뿐 아니라 개념의 차원까지 아이디어를 확장하여 가장 확고하게 규정된 근대적 규범의 틀을 깨고 경제적 제약 내에서 얻을 수 있는 최대한의 결과를 설득력 있게 보여준다. 이러한 사례를 보면서 우리는 로프트 모델을 통해 집을 사유하고, 짓고, 또 거주하는 방식으로 받아들일 수 있게 된다. 이러한 집이 가진 매력은 정치적 투쟁이나 예술 분야 엘리트 계층의 영역을 넘어 다양한 사회 집단으로 확장되고 있다. 이들은 아무런 특징도 없는 커다란 공간 용적을 장난스럽게 활용함으로써 가정 안에서도 창의성을 발휘하려는 사람들로, 그 숫자가 점점 더 늘고 있다. 역설적이게도 "별것 아닌 듯 보이는" 공간 용적은 예측할 수 없는 활동을 가능하게 하고 거주자들의 가정생활에도 멋진 아이디어를 제공해줄 수 있다.

로프트를 통해 우리는 가정이라는 공간을 새롭게 보는 법을 배웠다.

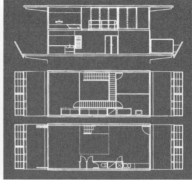

3개실 아파트의 사진과 도면, 장 누벨, 네마쥬스, 1987년.

그것은 공간의 성격이 관대하고 불확정적이어서, 기능주의의 관점에서 접근한 것과는 전혀 다른 공간이 될 수 있다는 점이다. 이런 공간에서는 가정적 속성이 최소화되어 20세기의 저항적 전통과 연결되는 자유롭고 규제 없는 라이프 스타일이 가능하다. 하지만 이 모든 것에도 불구하고 우리는 은빛으로 빛나는 팩토리의 공간과 이런저런 것들로 가득 찬 앤디 워홀의 침실이 갖는 이중적 성격을 놓치지 말아야 한다. 이 이중성은 이러한 가족 모델의 한계를 우리에게 명확하게 보여줌과 동시에 앞으로 더 나아가려는 우리의 기대와 열망을 더 넓혀주기도 한다. 그렇다고 어리석게 도덕적인 잣대로 그 이중성을 재단하자는 것이 아니다. 오히려 프라이버시라는 개념이 갖는 역설적이고 모순적이며 미스터리한 측면을 이해하자는 것이다. 그리고 이러한 사유에서 에너지를 끌어내고, 20세기 가정의 전통 속에 존재하는 자유로움을 최대한 활용하는 프로젝트가 어느 정도까지 실현 가능한지 파악해야 한다는 것이다.

추가 참고도서 목록

Celant, Germano, *Andy Warhol. A Factory*, Museo Guggenheim, Bilbao, 1999.

Garandell, Josep Maria, *Las comunas. Alternativas a la familia* [코뮌. 가족의 대안], Tusquets, Barcelona, 1972.

Debord, Guy, *La Société du spectacle*, Éditions Buchet-Cahsted, Paris, 1967 (스페인어 번역본: *La sociedad del espectáculo* [스펙터클의 사회], Pre-Textos, Valencia, 2002).

De Diego, Estrella, *Tristísimo Warhol* [슬픈 워홀], Siruela, Madrid, 1999.

Freud, Sigmund, *Das Ich und das Es*, Internationaler Psychoanalytischer Verlag, Leipzig/Viena/Zurich, 1923 (스페인어 번역본: *El Yo y el Ello* [자아와 이드], Alianza, Madrid, 1977).

Morgan, Conway Lloyd, *Jean Nouvel. The Elements of Architecture*, Thames & Hudson, London, 1998.

Name, Billy, *Andy Warhol's Factory Photos*, Asai Takashi Uplink, Tokyo, 1996.

Sentís mireia, *Al límite del juego* [게임의 한계까지], Árdora, Madrid, 1994.

Subirats, Eduardo (ed.), *Textos situacionistas. Crítica de la vida cotidiana* [상황주의자들의 텍스트. 일상생활 비판], Anagrama, Barcelona, 1973.

Tonka, Hubert, *Une Maison particulière á Floirac (Gironde) de Anne Lacaton & Jean-Philippe Vassal, Architects*, Sens & Tonka éditeurs, Paris, 1994.

Zukin, Sharon, *Loft Living*, The Johns Hopkins University Press, Baltimore, 1982.

6.
오두막, 기생충, 그리고 노마드:
해체된 집

버스터 키튼의 영화 「일주일」의 한 장면, 1920년.

1960년대 이후 주체를 둘러싼 담론은 확실히 포스트휴머니즘적인 방향으로 전환되었고, 이는 철학과 건축 두 분야에서 포스트모더니즘을 수용하는 결정적 계기가 되었다. 이 시기의 철학, 더 정확히 말하면 이러한 포스트모던적 실천으로 철학을 대체한 이론에서 인문주의적 전통이 해체되는 현상은 칼 마르크스, 프리드리히 니체, 마르틴 하이데거 그리고 지그문트 프로이트와 같은 근대 사상가들의 텍스트를 급진적으로 해석한 결과에 따른 것이다. 몇몇 사례들만 봐도 이 같은 경향이 일반화된 것임을 분명히 확인할 수 있을 것이다. 루이 알튀세르가 『마르크스를 위하여』에서 "인간에 대한 철학적 신화가 잿더미로 변한다는 절대적 전제"에 기초한 마르크스의 "반휴머니즘론"을 상찬하면서 휴머니즘을 유해한 부르주아 이데올로기로 해석한 것을 비롯해, "자기 자신에 대한 과도한 집착"을 프로이트의 진정한 발견이라고 꼽은 자크 라캉, 『말과 사물』에서 근대적 이성에 의한 지적, 심리적, 성적 차이들의 억압적 배제와 축소 그리고 "주체의 죽음"에 관한 성찰을 체계적으로 해석한 미셸 푸코, 또한 휴머니즘의 형이상학과 로고스 중심주의를 지속적으로 비판한 자크 데리다에 이르기까지 다양하다. 이러한 작가들의 저술을 통해 모든 감각과 현실을 인식하는 주관적 기원이자 세계를 해석하는 주관자로서의 '인간'라는 근대적 이념은, 철학에서 이를 제거하려는 단호한 반휴머니즘적 시도에 직면하게 된다. 이는 장 프랑수아 리오타르가 "휴머니즘의 장애물"이라고 부른 것이다.[170]

K. 마이클 헤이스

나는 추한 집을 짓는 것에 대해 말하는 것이 아니다. 내가 말하려는 것은 이것이다. 단순히 "행복한 가정"이 아니라 신비롭고 숭고하며 불확실해서 어쩌면 두려움도 느끼게 되는 집을 짓는다고 가정해보자는 것이다. 아름다움을 넘어서는 그 무엇을…[171]

피터 아이젠만

170   Hays, K. Michael, *Modernism and the Posthumanist Subject*, The MIT Press, Cambridge(Mass.), 1992. [원주]

171   Eisenman, Peter, "Procesos de lo intersticial [삽입의 과정]", *El Croquis*, N° 83 *(Peter Eisenman: 1990-1997)*, Madrid, 1997, pp.21-35. [원주]

이제 우리는 가상적 환경에 잠재적인 거주자를 위해 지어진 집을 방문할 것이다. 여기서 말하는 잠재적인 거주자란 니체의 영향을 받은 푸코가 논쟁적으로 주장한 것으로, 들뢰즈와 데리다에 이르기까지 현대 사상의 주류가 해체의 대상으로 거론한 주제다. 다시 말해 그것은 20세기 마지막 20년 동안 미국과 유럽의 학계에서 진행된 수많은 실험으로 영향력 있는 존재감을 획득한 후기 구조주의 혹은 포스트휴머니즘적 주체다. 따라서 여기서 말하는 집은 실제로 존재하거나 일상적 공간과 도시에서 서서히 형성되는 원형적인 집이 아니라 대체로 정신적 구조물, 일상의 현실을 구성하는 요인들에 의해 억압된 집이다. 그 잠재적 존재만으로도 우리의 현실이 결정적이고 구체적인 것으로 드러나는 집이자 객관주의적 간결함과 일관성에 의문을 제기하는 그런 집이다. 그렇지만 여기서 잠재성 속에 있는 것은 모두 그 실체가 현실화될 수 있을 때만 잠재적이라는 점을 지적하고 넘어가야 할 것 같다. 오늘날 이 집이 가상현실에 존재한다는 사실은 이 집이 우리의 일상에서 동떨어지지도 않을 뿐더러, 어쩌면 그 존재 방식 덕분에 더 큰 정확성과 설명 능력으로 일상적 현실에서 작용할 수 있다는 걸 의미한다. 이러한 가상적인 집은 미래에 대한 상상과 비전의 도구가 될 수 있고, 나아가 20세기 말에 등장한 가족 개념에 대한 비판의 도구가 될 수도 있다.

그런데 이러한 집을 방문한다는 것은 그 자체로 논의의 여지가 있다. 왜냐하면 이런 경우 집을 방문하는 행위는 이 집이 순수한 사생활의 장소로서 존재할 가능성은 물론, 이를 가능하게 하는 사회적, 물질적 관습과 디자인 관행의 타당성에 대해서도 질문하는 것이기 때문이다. 후기 구조주의적 관점에서 볼 때 의문스럽고 "구조적인 대개혁"이 필요한 것은 기본적으로 '행복한 가정'이라는 건축뿐만 아니라 바로 가족 제도이다.

이와 같은 "포스트휴머니즘적"인 주체의 집을 가시화하여 방문 가능하게 만들기 위해 우리는 앞서 살펴본 다른 집의 원형에서처럼 한두 가지의 사례만 들지는 않을 것이다. 대신 이런 방식의 사유와 생활에 부합하는 타자성과 다양성을 제대로 보여주는 일련의 집들을 소개할 것이다. 그러면 사랑에 빠진 버스터 키튼[172]이 아내와 자신을 위해 지으려는 집, 결혼 생활의 정점으로 꿈꾸는 집부터 시작해보자. 버스터 키튼 자신이 주인공을 맡은 초기 단편 영화 중 하나인 「일주일One Week」에서 키튼은 아내의 전 남자 친구가 결혼 선물로 기차 편으로 보내준 조립 부품을 가지고 집을 짓기 위해 엄청난 노력을 기울인다. 그런데 첨부된 설명서가 그 친구의 계략으로 부품의 식별 번호가 매뉴얼과 다르게 모두 변경되어 있었다. 뭔가 잘못되었다는 걸 알았지만 달리 대안이 없던 키튼은 설명서에 따라 기계적으로 조립을 시도했으나 그 결과는 우리 시대의 가족 제도와 부부의 운명에 대한 잔인한 메타포로 귀결된다. 숱한 우여곡절 끝에 그 집은 부품을 싣고 왔던 그 기차에 의해 결국 파괴되고 만다. 여기서는 집뿐만 아니라 행복한 가정의 꿈을 집에 투영한 부부 또한 허물어진다. 이는 대체 가능한 방법을 찾을 수 없는 상황과 그러한 물질적 관행 위에 세워진 시스템의 위기 사이의 긴밀한 연관성을 보여주는데, 이들 부부가 바로 그 구체적인 사례다.

물론 버스터 키튼과 타티는 동시대 세계에서 살아남기 위해 고군분투하는 전통적 주체를 패러디해 보여준다는 점에선 분명 유사점이 있다. 그러나 윌로 씨의 집과 그의 가정적인 공간은 아르펠가의 집에 대한 완벽한 대안인 반면, 키튼은 어떠한 대안도 포기할 뿐만 아니라 보상 규정의 타당성에도 이의를 제기할 수 없다 – 혹은 없다고 느낀다 –. 이처럼 어긋난 상황을 규범의 일부로 받아들이면서 전통적인 집을 계속 짓는 것이 불가능하다는 것을 알면서도 살고 있다.

『교외 주택의 개조Alterations to a suburban house』(1978)는 댄 그레이엄[173]의 실현되지 않은 계획안 제목인데, 여기서 전형적인 교외 주택 – 키튼이 짓고 싶어 했던 것과 유사한 집 – 이 근본적인 변형을 겪는다. 건물

---

172 조지프 프랭크 키튼Joseph Frank Keaton(1895~1966)은 버스터 키튼Buster Keaton이라는 이름으로 더욱 유명한 미국의 배우, 영화감독, 각본가이다. '위대한 무표정great stone Face'이란 별명을 가졌고, 찰리 채플린, 해럴드 로이드 등과 함께 무성영화 시절에 영화계를 이끈 인물이다.

173 다니엘 그레이엄Daniel Graham(1942~2022), 일명 댄 그레이엄은 미국의 시각 예술가, 사진작가, 예술문화 이론가로 미니멀리즘과 포스트미니멀리즘, 그리고 개념주의를 표방하는 퍼포먼스와 비디오 아트의 선구자이다.

「교외 주택의 개조」 모형, 댄 그레이엄, 1978년.

정면은 거대한 유리로 대체되어 레빗타운[174]과 미스 스타일의 파빌리언이 뒤섞인 이미지를 만들어내고, 후면 내부 벽에는 거울이 연속적으로 설치되어 있다. 따라서 집과 거주자, 가상의 방문객이 갖는 관계는 근본적인 변화를 겪는다. 이전에는 공개되지 않던 것이 이제는 밖으로 드러나고, 거울을 통해 가정환경에 통합된 방문객은 사생활의 일부가 됨으로써 사생활 자체를 파괴한다. 이렇게 되면 사적인 것과 공적인 것의 경계가 흐릿해지면서 누가 누구인지, 그리고 어디에 있는지 구별하기가 어려워진다. 그러나 그 집의 거주자는 여전히 전통적인 사생활을 계속 누릴 수 있는 두 번째 공간 – 예컨대 침실과 화장실을 위한 공간 – 을 갖는다. 그렇지만 이는 동일한 가정 공간을 전혀 다른 두 가지 방식으로 경험하면서 느끼는 분리감을 더욱 심화시킬 뿐이다. 그레이엄의 프로젝트는 오늘날의 주체, 즉 침입자이자 동시에 자신의 사생활을 침해당한 사람, 어디서든 이방인으로 존재하는 주체를 위한 민속적 무대로 볼 수 있다. 이는 기존의 이미 주어진 언어와 형식적 요소들의 조작을 넘어서 그 어떤 개입도 거부하는 폭로 형식의 기법이기도 하다. 그레이엄 작업의 핵심은 일단 해체되고 탈맥락화

174   제2차 세계 대전 이후 미국의 롱아일랜드섬에서 시행된 대규모 교외 주택 개발 프로젝트.

되고 나면 가려진 것 – 시각적으로뿐만 아니라 생각에도 가려져, 시선 속에 숨겨져 있던 것 – 이 분명하게 드러나는 방식으로 제시하는 데 있다. 이처럼 사소한 변화, 즉 간단한 설명과 가상적 이미지를 제시하는 것만으로도, 공적 영역에서 사적 영역에 이르는 모든 규칙과 그 적용 단계가 드러나며, 가정의 영역이 동시대 주체에게 부과하는 규칙과 체계의 미시적 세계를 강조한다.

영화 「일주일」과 『교외 주택의 개조』에 나오는 집들은 20세기 말 두 명의 뛰어난 건축가들이 세운 집들과 한 가지 이상의 공통점을 갖는다. 피터 아이젠만이[175] 코네티컷 주 워싱턴에 세운 「하우스 Ⅵ」(1972~1975)과 프랭크 O. 게리가 캘리포니아 주 산타 모니카에 지은 자기 집 「게리 하우스」(1977~1978)가 바로 그것이다. 키튼의 집 창문은 지붕 높이에 달려 있고 비뚤어져 있는 데다, 집에 문도 없고 지붕은 반만 덮여 있으며 계단은 어디로도 연결되지 않고 입구 현관은 바람만 좀 불어도 금방 무너진다. 그런데 이런 요소들이 위에 언급한 두 집에 다시 나타난다. 이 두 주택은 당시와 마찬가지로 지금도 그러한 구성을 낳게 한 기계적 프로세스의 확고한 특

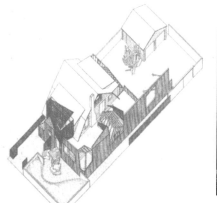

「게리 하우스」의 엑소노메트릭과 사진, 프랭크 게리, 산타 모니카, 1978년.

175 피터 아이젠만Peter Eisenman(1932)은 미국의 유명한 현대 건축가로 베를린 유대인 추모 공원이 대표작이다. 데리다의 해체주의 철학을 건축에 접목한 작업으로 널리 알려졌고, 1973~1982년 건축잡지 《대립Opposition》을 발행하며 당대의 건축 이론가로도 중요한 역할을 했다.

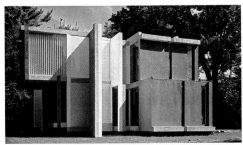

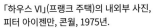
「하우스 VI」(프랭크 주택)의 내외부 사진,
피터 아이젠만, 콘월, 1975년.

성에 대한 믿음으로 지어진 것이다. 우리는 게리의 집에서 더 형식적이고 "구성적"인 유사성analogías을 뚜렷이 찾을 수 있는 반면, 아이젠만의 집은 보다 절차적인 성격을 갖고 있어서 댄 그레이엄과의 유사성이 더 분명해진다. 아이젠만은 열정적인 건설자인 동시에 기존의 규범을 집요하게 전복시키는 사람이다. 그 집의 계단은 어디로도 연결되지 않고, 기둥 하나는 공중에 매달려 있다. 식당 공간은 초대받지 않은 손님처럼 불편한 기둥에 의해 분할되어 있으며, 부부 침실의 침대는 바닥에 나 있는 커다란 균열에 의해 분리되어 있다. 이 집에서 건축가의 작업은 분명 분열증적인 성격을 띠고 있다. 한편으로는 이미 알려진 일련의 방식 ─ 특히 모더니즘 건축이 남긴 구성 체계의 유산 ─ 을 활용해서 집을 지었겠지만, 다른 한편으로는 그레이엄의 경우처럼 건축가와 건축 그 자체의 표현 방식에서 시작해 제도화된 관습에 의문을 제기하는 것이 주요 목적이자 비판적 논평이 된다. 한마디로 피터 아이젠만은 키튼을 모방한다고 할 수 있다. 그건 그동안 철학이 추구해온 위로의 담론이나 주체를 재구성하려는 노력보다 키튼의 기계적인 태도 속에 더 많은 진실과 "시대정신"이 담겨 있다고 확신하기 때문이다.

대체 규범에 종속된 정상적인 주체에게 어떤 일이 일어났기에, 그 규범에 저항할 수도 없고 또 이를 성공적으로 발전시킬 수도 없다는 사실밖엔 할 말이 없는 인간이 된 것일까? 키튼은 현대 사상에서 가장 흥미로운 인물들 중 하나임이 분명하다. 이 인물에 대해서는 푸코를 위시해 프랑스의 주요 후기 구조주의 비평가들인 모리스 블랑쇼, 질 들뢰즈, 펠릭스 가타리, 장 프랑수아 리오타르, 자크 데리다 등이 꾸준히 탐구해왔다. 이와 더불어 그의 캐릭터와 세계적인 위상은 후기 구조주의 사상에 의해 얻은 명성을 반영하듯 세계 최고의 건축 아카데미에서 연구와 탐구의 대상이기도 하다. 우연이 아니라 키튼이 얻은 결과가 후기 구조주의 사상을 즉시 떠올리게 하더라도, "해체적"이라는 말로는 아주 일부만 설명 가능한 현상이다.

이 사상의 계보를 알고자 한다면 우선 미셸 푸코가 『말과 사물』[176]에서 선언한 바 있는 "주체의 죽음"을 참고해야 할 것이다. 이는 니체에서 비롯된 것으로, 고전적 휴머니즘 이후 근대성 전체가 근거하고 있는 주체 개념 자체에 의문을 제기하는 것이다. 미셸 푸코는 니체의 "의심의 철학"에 기초한 분석 방법론을 통해 새로운 인문과학의 기초가 되었던 다양한 종류의 지식이 어떻게 권력관계의 도구로 만들어지는지를 탐구했다. 아울러 고전을 기반으로 한 인문과학의 발전을 통해 얻은 인식이 어떻게 새로운 형태의 지배와 잔학함으로 대체되었는지, 그리고 고전적 주체와 그 이전의 르네상스인들이 지식과 권력을 강하게 결합하는 과정에서 어떻게 물거품처럼 사라지고 말았는지를 파고들었다. 인간은 이제 더 이상 자신의 이미지를 창조하고 유지하는 자유롭고 자발적인 개인이 아니다. 인간은 사회적 산물로, 자신의 행동 패턴이 감시의 대상이 되는 특정한 권력관계에 따라 기능한다. 따라서 신체와 이성 사이의 조화는 더 이상 존재하지 않는다. 이제 신체는 "물화"되어 굳어지면서 국가의 필요성을 벗어나는 그 어떤 개별적 행동도 용납되지 않는 대상으로 전락한다.

주체는 더 이상 개인적으로 의미를 만들어내는 생산자가 아니라, 오히려 그 실체가 모호하고 끊임없이 유동하는 이질적인 집합체이다. K. 마이클 헤이스[177]가 그의 책 『모더니즘과 포스트모던 주체』(1992)에서 주장한 바와 같이 "그 진정한 정체성과 위상이 사회적 관행을 통해 구성되는 가변

---

176 Foucault, Michel, *Les Mots et les choses, une archéologie des sciencs humaine*, Éditions Gallimard, Paris, 1966 [스페인어 번역본: *Las palabras y las cosas: una arqueología de las ciencia humanas* [말과 사물: 인문과학의 고고학], Siglo XXI, Madrid, 2006]. [원주]

177 케네스 마이클 헤이스Kenneth Michael Hays(1952~)는 미국의 건축 역사학자이다.

적이고 분산된 실체"[178]다. 다시 말해 다중적이고 복수로만 표현될 수 있는 그 무엇이다. 블랑쇼는 푸코가 말한 인간의 죽음을 다음과 같이 아름답게 표현했다.

주체는 사라지지 않는다. 문제가 되는 것은 극도로 한정된 주체의 단일성이다. 우리의 관심과 탐구를 촉진시키는 것은 바로 주체의 소멸(소멸함으로써 생성되는 새로운 존재 방식)이나 분산이지만, 주체를 사라지게 할 수는 없다는 점을 고려할 때 문제가 되는 것은 극히 한정된 주체의 단일성이다. 비록 그 단일성 때문에 그가 다양한 역할과 견해를 제시할 수 없게 되더라도 말이다.[179]

이처럼 "소멸함으로써 생성되는 새로운 존재 방식"으로 묘사되는 주체는 오늘날의 사유에서 다양한 형태를 취하고 있다. 특히 데리다의 기생충이나 들뢰즈와 가타리의 노마드, 또는 리오타르가 말하는 방랑자의 모습은 오늘날 주체가 처한 고립이나 소외 현상을 다루고 있다.

데리다는 건축적 비유를 통해 자신의 "해체" 전략을 설명하면서 기본적으로 두 가지 이미지를 사용한다. 하나는 건물 이미지나 형이상학적 구조이고 다른 하나는 자신의 사유 대상이자 동시에 주체를 표상하는 "기생충"의 이미지다. 데리다는 첫 번째 이미지를 통해 하이데거에 의해 시작되어 명시적으로 공식화된 프로젝트, "형이상학이라는 체계의 토대 허물기"를 제시하는 반면, 두 번째 이미지인 기생충para-site,[180] 즉 제자리를 벗어난 것(또 다른 위상적 이미지)을 통해 키튼과 그레이엄의 경우처럼 대안도 없이 순수한 비판과 해체로 나아가는 태도와 절차, 즉 해체적 메커니즘을 설명한다. 하나의 모델로 볼 수 있는 기생충은 제3자의 삶−다른 형식의 사유들− 속에 자리 잡고 사는 침입자로 그 당돌한 존재 방식을 통해 두

---

178   Hays, K. Michael, *op.cit.* [원주]

179   Blanchot, Maurice, *Michel Foucault tel que je l'imagine*, Éditions Fata Morgana, Paris, 1986 (스페인어 번역본: *Foucault tal y como yo lo imagino* [내가 상상한 푸코], Pre-Textos, Valencia, 1988). [원주]

180   기생충parásito은 그리스어로 "~옆에/~에 반대해서"라는 뜻을 가진 "para"와 "곡식이나 음식" 등을 의미하는 명사 sitos(σιτος)가 합쳐진 단어이지만, 저자는 여기서 "제자리(장소)를 벗어난 것"이라고 해석한다.

가지 현상을 강화한다. 그 하나는 공식화되지 않은 채 복잡하게 맞물린 톱 니바퀴와 같은 일상적 규범이고, 다른 하나는 개인의 안전과 방어 메커니 즘을 구성하는 웹을 통해 빠져나갈 수 있는 암묵적 관습이다. 여기서 말하 는 규범과 관습은 가정 내 폭력과 더 나아가 공공 영역에서 폭력이 조직화 되는 행동양식의 연관 관계를 의미한다.

질 들뢰즈는 이러한 폭력에서 비롯된 병리 현상인 정신분열증에 관 해 연구하고 정상적인 것과 환각적인 것을 구분하지 못해 일관된 총체성 을 구성할 수 없는 시선을 식별해냈다. 들뢰즈가 펠릭스 가타리와 함께 쓴 『천 개의 고원』[181]은 자본주의 사회 자체의 정신적 영향과 분리된 관점에 서 바라본 다면적이고 만화경 같은 파노라마다. 여기서 노마드라는 주체 는 근대 국가와 그 위계적/목회적 모델에 대항하여 "전쟁기계máquinas de guerra"를 구축하는 저항 행위의 모델이라는 사회적 실천의 주체로 등 장한다. 『천 개의 고원』에서는 항상 일치하지는 않는 외부와 내부 사이를 오가는 분열증적 시선, 그리고 리좀적 조직 원리로 설명되는 주체의 잠재 적 위치를 정하는 유목적 구성, 지각, 인식의 방식 등이 뒤섞여 있다. 여기 서 리좀적 구성 원리란 연결성과 이질성, 다양성, 무의미한 단절, 지도 그 리기cartografía와 전사술calcomanía 등으로 이루어지는 것으로, 전통적 인 과학과 철학의 논리에 내포된 관계, 즉 인과관계에 기초한 수목형 혹은 피라미드형 모델과 상반되는 것이다.

다시 말하면 정착생활과 그로 인해 근대 국가와 연결되는 "홈 파인" 공간과 달리, 노마드의 이동성에 함축된 "매끄러운" 공간이라는 개념은 건축처럼 보다 안정적인 분야를 포기하고, 새로운 작업 프로그램을 위 해 필요한 어휘를 구체화하고 발전시킨다. 들뢰즈는 귀납적 추론과 연역 적 추론에 모두 존재하는 계보학적이고 위계적인 체계와는 근본적으로 다른 철학 체계를 제시한다. 이러한 체계는 사막, 정확하게는 정신분열 증 환자가 꿈꾼 사막을 묘사하는 내용에서 자신을 설명할 수 있는 체험적

181 Deleuze, Gilles / Guattari, Félix, *Mil plateaux, capitalisme et schizophrénie*, Éditions de Minuit, Paris, 1980 (스페인어 번역본: *Mil mesetas, capitalismo y esquizofrenia* [천 개의 고원, 자본주의와 분열증], Pre-Textos, Valencia, 1988). [원주]

heurística이고 공간적인 메타포를 찾는다.

어떤 사막이 있다. 그렇다고 내가 그 사막 안에 있다고 말하는 게 아니다. 그것은 사막의 파노라마다. 이런 사막은 비참하거나 사람이 살지 않는 곳이 아니다. 그것은 단지 그 황토색 때문에, 이글이글 불타면서 그늘 한 점 만들어주지 않는 햇빛 때문에 사막인 것이다. 그 안에는 많은 무리 foule들이 있다. 벌떼, 소란스러운 축구선수들, 일단의 투아레그족Tuareg 등.[182] 나는 그 무리의 경계, 즉 가장자리에 있다. 그러나 나는 그 무리에 속해 있고, 나의 사지 중 하나인 손이나 발로 그들과 연결되어 있다. 나는 내가 존재할 수 있는 유일한 공간이 이 주변부라는 것을 안다. 만약 내가 그 무리의 중심으로 끌려들어 간다면 죽을 것이라는 것도 안다. 또한 내가 그 무리 밖으로 이탈한다 해도 역시 죽을 것이라는 것을 안다. 나는 내 자리에 머무는 게 쉽지 않아 위치를 유지하기가 매우 어렵다. 왜냐하면 이 사람들은 끊임없이 움직이고 있으며, 그 움직임은 예측불가능하고 어떠한 리듬에도 따르지 않기 때문이다. 그들은 빙빙 돌다가 때론 북쪽으로 갔다가 갑자기 동쪽으로 간다. 그 무리들 속에 있는 어느 누구도 다른 사람과 같은 장소에 머물지 않는다. 그래서 나 역시도 끊임없이 움직이고 있다. 이 모든 것은 엄청난 긴장감을 불러일으키지만 동시에 현기증이 날 정도로 강렬한 행복감을 준다.[183]

　　노마드에 대한 들뢰즈의 이미지와 주로 경제, 기술, 인구의 변화에서 비롯된 선진 사회의 행동 변화 사이의 유사성은 분명 단순한 우연의 일치가 아니다. 사회학적 용어를 빌리면 이러한 새로운 존재 방식은 통상적으로 이동성의 증가와 동시에 가족과 가정의 당위성에 대한 인식의 감소로 묘사되는데, 이는 장소와 집, 가족의 혈통과 물리적 위치 등 자신의 존재를 각인시킬 수 있는 요소들 사이에 있었던 전통적인 연결성을 약화시킨다. 이는 일시적이고 개별화된 세계로의 정착을 수반하는 일종의 원자화이자 개인과 자본 모두 기술 발전에 따른 수단을 삶과 문화를 위한 인프라로 사용하기 때문에 자본이 영토를 넘어 이동하는 현상과 거의 병행한다. 따라서 새로운 사회적 주체는 영토의 경제적 세계화의 결과인 동시에 매체

182　베르베르어 또는 햄어를 쓰는 사하라 사막의 이슬람 유목민을 말한다.

183　Blanchot, Maurice, *Michel Foucault tel que je l'imagine*, Éditions Fata Morgana, Paris, 1986 (스페인어 번역본: *Foucault tal y como yo lo imagino* [내가 상상한 푸코], Pre-Textos, Valencia, 1988). [원주]

이기도 하다. 정주 문명과 그 주민들에게 있어서 그는 유목민과 마찬가지로 도시를 이용하는 기생충이자 도시에서 유래했지만, 자신의 관점에서 도시를 파괴하는 데 기여하는 포식자이다. 이 새로운 주체가 자신의 이익을 위해 집단적인 노력의 결과물을 모두 집어삼키면서 도시에 대항하기 때문이다.

그러나 그것은 부르주아나 프롤레타리아 주체가 그랬던 것처럼 특정한 시대적 이슈나 새로운 주체의 출현에 관한 문제가 아니라 전통적인 가족 모델을 인정하지 않는 일련의 사회적 규범이 동시에 확산되는 현상에 관한 문제다. 이러한 주체는 후기 자본주의 작동 시스템의 대상으로 전환되는데, 후기 자본주의는 성장, 원자화, 보편성, 세계화 과정을 통해 사회 조직을 다르게 규정할 것을 요구한다. 『포스트 모더니티의 조건』[184]의 저자인 데이비드 하비[185]에 의하면, 전 지구적 규모로 진행되는 경제적 확장은 과잉 축적과 그에 따른 문제에 대응하기 위해 새로운 대체 능력이 필요한 상황을 의미한다. 이제 경제적 흐름은 새로운 주장에 따라 포디즘-케인즈주의적 모델을 뒤집는 유연한 축적 시스템의 공간적 규범을 받아들인다. "지역과 공간, 시간과 물질 혹은 사회적 구조가 더 유연하고 불분명할수록, 전 지구적 수준에서 경제 시스템은 보다 안정된다."[186] 우리는 여기서 두 종류의 모순된 주체와 마주하게 된다. 하나는 질 들뢰즈가 주장하는 대로 자본주의 발전의 대안으로 인식될 수 있는 주체이고, 다른 하나는 데이비드 하비가 세계화된 자본의 유연한 축적이라는 새로운 시스템의 산물이라고 말하는 주체다. 이는 부정적인 주체이자 새로운 경제 규범이 초래한 세분화와 보편성의 요구에도 적절히 대처하는 주체

184   Harvey, David, *The Condition of Postmodernity: An Enquiry into the Origins of Cultural Change*, Basil Blackwell, Oxford, 1990 (스페인어 번역본: *La condición de la posmodernidad: investigación sobre los orígenes del cambio cultural* [포스트모더니티의 조건: 문화적 변화의 기원에 관한 연구], Amorrurtu Editores, Buenos Aires, 1998). [원주]

185   데이비드 하비David Harvey(1935~)는 영국 출신의 지리학자, 인류학자, 경제학자, 사회이론가이다. 인문지리학, 사회이론, 도시와 건축, 지정학, 환경철학, 문화변동론 등 다양한 주제를 연구하는 세계적인 비판적 지성이다. 대표작으로는 『포스트모더니티의 조건』, 『도시와 사회정의』 등이 있다.

186   Harvey, David, *op.cit.* [원주]

를 의미한다. 어쩌면 이러한 역설을 통해 우리는 "흐릿한 윤곽"을 그 주체의 이미지로 사용함으로써 표현하려는 게 무엇인지 이해할 수 있을 것이다.

전통적 주체의 모습이 사라지면서 가부장적 가족 혹은 서구 민족 중심 시각에 의한 가부장제pater familia와 같은 고전적 모델과의 연관성도, 특정한 혈통과 장소와의 연결 고리도 사라진다. 이제 주체의 모습과 행동반경은 일시적인 성격을 지닌 그의 정착 방식이나 인간관계, 그리고 합리적으로 설명 가능한 이동성이나 행동 패턴을 포기한 탓에 모호해진다. 특히 그의 행동 패턴은 금융 자본과 마찬가지로, 경제적 필요성에 따라 증가하며 "무작위화randomización"되어 갔다.

도요 이토는 도쿄의 노마드 여성을 위한 프로젝트인 「파오Pao 1」(1985)과 「파오Pao 2」(1989)를 통해 이러한 행동패턴이 거주 공간에 미치는 영향을 건축적 측면에서 연구한 바 있다. 그는 오두막이나 텐트처럼 개인 공간이 주변 공간과 사실상 분리되지 않은 미니멀한 구조물을 디자인한다. 그 안에는 현재 일본에서 부상하고 있는 아주 독특한 인물이 살고 있다. 특별한 직업은 없으나 독립적이고 소비 지향적인 태도를 가진 젊은 여성으로, 그 자체로는 평범하고 새로울 것 없는 기생적 주체이지만 그는 존재만으로도 고도로 계층화되고 성차별적이면서 전통적인 일본의 사회 구조에 의문을 제기한다. 그러나 이보다 더 중요한 것은 도요 이토가 연구 대상을 영웅적인 존재 – 니체적 초인, 칼뱅주의적인 가족 모델 혹은 "진정한" 실존적 주체 – 로부터 이러한 주인공으로 전환함으로써, 현대 사상의 흐름을 짚어낸다는 점이다. 이는 현대 사상의 주된 관심이, 최근까지 서구 사상이 즐겨 다룬 영웅적이고 남성 중심의 지배적 주체로부터 분명히 벗어나 "익명적 존재Any"로 이동했다는 것이다. 여기서 익명적 존재는 피터 아이젠만이 이 개념을 설명하고 이를 연구하기 위해 조직한 기구의 명칭으로도 사용한 행운의 표현이다.

집이라는 사적 공간이 이러한 관점으로 인해 완전히 변형된 것도 결코 우연이 아니다. 형태로서의 집, 통합 가능한 모듈로서의 집, 인식 가능한 실체이자 구획된 내부 공간으로서의 집은 더 이상 관심의 대상이 아닐 뿐

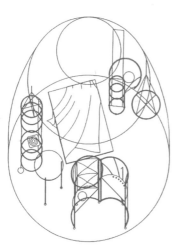

「파오 1」, 도요 이토, 1985년.
엑소노메트릭[188]과 모형 :
외출 준비를 하고 식전주를 마시며
책을 읽는 도쿄 노마드 걸.

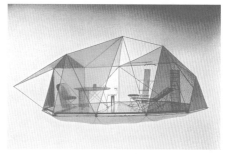

「파오 2」, 도요 이토, 1986년.
브뤼셀 유로팔리아를 위해 만든
프로토타입.

188   엑소노메트릭Axonométrica은 물체의 모든 면이 투영면에 대해 경사를 이룬 상태에서 평행하게 투영하
       여 그리는 도법이다.

더러 프로젝트가 완성되는 장소도 아니다. 이제 중요하고 문제가 되는 것은 노마드 여성이 자신의 삶을 펼치는 환경이다. 다시 말해서 집은 기술이나 기억이 더 이상 기호로 작용하지 않고 이전의 사생활이 용해되어 단지 쾌락을 위한 도구로만 인식되는 물건과 가구의 집합체가 되었다. 이러한 물건들은 노마드 여성이 행하는 주요 활동과의 연관성을 토대로 선택되는데, 소유자의 일상생활에서 가장 긴요한 것들이다. 미용(화장대), 정보(컴퓨터 책상) 그리고 휴식(테이블과 의자)이 바로 그 대표적인 것들이다. 따라서 기능적, 실존적, 현상학적 비전은 소멸되고 순수한 소비 지향적 쾌락주의로 축소된다. 이 쾌락주의는 유혹의 메커니즘–노마드 여성은 외출하기 위해 화장을 하고 있다–과 경제적 관행에 의해 발생하는 실존적 허무 속에 용해되어 기계, 가구, 장식품 등의 인공물 역시 오브젝트로 만드는 비전이다.

노마드 여성은 자기에게 여가와 일터를 제공해주는 도시에 기생해 살아가며 집과 사생활의 한계를 없애는 한편, 집이라는 공간을 옷을 차려입고 데이트 준비나 할 수 있는 정도의 아주 작고 취약한 공간으로 변화시킨다. 노마드 여성의 집은 결국 도시에서 파열된 셈이다. 그녀의 노마디즘은 이제 도시적이고 소비적인 것이 되어 인류가 아는 한 가장 조밀한 환경인 도쿄에서 실현되고 있다. 노마드 여성은 그런 환경에 맞서 대항하거나 행동하지 않고 또한 거기에 압력을 행사하지도 않는다. 오히려 그녀 스스로 도시 환경이 만들어내는 다양한 활동과 유혹의 대상이 되려고 한다. 그녀의 존재는 소비주의가 구체화되어 물리적 형체를 갖추는 데 바쳐지는 제물이다. 그렇지만 그녀는 일과 교통, 가족과 여가 활동 그리고 자기가 살고 있는 생산 기계로서의 도시에 대해선 아무 것도 모른다. 만약 그녀가 도시에 텐트를 치면 그 텐트는 도시 상공을 떠다니다 망루처럼 생긴 고층의 쇼핑센터 같은 특별한 장소에 내려앉을 것이다. 노마드 여성의 텐트는 곤충이나 반딧불처럼 도시가 제공하는 빛과 번화함 속에 자리 잡게 되는데, 이런 장소는 이제 제2의 자연이 되어 사람들을 끌어들이고 소비를 부추긴다. 노마드 여성은 정착민과 달리 아무것도 생산하지 않기 때문에 기생적 존재에 지나지 않는다. 하지만 그녀의 소비 행위가 시스템의 기초를 이루고 있는 이상 그녀는 후기 산업 자본주의 메커니즘에서 중요한 역할을 하는 셈이다. 그녀의 역할은 과잉 축적을 방지하고 상품 순환과 유통의 유동성을 조절하는 것이다–일본에서는 정부 당국이 시민들에게 더 많은 소비를 촉구하는 이례적인 상황이 발생한다–.

이와 같은 현대 사회의 역설을 하비에르 에체베리아[187]보다 더 잘 설명한 사람은 없을 것이다. 그의 저서 『텔레폴리스 *Telépolis*』에 의하면, 현대 사회의 역설은 소비가 생산적인 활동이 되었다는 것이다. 이제 여가는 광고에 의해 부를 창출하는 수단으로 변했고, 여가 시간의 단위가 "텔레세컨드 telesegundo"로 예시되는 절대적인 역설이 바로 이것이다.[188]

「파오:도쿄 노마드 걸의 집」, 토요 이토, 1985년.

187　하비에르 에체베리아 에스폰다 Javier Echeverría Ezponda(1948~　)는 스페인 출신의 수학자이자 철학자이다.

188　Echeverría, Javier, *Telépolis* [텔레폴리스], Destino, Barcelona, 1994. [원주]

텔레세컨드로 인해 변화된 것은 단지 생산수단이나 생산양식(그리고 소비양식)만이 아니라 생산/판매/소비의 삼각 구조 그 자체다. […] 텔레폴리스는 시장 구조를 전복시켜, 구매자가 돈을 쓰지 않고도 실제 구매 행위가 일어나도록 하면서 시간을 소비하게 한다. […] 여러 형태의 여가 활동이 생산적 노동으로 전환되었는데, 대부분의 경우 사람들은 빈둥거리며 휴식 시간을 즐기는 동안에도 실제로는 일을 하고 있다는 사실을 인식하지 못하고 있다.[189]

따라서 새로운 노마드가 거주하는 도시는 물리적 실체를 가진 공간일 뿐만 아니라 급격한 변화를 가져오는 비가시적 흐름, 정보와 경제적인 흐름이 지속적으로 순환되는 도시다. 포스트휴머니즘적 주체가 사는 도시는 세계 전체, 글로벌 도시 혹은 — 이런 표현이 괜찮다면 — "특성 없는 도시 ciudad genérica"라고 할 수 있다. 이런 도시는 과학 발전 및 시장 경제와 본질적으로 연결된 실체로, 산업 도시처럼 잉여가치의 지리적 집중을 통해서가 아니라 개발/저개발이라는 이분법을 활용한 경제적 통합을 통해 조직된 도시이며, 그 잉여가치가 순환되는 하부구조로 이해하는 실체다.

데이비드 하비는 텔레마티크[190]의 편재성과 자본의 논리가 초래하는 시공간적 압축이 도시나 영토에 대한 인식을 바꿀 수 있는 가장 특이한 특징이라고 지적한다. 렘 콜하스는 『정신착란의 뉴욕』을 출간한 지 20년 후, 자신의 이론적 가정을 전면적으로 재검토한 논문 「특성 없는 도시 *The Generic City*」에서 전 세계의 용광로 같은 도시 magma global와 그 균질화 메커니즘을 냉정하고 냉소적으로 기술한다. 그는 지나치게 까다롭고 유럽적인 — 문화적인 측면에서도 완성도가 너무 높은 — 맨해튼이 아니라 동남아시아에서 급속히 성장한 도시 현상, 즉 시장 경제와 유연한 축적 체계가 전 세계적으로 이식되는 대도시의 폭발을 그 대상으로 삼는다. 자연도, 인공도 아닌 탓에 범주화하기 매우 까다로운 새로운 환경이 형성되는 곳도 바로 이러한 도시들이다. 이런 곳의 환경은 성장과 쇠퇴, 불안정성과 자기 정체성, 폭력과 변형 등 지금까지는 자연에서만 볼 수 있던 생물학적

---

189   *Ibid.* [원주]

190   텔레마티크 télématique는 통신 체계와 컴퓨터를 결합한 정보 서비스 시스템을 가리키는 프랑스어다.

현상들이 일어나는 제2의 자연이자 균일한 흐름이 연속되는 풍경을 이루고 있다. 그것은 「특성 없는 도시」라는 텍스트와 특히 의도적으로 흐릿하게 처리한 사진에 나타나는 것으로 모든 것을 균일화하는 동시에 사진 대상의 불안전성을 보여주는 모호함이다. 그리고 거기에 등장하는 주체의 익명성과 부정확성을 가리킨다.

　도쿄 상공에 떠 있는 텐트의 이미지로 되돌아가 보면, 주체는 이제 텐트 안에서 정체성을 잃고 디지털 방식을 통해 모호하고 "특성 없는" 도시로 변모했음을 알 수 있다. 그리고 이 텐트가 거의 자연이 된 도시 환경 속에 있는 듯 없는 듯 존재하며 기생충처럼 자리 잡고 있음을 볼 수 있다. 이들은 미세한 크기의 자율성으로 분화함으로써 사회적 집단을 이루지 않으며 그 또한 일관성이 없고 무작위적이다. 이들은 시스템 외부에 있지만 시스템에 따라 작용하며, 외형을 규정하는 기하학과 마찬가지로 도시와 사적 영역을 경험하는 형식에 있어서도 이질성을 드러낸다. 최소한으로 축소된 프라이버시는 이제 얇은 천, 그러니까 몇 가지 물건들을 감싸는 제2의 피부인 미세한 베일에 의해 보호될 뿐이다. 이들은 원시적인 오두막처럼 과거도 미래도 없이 무상함으로 분열된 현대 세계에, 텔레마티크의 연속적인 현재와 영원히 동질성을 유지하는 유비쿼터스 공간에 정착하는 방법을 알려준다. 포스트휴머니즘적인 주체는 자신과 아무 연관도 없는 혼란스러운 구성 원리를 가진 이 용광로 같은 세계 속에 일시적으로 거주한다. 이들은 안에 있으면서, 동시에 밖에 있다. 이들은 초대받은 이도 아니지만, 그렇다고 이방인도 아니다. 이들은 자신의 역할을 수행하면서 전체 시스템의 일부를 이루는 기생충 같은 존재이기 때문이다. 도요 이토는 이러한 주체를 「미디어 정글 속의 타잔들」[191]이라고 묘사하는데 이들은 아무 특성 없는 도시를 자신들의 자연으로 변모시킨다. 이들은 서로 비슷하지만, 그렇다고 동등하지는 않다. 한가한 행인의 눈에만 보이는 풍경을 농부는 보지 못하는 것처럼, 이들은 글로벌한 도시를 찾은 관광객이자 임

191　Ito, Toyo, "Tarzanes en el bosque de los medios", *2G*, N° 2, (*Toyo Ito. Section 1997*), Barcelona, 1997. [원주]

「특성 없는 도시」, 「S, M, L, XL」에서 인용, 렘 콜하스, 1994년.

시로 방문한 이들에 지나지 않는다. 이들은 이소적異所的heterotópica[192]
인 입장을 지니고 외부의 시선으로 세계를 바라보며 거기에 진정으로 거
주하는 것이 아니라 임시로 그 공간을 점유할 뿐이다. 이러한 주체들은 이
동성과 여정에서만 자신의 존재를 드러낸다. 그들의 공간 개념에는 배경
과 형상의 대비로 이루어진 세계 대신 유동성, 탈주, 연속성, 소용돌이가
있다. 이는 노마드의 인식으로, 연속적인 것들과 특이한 것들로 이루어진
공간이며, 들뢰즈가 제도적인 도시와 집을 정주의 관점에서 바라보며 특
유의 "홈 파인" 공간과 대비시킨 "매끄러운" 공간이다.

그럼 도시의 새로운 타잔들을 위해 지은 이 오두막의 물적 특성을 어
떻게 이해할 수 있을까? 어떤 디자인 방법이 적용된 것일까? 이런 의문과
관련해서라면, 지금이 바로 FOA(Foreign Office Architects)가 설계한「가
상의 집」(1996)을 방문할 적절한 시점일 것 같다. 이 집은 의뢰인도 계획지
도 없고 피터 아이젠만을 중심으로 한 "포스트휴머니스트" 방송 매체인
'애니Any'가 주최한 건축 워크샵에서 소개되었을 뿐인 집이다. 이 매체가
포스트휴머니즘적인 집을 건설할 새로운 가치관과 기술을 시험하는 의
뢰인이 된 셈이다. 설계자는 이 집을 로지에 수도원장[193]의 원시 오두막 버
전으로 구상하고 노마드의 시각으로 묘사했다. 여기엔 자연이 더 이상 깨
끗하고 순수한 대지가 아니라, 문화적 구성물이자 인공두뇌로 연결된 글
로벌 도시와 그에 대한 직관적 메타포라는 노마드적 인식이 깔려 있다.

이런 의미에서 설계자의 인식은 매끄러운 공간이라는 들뢰즈의 관점
에 영향을 받게 된다. 이제 풍경은 일시적으로 기생하는 탈주선이 횡단하
는 연속적인 물질인 도시 자체가 된다. 이 집의 외관은 최소한의 거주 방식
을 표현하기 위한 것으로, 건물의 하중이 집중되는 결절점과 소용돌이처
럼 휘어지는 궤적이 한데 뭉쳐진 결과일뿐이다. 전체 외관을 결정하는 트
랙 형태는 스스로 접히며 외부가 내부로 변하는 뫼비우스의 띠를 이루는

---

192 생태적, 지리적으로 다른 장소에 존재하는 개체가 서로 만날 수 없는 상태를 가리킨다.

193 마르크앙투안 로지에Marc-Antoine Laugier(1713~1769)는 18세기 프랑스 예수회 사제였으며 건축
    이론가이다. 그가 1653년에 저술한『건축론Essai sur l'architecture』은 프랑스에서 고전주의 양식이
    사라진 시대에 건축의 기원을 상상하며 '원시 오두막' 개념을 통해 그 원리를 재정립하려는 시도였다.

F.O.A.(파시드 무싸비 & 알레한드로 자에라 폴로), 버추얼 하우스, 투시도, 1996년.

데, 이 형태는 내외부의 구분이 사라져 내밀함을 부정하는 형식으로 세계 속에 자리 잡기 위한 급진적인 방식이다. 이는 결과적으로 노마드가 지나온 삶의 경로가 우발적인 사건의 연속이자 도시-세계-자연이라는 연속적이고 동질적인 소재와 달리 특이한 개별성haecceidad을 갖는 것임을 재확인하는 것이다. 여기서 말하는 질료는 신체가 형상과 질료로 분리된다는 아리스토텔레스적 관점과는 정반대이다. 형상은 고정되어 있고 질료는 균질하게 유지된다는 개념과 대조적으로, 이 프로젝트는 들뢰즈가 "운동 에너지가 있는 물질성과 특이성, 개별성의 담지자"라고 부른 것을 고수한다. 이러한 것들은 더 이상 암시적인 형태가 아니며, 기하학적이라기보다 위상적이고 예컨대 나뭇결에 다양한 굴곡과 비틀림이 있는 것처럼 변형과정에서 특이한 개별성을 갖는 존재를 말한다. 이는 대초원, 사막, 바다, 또는 얼음에 존재하는 물질성이며 들뢰즈가 말하는 매끄러운 공간에서도 나타나는 물질성이다.

모래사막과 얼음사막은 같은 용어로 묘사된다. 사막에는 대지와 하늘을 가르는 선이 없다. 중경이나 원경, 경계도 없다. 시계視界는 제한된다. 하지만 어떤 점이나 물체가 아니라 바람, 눈 또는 모래의 기복, 모래가 부서지거나 얼음이 갈라지는 소리, 이들의 촉각적 특성 등 일련의 관계에 기반한 매우 미세한 지형이 있다. 그것은 시각적 공간이라기보다는 촉각적 공간, "촉감적"이고 음향적인 공간이다.[194]

194   *Ibid.* [원주]

이 '원시적인' 오두막에는 자연, 물질, 형상을 바라보는 관점이 완벽히 구조화되어 있다. 우연이 아니라 과학이 수 세기에 걸쳐 복잡하고 불안정한 현상, 혼돈 속의 질서를 설명하기 위해 연구에 몰두한 결과 인문학을 정밀과학에 접근시킬 수 있었던 방식과 연관된다. 예컨대 일리야 프리고진과 같은 이들의 주요 관심사도 이것이었다. 따라서 노마드의 오두막은 순진한 시각이나 비과학적 지식과는 아무런 공통점이 없고, 그 사회적 위치는 사실 이러한 배경에 근거한다고 볼 수 있다. 정보의 영역은 이들의 존재 방식을 비물질적인 것으로 만든다. 이들은 지식을 통해 모방적 태도를 취하고 도시-세계-자연이라는 물질의 일부가 되는 방법을 배운다. 따라서 이들이 정착하는 방식 자체도 위장되어, 매번 스스로를 구성하는 맥락 속에 숨겨진다. 하지만 그것은 우리가 이름을 붙일 수 있는 재료가 아니라 철근 콘크리트에 그려진 군사용 위장 무늬처럼 기존의 다른 재료들을 디지털 방식으로 '혼성화morphing'하여 만든 것이다. 이는 장식적이고 연속적인 구조적 특성을 지닌 몸체를 만들어내며 가상 공간에서만 존재한다. 마찬가지로 그 표현 형식은 도요 이토의 「파오」에 나오는 도시 콜라주처럼 디지털 방식으로 전환되어, 연속해서 드나들면서도 거의 보이지 않는 떠돌이 주체의 경험이 동영상으로 재현된다. 전통적인 집의 기하학적 구성이나 물적 구조 및 표현 방식과는 달리 매끄러운 공간이라는 위상학적 개념은, 정보기술에서 프로젝트에 필요한 운용체계를 찾는 단순한 도구가 아니라 포스트휴머니즘적인 집을 사유하고 건설하고 거주하기 위한 매체 자체다.

컴퓨터 기술은 포스트휴머니즘적인 집과 관련해 지금까지 설명한 내용과 상관없는 우발적이고 우연한 운용체계가 아니라 가상과 실제를 동시에 다룰 수 있게 해주는 매체로서, 항상 대립을 통해 자신을 정의하는 현실성/가능성 이원론으론 상상조차 할 수 없는 것이다. 우리는 컴퓨터 기술을 통해 지속적인 업데이트 및 변환 상태에서 다이어그램과 역동적 프로세스로 작업할 수 있다. 따라서 컴퓨터 기술은 새로운 과학과 생물학의 발전이 추구하는 것과 유사한 복잡성의 논리를 차용하여 흐름을 다룰 수 있게 해준다. 어떤 복잡성 이론가가 말한 것처럼 "모든 복잡성은 생물학을 지향한다." 노마드라는 모호한 존재로 구성된 모호한 도시의 모델을 다루려면 컴퓨터의 지원이 불가피하다고 보는 이유가 바로 이것이다. 여기서 말하는 모델은 정확한 물질성을 통해 무형적 요소(움직임의 흔적)를 상상해야 하는 유동적이고 생생한 공간 모델인 다이어그램을 말한다. 후기 구조주의적 건축은 이 다이어그램에서 눈에 보이지는 않아도 현실을 설명하고 생성할 수 있는 물질적 논리의 적용 및 배치를 찾아낸다. 샌포드 크윈터[195]는 이를 다음과 같이 강조한다.

가상과 현실의 관계는 전환, 즉 실재화를 통해서가 아니라, 통합, 조직, 조정 과정을 통한 변형에 의해서 이루어진다. […] 현실은 하나의 흐름이자 환원 불가능한 시간이 현실화되는 것이다. 세계는 다이어그램의 박리화exfoliación이다.[196]

후기 구조주의의 모호한 주체와 불안전성, 카오스의 과학에는 모두 공통적인 "생명-논리bio-lógica"가 존재하는데, 이는 컴퓨터의 반복 및 증식 역량과 동적 다이어그램 작업에서 발견되며 무형의 것, 유동적인 것, 가시적이고 물질적인 것을 만드는 수단을 제공한다.

우리는 이처럼 동시적으로 발생한 과학, 철학, 기술-생물학, 해체주의, 컴퓨터 기술-에서 어떤 객관주의적 결정론의 위험성을 감지하게 되는데, 그것은 현대 정통주의ortodoxia moderna의 유일한 작동 모델로서 객관주의적 등장을 낳은 유기체론, 실증주의 그리고 산업화에 대한 일종의 "업그레이드aggiornamento"에 내재된 위험성이다. 다이어그램의 사용은 필연적으로 일반 도시의 주민들에 대한 "행동주의적" 접근과 추상화, 조직화된 동기에 따라 패턴화되는 행동과 일상의 확산 현상에 대한 선호를 의미한다. 결론적으로 문화적 관점의 차이-다른 사유를 하는 주체는 제거되고, 더 나아가 그러한 기계적 절차에 책임이 있는 건축가도 조지 오웰식 빅 브라더의 선봉으로 활동할 수 있는 대중적 기능주의로 이어지게 된다

---

195   샌포드 크윈터Sanford Kwinter(1955~)는 캐나다 출신의 건축 이론가이다.

196   Kwinter, Sanford, "A Materialism of the Incorporeal", *Columbia Documents of Architecture and Theory* (Vol. 6), Rizzoli, New York, 1997, pp.85-89. [원주]

는 것이다. 20세기의 역사 자체가 이 같은 과도한 최면상태에 대해 우리에게 경고하고 있다. 이러한 디자인 메커니즘 안에서 건축가가 자신을 인식하는 방식인 비판의 자리를 찾는 것은 오늘날에도 상상하기 어려운 일이다. 특히 피터 아이젠만과 그렉 린[197]의 프로젝트와 텍스트는 여전히 건축가의 작업 과정, 결과 그리고 책임(혹은 역할)의 재규정을 모색하고 있다. 말하자면 포스트휴머니즘적인 집은 이미 그 주체, 재료, 공간적 도시 모델, 운용체계를 발견한 건축가의 기계적 행동을 암시하지만, 이를 완전히 수용하는 것은 본질적인 목적이 아니라 "무작위한" 행위로 이어질 수 있다. 건축가가 "특정 시점에서 관례나 규범에 의해 억눌린 것이 무엇인지 찾아내는 것"[198] 외에는 다른 목표도 없이 현실 세계의 모습을 파괴하고, 비현실적인 것을 확산시키는 다양한 방법에만 몰두하게 된다는 것이다.

이번 탐방을 마무리하기는 그리 쉽지 않다. 우선 우리가 제대로 환영받지 못했다는 느낌과 이 집에 들어가서 무언가를 "소유"하기가 무척 어려웠다는 느낌에서 벗어나기 어렵기 때문이다. 다음으로는 이런 감정에서 쉽게 벗어날 순 있더라도, 이런 느낌이 결코 우연한 것이 아니라 노마드라는 기생적 존재 탓이라는 사실을 깨닫는 게 그리 달갑진 않기 때문이다. 어떤 사적 공간도 소유하거나 거주하지 않으며, "교양과 예절"이라는 실존적 규범을 따르지 않는 것, 이런 것들이 노마드의 정체성을 분명히 드러내주는 표식일 것이다. 하지만 더 나아가, 버스터 키튼의 무모하고도 엉뚱한 행동 혹은 댄 그레이엄이 변형된 형식을 통해 풍자한 관습적인 집, 그리고 의도치 않게 기성 질서를 벗어난 형태를 띠면서도 동시에 그 질서를 소유하고 통제하는 도요 이토의 「파오」 또는 사람이 결코 "존재"할 수 없고 순수한 "생성devenir"만 가능한, 기하학적 미로 같은 급선회pirueta 그 자

197 　그렉 린Greg Lynn(1964~)은 미국의 건축가이다. 2008년 베니스 비엔날레 건축전에서 황금사자상을 받았다. 생명체 안에는 본질적으로 외부 압력에 대한 저항력이 있다는 것을 발견하고, 건축의 구조와 형태를 통합하는 방법을 탐구한다.

198 　이에 대해서는 Peter Eisenman, "Procesos de lo intersticial. Notas sobre la idea de lo maquínico de Zaera-Polo [틈새의 과정. 기계적인 것에 대한 알레한드로 자에라폴로의 논의"와 El Croquis, op.cit.에 수록된 알레한드로 자에라폴로와 아이젠만의 인터뷰 글 "Una conversación con Peter Eisenman [피터 아이젠만과의 대담]"을 볼 것. [원주]

체인 가상의 집을 관찰한 후, 우리는 이러한 집의 디자인에 나타나는 하나의 현상을 깨닫게 된다. 그러한 집들은 전체적이고 통합된 이미지를 모두 부정하려는 의도하에 사람들을 자극하고 소외감을 불러일으키며 자신을 드러내기 위해 더 많은 노력을 기울이고 있다는 사실이다. 마치 이들이 상반된 개념에서 태어난 듯, 다른 원형과 자신의 패러다임을 왜곡하여 자신의 캐리캐처로 변형하는 것이다.

우리는 이것이 본질적으로 해체주의적 동력이라는 사실을 알고 있다. 즉 이러한 소외 현상의 추구 속에 일상생활을 규제하는 명백하거나 잠재적인 가치에 대해 의문을 제기하려는 의도가 담겨 있다는 것도 알고 있다. 아울러 집을 사유하는 이러한 방법에는 그 주체와 그 극단적인 진부함에 의문을 제기해야 하는 대가를 치르더라도 공적, 사적인 폭력에 맞서는 해방적 기획이 포함되어 있다는 것 또한 분명하게 알고 있다. 포스트휴머니즘적인 집은 어떤 친밀감도, 지속적인 편안함도, 마음의 위안도 제공하지 않는다. 그것은 특성 없는 도시로부터의 피난처가 아니라 관측점, 기껏해야 도중에 잠시 머무는 곳에 지나지 않는다. 그러나 이는 단순한 지적 열정이 아니라, 시간이 지남에 따라 점점 더 명백해지고 있는 문제, 즉 경제 및 과학적 발전이 우리 주변에서 일어나고 있는 환경과 관련된 문제를 냉철하고 치열하게 다루어보자는 것이다. 그런 의미에서 우리의 비유적인 거리두기에도 불구하고, 아니 바로 그 때문에 누구도 이와 같은 사유, 설계, 거주 방식에 완전히 이질감을 느낄 수는 없을 것이다. 이러한 도시 모델에서 우리 모두는 노마드이자 기생충이다. 우리는 모두 라이프 스타일과 일에 있어서 어느 정도는 키튼이고, 또 노마드 소녀다. 이 책 또한 가정의 가치와 개념에 기생하여, 비록 상상 속에서나마 다른 사람들이 짓고 거주하는 집을 방문함으로써 실현된 프로젝트다. 이 책에 나오는 모든 내용은 어느 정도 내용 자체의 가치를 해체하는 것으로 볼 수 있을 것이다. 결국 해체는 비판적 언어 분석의 한 형태일 뿐이다. 이 집도 우리 자신과 별개로 생각할 수 없다. 오히려 우리는 이 집을, 전통문화의 단편적인 영역에 비해 글로벌 차원의 위상topologia global을 예측하는 라이프 스타일이자, 공적인 것과 사적인 것의 경계와 토대에 의문을 제기하는 거주 방식으로 이해해야 한다. 근대 건축의 틀 안에서 근대 도시의 관례에 따라 작동하는 이러한 거주 방식은 오래된 부르주아 시 질서를 해체하는 것이라기보다 오히려 다른 포럼, 상호 교류가 이루어지고 공적인 것과 사적인 것을 동시에 경험할 수 있는 장소, 따라서 오늘날 우리의 삶이 겪고 있는 변화 과정에 더 적합한 삶의 형식이 실현되는 새로운 장소를 드러내주는 것으로 인식될 수 있다.

추가 참고도서 목록

ABrayer, Marie-Ange, "La Maison: un modele en quête de fondation", *Exposé*, N° 3 *(La maison, Vol. 1)*, Orleans, 1997, pp.6-39.

Deleuze, Gilles y Guattari, Félix, *L'Anti-Edipe*, Éditions de Minuit, Paris, 1972 (스페인어 번역본: *El anti-Edipo* [앙티 오이디푸스], Paidós Ibérica, Barcelona, 1989).

Derrida, Jacques, *L'Écriture et la différence*, Éditions de Seuil, Paris, 1967 (스페인어 번역본: *La escritura y la diferencia* [글쓰기와 차이], Anthropos, Barcelona, 1989).

Foucault, Michel, "L'Oeil du pouvoir" (Interview avec J.-P. Barou et M. Perrot), introduction à Bentham, Jeremy, *La Panoptique*, Belfond, Paris, 1977 (스페인어 번역본: "El ojo del poder [권력의 눈]", introducción a Bentham, Jeremy, *El panóptico* [파놉티콘], La Piqueta, Madrid, 1989).

_____, *Espaces autres: utopies et hétérotopies* [1967] (스페인어 번역본: "Espacios otros: utopías y heterotopías [타자의 공간: 유토피아와 헤테로토피아]", *Carrer de la Ciutat*, núm. 1, Barcelona, enero de 1978, pp.5-9)

Graham, Dan, *Dan Graham. Architecture*, Architectural Association, London, 1997.

Herreros, Juan, "Espacio doméstico y sistema de objetos [가정 공간과 사물 시스템]", *ExitLMI*, núm. 1, Madrid, 1964.

_____, *Mutaciones en la arquitectura contemporánea* [현대 건축에 있어서의 변화], tesis doctoral inédita [박사학위 논문 미간행], Escuela Técnica Superior de Madrid, 1994.

Koolhaas, Rem & Mau, Bruce, *S, M, X, XL*, The Monacelli Press, New York, 1995.

Lynn, Greg, *Folds, Bodies & Blobs. Collected Essays*, La Pettre volée, Bruselas, 1998.

SLyotard, Jean-François, *La Condition post-moderne*, Éditions de Minuit, Paris, 1979 (스페인어 번역본: *La condición posmderna* [포스트모던의 조건], Cátedra, Madrid, 1984).

Virilio, Paul, *Esthétique de la disparation*, Éditions André Balland, Paris, 1980 (스페인어 번역본: *La estética de la desaparición* [소멸의 미학], Anagrama, Barcelona, 1988).

Zaera-Polo, Alejandro, "Notas para un levantamiento topográfico [측량을 위한 메모]", *El Croquis*, núm. 53 (OMA/REM Koolhaas), Madrid, 1992.

_____, "Orden desde el caos [혼돈으로부터 본 질서]", *ExitLMI*, núm. 1, Madrid, 1994, pp.22-35.

7.
「더 큰 첨벙」:
실용주의적인 집

「더 큰 첨벙A Bigger Splash」, 데이비드 호크니, 1967년.

「바닷가의 집」 스케치, 알레한드로 데 라 소타, 알쿠아디아, 마요르카, 1984년.

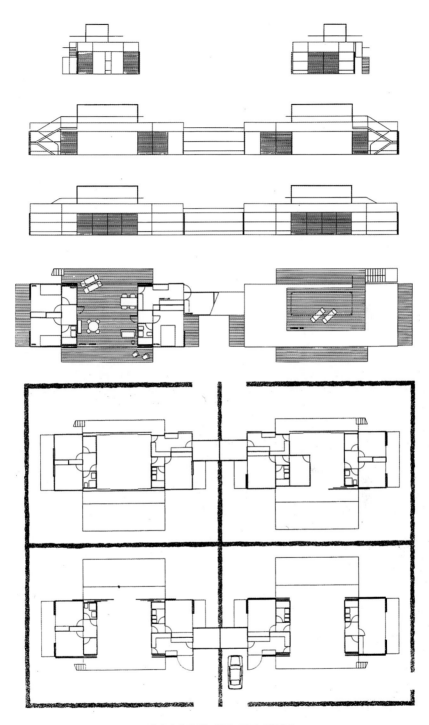

「바닷가의 집」 입면, 평면, 배치도
ⓒ알레한드로 데 라 소타 재단

피에르 코에닉, 「케이스 스터디 하우스 #22」, 할리우드힐스, 캘리포니아, 1959.
사진: 줄리어스 슐만

「임스 하우스」의 거실, 찰스와 임스, 캘리포니아 퍼시픽 팰리세이즈, 1958년.

1967년 데이비드 호크니[199]가 「더 큰 첨벙」을 그렸을 때, 그는 이 작품이 나중에 완벽한 건축 선언으로 받아들여지게 되리라는 것을 전혀 몰랐을 것이다. 하지만 그가 이를 알게 되기까진 그리 오랜 시간이 걸리지 않았다. 1973년 레이너 번햄의 저서들 중에서 최고이자 가장 널리 알려진 『로스앤젤레스: 네 가지 생태적 건축』[200]의 표지에 그의 작품이 실렸기 때문이다. 이 그림은 20세기의 기억과 긴밀하게 연관된 건축, 도시 그리고 자연과의 관계를 이해하는 방식을 종합한 것이다. 이 작품이 보여주는 것은 원래 20세기 미국에서 기원한 사유이자 건축과 거주에 대한 태도로서, 호크니와 번햄이 뿌리를 둔 유럽은 물론이고 다른 대륙에서도 급속히 확산된 보편적 개념이다. 집에 대한 이러한 사유 방식은 19세기 중반, 특히 20세기 초반부터 실용주의 철학자인 윌리엄 제임스, 찰스 샌더스 퍼스 그리고 존 듀이의 사상을 통해 보다 확고하게 자리 잡았다. 현실과 관련된 이론의 역할에 대한 그들의 생각은 민주적이고 다원적일 뿐만 아니라 진보적인 사회의 윤곽이 드러나는 데 결정적인 도움을 주었다. 이 같은 사회적 실천력은 유럽의 실증주의나 기타 형이상학적 사유 모델에서는 나타나지 않았던 것이다. 이 실용주의 철학은 리처드 로티[201]의 이론적 작업에서 부활했고(그의 저서『우연성, 아이러니 그리고 연대』[202]는 이 장의 주제인 실용주의적인 집의 탐방에 우리와 동행할 예정이다), 오늘날 포스트휴머니즘적 사유에 대한 진정한 대안을 제시하고 있는 여러 건축적 입장에서 또다시

---

199   데이비드 호크니David Hockney(1937~)는 영국의 화가, 소묘가, 판화가, 무대 디자이너, 사진가로 1960년대 팝 아트 운동에 기여한 미술가 중 한 명으로 평가되고 있다. 페인팅, 드로잉, 판화, 수채화, 사진, 무대 디자인, 컴퓨터와 아이패드 등 다양한 매체를 실험한다. 2019년에는 서울시립미술관에서 그의 개인전이 열렸다.

200   Banham, Reyner, Los Angeles, *The Architecture of Four Ecologies*, Penguin Press, New York, 1971 (스페인어 번역본: *Los Ángeles: La arquitectura de cuatro ecologías* [로스앤젤레스: 네 가지 생태적 건축], Puente editores, Barcelona, 2016). [원주]

201   리처드 매케이 로티Richard McKay Rorty(1931~2007)는 미국의 철학자이다. 그는 인간의 합리적 이성이 영원한 진리를 찾을 수 있다는 믿음은 우연히 발생한 하나의 메타포에 불과하다고 보고 미국의 실용주의 전통을 이어간 인물이다.

202   Rorty, Richard, *Contingency, Irony and Solidarity*, Cambridge University Press, New York, 1989 (스페인어 번역본: *Contingencia, ironía y solidaridad* [우연성, 아이러니 그리고 연대], Paidós Ibérica, Barcelona, 1991). [원주]

커다란 활력을 얻고 있다.

그러면 이제 호크니가 인상적인 그림으로 남겨놓은 이 집을 살펴보기로 하자. 우리가 기억하기로 호크니의 그림은, 현대적이고 저렴하며 시공이 용이한 집을 짓기 위해 1950년대 로스앤젤레스에서 행해진 수많은 시도와 관련이 있다. 하지만 이러한 유형의 집이 자크 타티가 풍자했던 실증주의적인 집과는 관련이 거의 없다는 점을 먼저 밝혀야겠다. 물론 20세기 역사가들이 "국제적 스타일" – 유럽이 미국에 수출한 것으로 알려진 모더니즘 운동으로서 – 이라는 포괄적인 용어로 이 두 가지 유형의 집을 한데 묶기는 했지만 말이다. 실증주의적 기준과 가치와는 거리가 먼 가볍고 쾌락적인 이 집을 이해하는 과정에서 우리는 절대적인 자율성을 가지고 현대에도 그 유효성이 사라지지 않은 가정이라는 전통을 재확인할 수 있을 것이며, 실용적 사고의 토대를 이루는 생명력인 변화와 적응 능력을 보게 될 것이다.

윌리엄 제임스가 철학이 그동안 몰두해왔던 길, 즉 유일하고 결정적인 진리의 탐구라는 과업을 포기해야 할 필요성을 제기하면서 긍정적 대안으로 제시하려 했던 것은 바로 변화라는 아이디어였다. 제임스에 따르면 진리는 관념을 뒤따르는 어떤 것이다. "관념은 진리가 될 수 있는데, 사건을 통해서만 그러하다."[203] 그는 진리가 존재한다는 것을 부정하지 않지만 우연적인 성격을 가진다고 본다. 진리는 현실과 정신이 서로 적응해가는 과정이다. 제임스는 진리가 정신과 세계의 상응correspondencia, 즉 관념의 작용을 통해 만들어지는 조정ajuste 관계임을 받아들인다. 실용적인 사유에서 정신과 세계–이론과 실천–는 분리되지 않고 서로를 구성한다. 경험으로도 알 수 있듯이 "진리"라는 관념은 인간의 창조물이고, 따라서 그것을 규정하는 언어와 마찬가지로 우연적인 것이다. "진리란 행진하는 메타포의 군대다." 이는 리처드 로티가 사유의 역사를 설명하기 위해 니체에게서 빌려온 표현이다. 철학자, 과학자, 또는 예술가의 작업은 그처럼 변

---

203 James, William, *Pragmatism* [1907] (스페인어 번역본: *Lecciones de pragmatismo* [실용주의 강의], Santillana, Madrid, 1997). [원주]

화하는 우리의 경험을 통해 현실을 "재해석하는 것redescripción"에 다름 아니다. 메타포를 통해 세계를 다시 묘사하는 것, 낡은 언어를 버리고 새로운 어휘를 택할 수 있게 해주는 메타포의 창조야말로 창작자의 구체적인 과제일 것이다. "흥미로운 철학이 어떤 논제에 대해 찬반양론을 벌이는 경우는 거의 없다. 일반적으로 논쟁은 암묵적으로든 명시적으로든 이미 성가신 것으로 굳어진 기존 어휘와, 막연하지만 위대한 것을 약속해주는 반쯤 형성된 새로운 어휘 사이의 대결이다."[204] 후자의 사유 방식은 다음과 같은 방법을 통해 전개된다.

이 방법의 핵심은 많은 것들을 새로운 방법으로 재서술하여 다음 세대가 받아들이고 싶은 유혹을 느낄 만한 언어적 행동 패턴을 만들어냄으로써, 새로운 과학 장비나 사회 제도를 채택하듯 새로운 비언어적 행동 방식을 모색토록 하는 것을 말한다. 이러한 유형의 철학은 개념을 하나하나 분석하거나 논제를 하나씩 검증하는 식으로 작동하지 않는다. 그보다는 오히려 총체적이고 실용적인 방식으로 작동한다. 그것은 "이런 식으로 생각해보라"든지, 아니면 좀 더 구체적으로 "누가 봐도 쓸모없는 과거의 질문을 무시하고, 다음과 같이 흥미롭고 새로운 질문으로 대체해보라"고 말해준다. 이러한 철학은 낡은 방식으로 말하면서도 동일한 옛일을 더 잘 해낼 수 있는 방법이 있는 듯 가장하지 않고, 오히려 우리가 그런 일 대신 다른 일을 해보자는 제안이다. 하지만 이 철학은 과거의 언어 게임과 새로운 언어 게임에 공통된 이전의 기준에 따라 이런 제안을 하는 게 아니다. 새로운 언어가 실제로 새로운 거라면 그러한 기준은 있을 수가 없기 때문이다. 나는 나 자신이 세운 규칙에 부합하려고 내가 대체하고자 하는 어휘에 반대되는 주장을 제시하지는 않을 것이다. 그 대신 내가 선호하는 어휘가 다양한 주제를 서술하는 데 어떻게 사용될 수 있는지를 예시함으로써 그 어휘들을 더 매력적으로 보이도록 노력할 것이다.[205]

따라서 실용주의는 철학이라기보다 하나의 방법, 즉 그 어떤 도그마나 독트린도 없는 방법에 가깝다. 따라서 "이론은 우리가 불가해한 것에 대해 제시할 수 있는 신뢰성 있는 응답이 아니라 도구가 된다."[206] 그것은 우리

---

204   Rorty, Richard, *op.cit.* [원주]

205   *Ibid.* [원주]

206   *Ibid.* [원주]

의 경험에 맞게 우리의 신념과 언어를 지속적으로 재서술하고 적용하여 진리를 갱신하고, 세계의 우연성과 표상으로부터 모든 에너지를 끌어내는 방법이다. 이 사유 형식은 다른 관념들을 부정함으로써 성립되는 것이 아니라, 오히려 독특한 방식으로 교류하면서, 그 관념을 수용하고 특정한 "대화"를 구축하여 새로운 어휘를 마주하는 지점까지 이르는 사유 방식이다. 이 사유의 유일한 타당성은 더 이상 진리가 아니라 현실과의 부합성을 따지는 "핍진성verosimilitud"에 있고, 경험을 통해 타인에게도 진실의 효과를 창출하는 능력에 있다. 윌리엄 제임스는 자신의 생각을 쉽게 설명하기 위해 객실마다 서로 다른 세계관을 수용하는 호텔의 복도 이미지를 활용했다. 여기서 복도는 모든 세계관이 서로 교류하며 다양하고 풍요로운 대화가 이루어지는 장소다. 따라서 실용주의를 가장 적절하게 표현하는 메타포는 "대화"일 것이다. 이는 최종적인 진리 없이도 개방적이고 예측 불가능한 토론이 언제든지 이루어질 수 있는 사회적 모델과의 연관성을 강조하는 이미지다. 여기서 창작자, 예술가 그리고 철학자는 "비평가"라는 인물로 합쳐진다. 왜냐하면 이들은 의문의 대상이자 소재인 '세계와 현재'를 가지고 작업하는데, 이들의 일관성은 바로 사상의 역사를 규정하게 될 지적인 모험을 통해 끊임없이 갱신되어야 하기 때문이다. 오늘날 실용주의적 사유의 중요성은 사유의 목표로서 확실성과 객관성을 포기하는 데 있다. 다시 말해서 창작자, 예컨대 건축가가 이질적이고 불안정한 상황 속에서도 낙관적인 태도로 작업할 수 있게 해주는 능력에 있다. 이질성과 불안전성은 성가신 우발적 요소라기보다 아주 소중한 창작의 소재이자 실용적 상상력의 진정한 대상이 된다는 점을 이해하는 것이다.

이러한 견해는 또한 실증주의의 신념, 그 사회적 추상성 및 계몽적인 목적 그리고 과학자를 "창조주demiurgo"로 보는 관점과는 거리가 멀다. 실용주의자에게 있어서 과학적 경험이 증명해주는 것이 있다면 그건 세계에 단 하나의 설명만 있는 게 아니라는 점이다. 다른 관념은 다른 물질적 실천을 의미하고 모든 이론이 자아와 세계를 재서술하는 데 사용될 수 있다는 것이다. 다양한 물질적, 문화적 실천의 기술은 상상력의 지평이자 한계가 되고, 더 나아가 사유하고 창조하는 능력에 주요한 요인으로 작용해서 실용적인 감성의 본질적인 수단이 된다. 새로운 기술의 발명과 이전, 그리고 조작은 실용적인 상상력을 촉진시키는 진정한 요인이다. 그러므로 이러한 감성에 가까운 비평가인 건축가는 이를 잘 알고 작업하며 기술과 방법적인 측면에서 탁월한 지식을 소유한다.

실용주의는 실증주의의 거대한 사회적 조직에 대응하여 개별적이고 주관적인 세계관을 내세운다. 실용주의가 실증주의의 목적론적 시간과는 거리가 먼 시간관을 옹호하는 이유가 여기에 있다. 실용주의가 우선시하는 시간은 사실pragmata[207]의 시간, 행동의 시간, 현재의 시간 그리고 기억을 잃지 않는 시간이다. 왜냐하면 실용주의적 시간은 행진하는 메타포의 군대를 통해 자신의 기억을 보존하고, 거기에 "과거의 성공을 활용하여 현재를 부각시키는" 방식으로 새로운 메타포를 끊임없이 추가하는 시간이기 때문이다. 존 듀이가 말한 것처럼 미래란 "후광처럼 현재를 둘러싸고 있는 단순한 약속"에 불과하다. 이것은 현재의 경험과 개인주의에 끌리는 양극화된 시간이자 우리의 주관성과 연관된 시간으로 아무런 약속도 하지 않는 시간이다. 이런 시간관은 아득히 먼 기원에서 유래하거나 집단적 운명에 의존하는 개인의 창조적 발전에도, '자아'에 대한 인식이 형성되는 개인적 완성의 추구를 넘어서는 프로젝트를 목표로 하지 않는다.

실용주의적인 주체는 각자가 스스로 만든 예술적 창조물이다. 그것은 자신의 정체성을 형성하는 일련의 경험과 메타포, 언어가 통합된 것으로 주체의 정체성이 완전히 실현되는 매우 풍요로운 것이다. 로티는 실용주의적인 주체를 일컬어 "자유주의적 아이러니스트ironista liberal"라고 했다. '아이러니컬하다'는 것은 그 주체가 어떤 종류의 진리나 본질에 종속되지 않는 존재로서 자기 정체성의 우연적 성격을 알고 있기 때문이다. 그리고 자유주의적이라고 한 것은 그의 사회적 모델이 불행과 고통을 덜고, 이를 피하려는 목표를 공유한 주체들 사이의 "협약"에 기초하고 있기 때문이다.

---

207 프라그마타pragmata는 눈앞에 주어진 구체적인 것이나 사물을 뜻하는 그리스어로, 어떤 행위나 작용의 결과와 효과로 나타난 것을 가리킨다.

내가 제시하려는 관점은, 도적적 진보라는 흐름이 존재하며 이 흐름이 실제로 더 큰 인간적 연대로 나아가고 있다는 것이다. 그러나 그러한 연대가 모든 인간의 핵심적 자아, 즉 인간의 본질에 대한 인식이라고 보진 않는다. 오히려 연대란 고통과 굴욕에 대해 인간이 느끼는 감정이 부족이나 종교, 인종, 관습 등에 따라 차이를 갖는다는 전통적인 인식에서 벗어날 수 있는 능력, 우리와는 사뭇 다른 사람들을 "우리"의 영역에 포함시켜 생각할 수 있는 능력이다.[208]

어쩌면 이 설명이 논의에서 벗어난 듯 보일지도 모른다. 하지만 우리가 데이비드 호크니의 그림으로 돌아가거나, 같은 시기 줄리어스 슐만[209]이 캘리포니아의 「케이스 스터디 하우스」[210]를 찍은 사진들 또는 알레한드로 데 라 소타[211]가 알쿠디아의 주택(마요르카, 1984)의 분위기를 보여주기 위해 그린 스케치 등 우리가 참조할 자료들을 세밀하게 살펴본다면, 이러한 이미지가 자아와 세계에 대한 실용주의적 관념에 어느 정도로 일치하는지, 그리고 현재의 경험들이 이 이미지들 속에서 어느 정도로 나타나는지 평가하는 데 더 유리할 수도 있다. 진부하지만 즐거운 일상이라는 현재를 그림으로 구성하려면 대화나 독서를 즐기다 수영장에 뛰어드는 일련의 기술과 방법을 사용해야 한다. 그런 순간을 "자연스럽게" 표현하기 위해 건축이 어떻게 뒷전으로 물러나며 더 넓은 배경을 만들어내는지 주목해보자. 아울러 실용주의적 사유의 정확한 은유인 대화가 일어날 수 있도록 모든 자연 및 인공적 요소들이 어떻게 배치되었는지 생각해보기 바란다.

그렇다면 실용적인 집은 어떠한 건축과 예술적 개념에 근거하는가? 이러한 집이 지향하는 가치는 어떻게 구체화되는가? 앞서 우리는 실용주

---

208   *Ibid.* [원주]

209   줄리어스 슐만Julius Shulman(1910~2009)은 미국의 건축 사진작가로 피에르 코에닉의 「케이스 스터디 하우스*Case Study House #22*」를 찍은 사진으로 널리 알려졌다.

210   「케이스 스터디 하우스 #22」(일명 스탈 하우스*The Stahl House*)는 미국의 건축가인 피에르 코에닉 Pierre Koenig(1925~2004)이 로스앤젤레스의 할리우드힐스에 설계한 모더니즘 스타일의 주택이다.

211   알레한드로 데 라 소타 마르티네스Alejandro de la Sota Martínez(1913~1996)는 스페인 출신의 건축가로 20세기 스페인 건축계를 대표하는 거장이다.

의가 중시하는 시간, 즉 경험이 발생하는 현장 그 자체인 현재에 관해 논의했다. 하지만 이 시간은 영웅적이지도 서사적이지도 않아서, 특이한 현재와 경험을 의미하지 않는다. 현재는 일상적인 경험이 이루어지는 장소, 즉 다른 형태의 사유가 철저히 무시해왔던 "바로 지금 여기"이다. 이러한 일상적 현재를 창조의 힘으로 변화시키고, 현재 속에서 개인적 세계의 완성을 이룰 시적인 토대를 파악하는 법을 배우는 것은 지극히 실용적인 과제다. 제목 자체가 설명적인 그의 저서 『경험으로서의 예술』에서 존 듀이는 이러한 점을 분명하게 밝힌 바 있다. "이러한 과제는 일상적인 경험이 보다 세련되고 강렬한 형태로 표현된 예술 작품과 일상적인 경험을 구성하는 사건, 행위, 기쁨과 고통 사이의 관계를 회복하는 것이다." 이어서 그는 독자들에게 이렇게 경고한다. "가장 먼저 고려해야 할 점은 삶이 환경 속에서 전개된다는 점이다. 하지만 삶은 단순히 환경 '속에서' 전개되는 것이 아니라, 환경이 있기 때문에 삶이 가능하고 더 정확히 말하면 환경과의 상호작용을 통해서만 지속될 수 있다는 것이다."[212] 따라서 경험의 자율성 같은 것은 존재하지 않는다. 경험은 환경과 일상적인 사실들 사이의 다양한 상호작용을 통해서 발생하기 때문이다.

일반적인 건축과 예술은 환경과 자아 사이의 상호작용을 중재하는 일상 경험의 틀을 구성하는 역할을 하게 된다. 왜냐하면 "사물은 경험되지만, 경험이 구성되는 방식으로 경험되는 것은 아니기"[213] 때문이다. 그러한 경험이 생성되려면 일정한 정서적 통일성과 미적 특성, 그리고 에너지가 투입되는 "닫힘cierre"이 있어야 한다. 예술, 특히 시각 예술 작품은 자연환경이 경험으로 변화되는 방식, 즉 극적인 풍경에 대한 미적 인식과 유사하게 지각된다. 따라서 예술, 건축 그리고 궁극적으로 집은 풍경과 정서적인 관계를 맺으며 유사한 경험을 구성하게 된다. 아마도 오늘날에는 예술을 일상적 경험을 드러내주는 수단으로 보고, 우리의 현재와 현재가 이루어지는 환경 사이의 관계를 매개하거나 단절하는 프레임으로 보는 이

212   Dewey, John, *op.cit.* [원주]
213   *Op.cit.* [원주]

러한 예술 개념에서 참신성을 찾기는 어려울지도 모른다. 그러나 1934년에 실용주의적인 관점은 예술적인 실천을 특이한 경험으로 보는 전통적인 예술 개념에 중요한 전환점을 이루었고 그 후, 이러한 예술 형식들이 등장할 수 있는 조건을 마련했다. 그 시기는 존 듀이가 앞서 인용한 책을 썼던 해이자 팝 아트가 일상에 관한 시적 비전을 제시하기 전이었고, 미니멀 아트가 사물과 주변 환경의 관계를 문제시하기 전이었으며, 랜드 아트 land-art[214]가 자연 환경을 대상으로 조형적 실험을 하기 전이었다.

그럼 실용주의적인 집의 이미지를 자세히 살펴보도록 하자. 이제 우리는 이 집을 살펴볼 수 있는 분석 도구들을 충분히 가지고 있고, 그동안 섣불리 관련성이 제기되던 실증주의적인 집과도 분명하게 구별할 수 있게 되었으므로 조금 더 자세히 들여다볼 수 있을 것이다. 지금 우리가 보고 있는 것은 캘리포니아의 어느 집에 있는 수영장에서 다이빙을 하는 일상적인 장면이다. 물거품이 수영장 주변의 공중으로 흩어지는 순간, 단순하게 처리된 건물의 세심한 윤곽이 전체 장면의 틀을 잡으며 다른 요소들에 반향을 일으킨다. 무덥지만 깨끗하고 고요한 분위기 속에 푸른 하늘을 배경으로 아열대 기후임을 암시하는 야자수가 서 있고, 평온한 수평선과 밋밋하고 따뜻한 색상의 건물 표면이 보인다. 이제 우리는 일상에 대한 긍정적 시선과 미적 경험으로 승화되는 평범한 순간에 관해, 자연적 환경과 인공적 환경 사이의 상호작용으로 인식되는 공간과 안락함의 기반이 되는 기술의 발전, 그리고 정당하고 바람직한 목표로서 개인적 쾌락에 대해 말할 수 있다. 호크니와 여타 팝 아티스트들을 통해 우리는 "바로 지금 여기"를 우주의 중심으로 바라보는 관점을 발견하게 된다.

그럼 이제 알쿠디아에 있는 집으로 들어가서, 사람들이 수영장에 발을 담그고 대화를 나누는 장면으로 눈을 돌려보자. 알레한드로 데 라 소타가 그린 다른 장면과 마찬가지로 건축이 대기 속으로 녹아드는 장면이다. 예를 들어 산들바람과 격자창 뒤로 비치는 역광과 그림자의 즐거움을 느끼

214   1960년대 후반에 생겨난 개념 미술 또는 설치 미술의 한 경향. 대자연을 재료로 하여 표현하고 일정 기간 전시 후 철거하는 반문명적·반자본주의적 예술이다. 대지예술earth-art이라고도 한다.

지 못하거나 티끌 하나 없이 말끔한 근대 건축의 분위기와는 달리 이 집이야말로 전통적인 시골집의 선선한 공기와 그늘을 재현하는 진정한 장치임을 인식하지 못한 채 이 집에 들어서기는 어렵다. 풍성한 그늘과 건물의 중앙을 관통하는 긴 거실, 그리고 마요르카식 페르시아나[215] 등 이런 요소와 함께 시골집을 그토록 기분 좋게 만드는 것은 바로 공기다. 얼마나 쾌적한 공기인지, 거기 있으면 한가한 삶, 가까이 있는 바다의 쾌락적인 강렬함 그리고 느리게 흘러가는 하루를 피부로 느끼게 된다. 이를 통해 우리는 피카소가 살았던 지중해 집의 행복한 모습, 그 영원과도 같은 행복한 순간에 대한 은유적 경험을 자연스럽게 떠올리게 된다.

그러나 이러한 기억과 관련해서 흥미로운 점은 이 집이 지중해 지역의 전통적 건축 방식을 의도적으로 활용해 지어졌다는 것이다. 사생활을 보호하고 작은 대지 면적의 효율성을 높이기 위해 전통적으로 활용되는 계단식 대지垈地 조성, 일광욕실 겸 바다를 조망하는 테라스가 되는 옥상, 중앙 거실을 중심으로 구성된 평면, 격자창 및 슬라이딩 외벽의 사용, 공기 순환을 촉진하고 바다의 메아리처럼 어른거리는 빛이 거실로 스며들 수 있도록 배치된 수영장, 차양과 등나무 덩굴 그리고 영역감을 강조하기 위해 경계 부분에 심은 나무들…. 이 요소들은 모두 이 집에 멋지게 구현되었는데 알레한드로 데 라 소타는 이에 관해 순수한 감각을 경험하게 하려는 의도였다고 설명했다. 그가 이 프로젝트를 통해 무엇을 추구했는지, 그리고 이러한 비물질적인 해법이 어떻게 프로젝트의 중심 개념이 되었는지를 이해하려면 그의 노트를 보는 것만으로 충분할 것이다. 공기 그 자체만으로 우리가 휴가와 지중해변 집의 행복하고 즐거운 삶의 조건을 상상할 수 있게 만든다는 점에서, 결국 이 집은 공기로 이루어진 프로젝트라고 할 수 있다. 데 라 소타가 말했던 것처럼 "건축은 우리가 마시는 공기이지만, 냄새와 지식으로 가득 찬 공기, 건축 그 자체에 의해 변형되는 공기이다."

이번에는 슐만이 촬영한 피에르 코에닉의 「케이스 스터디 하우스 #22」(할리우드힐스, 1959)로 이동하여 이 위대한 사진작가가 세심하게 준

---

215   페르시아나는 강한 햇빛과 바람을 막기 위해 창문에 덧댄 문이다.

비해놓은 무대를 살펴보기로 하자. 그는 이 집의 이미지를 만들어낸 주요 인물이자 라파엘 소리아노[216]가 설계한 가장 멋진 집에서 살았던 적이 있다. 사진 속의 두 여인은 먼발치에 펼쳐진 로스앤젤레스의 야경을 바라보며 즐겁게 수다를 떨고 있다. 여유로워 보이는 이 여인들을 통해, 우리는 실용주의적인 집의 주체와 계보를 분명하게 알아볼 수 있다. 이 장면을 좀 더 무거운 분위기의 다른 장면과 비교해보자. 강인하고 원숙한 모습의 하이데거가 호기심 어린 눈빛으로 우리를 바라보는 동안 부지런한 그의 아내가 좁고 어두컴컴한 실내에서 요리를 하는 장면이다. 물론 집에는 당연히 주인공이 있는데, 그 많은 다른 유형의 건물들 속에선 숨겨져 있거나 눈에 띄지 않았던 여성이 아니라 자신이 보통 사람들과 다름없는 평범한 사람이라고 느끼며 집과 도시에서 잘 지내고 있는 여성이다. 그녀는 전통적인 여성도 아니지만 그렇다고 소비주의에 물든 여성도 아니고 도쿄의 노마드 소녀도 아닌 자유롭고 활동적인 여성이다. 가정에 대한 이러한 관념을 구축한 것도 그녀의 비전과 백 년 이상 이어온 투쟁이다. 실용주의적인 집에는 CIAM 회의나 과학적 추론 방법 또는 최소한의 주거 유형과 같은 개념이 존재하지 않는다. 집안일domesticidad도 경험적으로 충분히 짐작할 수 있다. 가족 구성원이 각각 독립된 생활을 할 수 있는 공간이 필요하다는 점을 고려할 때, 이 집의 공간은 너무 크지도 않고 작지도 않다. 문제가 되는 건 공간의 규모가 아니라 공간의 유지다. 일반적으로 실용주의적인 집에는 한 가족 – 혹은 오늘날 널리 확산되고 있는 또 다른 가족 유형도 포함해서 – 이 거주한다고 가정하는데, 그 구성은 기껏해야 두 세대 정도로 이미 축소된 상태고, 무엇보다 개성을 존중하는 쪽으로 기울고 있어서 전통적으로 존재해온 부모, 자식의 역할 또한 크게 약화되었다. 따라서 이 집은 고용인을 완전히 없애기로 하되 이를 다양한 공간적 전략으로 보완한다는 개념에 따라 가능한 한 번거로운 일을 피하도록 설계된, 문자 그대로 기계화된 집이다.

실용주의의 집은 1868년경에 여성 운동가들의 대규모 투쟁을 바탕

216   라파엘 소리아노Raphael S. Soriano(1904~1988)는 그리스 태생의 미국 건축가이자 교육자이다.

으로 건설된 것이다. 이들은 집이 여성들에게 노예와도 같은 "고통"과 속박의 공간이라고 문제를 제기했다. 그 무렵 처음으로 여성의 노동에 대한 정당한 보상 문제가 의제로 떠올랐고, 그 결과 전통적인 공간 구성에도 의문이 제기되기 시작했다. 돌로레스 헤이든[217]이 『위대한 가정 혁명The Grand Domestic Revolution』[218]에서 설명한 페미니즘적 유물론은, 유토피아적 사회주의와 마르크스주의의 영향을 받은 가장 급진적인 주장부터 청교도적 도덕이 주입된 것까지 매우 다양한 형태로 나타나게 된다. 그렇지만 이러한 주장이 전제하는 것은 여성의 역할, 눈에 띄지 않은 존재감 그리고 결국 완전한 소외로 이어지고 끝없이 반복되는 고된 노동에 대한 비판이다. 이러한 현실에 맞서기 위해, 멜루시나 페이 퍼스[219]는 협동조합의 관점에서 가사노동의 집단화를 주장했고, 캐서린 비처[220]는 협동조합의 급진적 기술화를 주장했다. 하지만 여성의 고통을 없애는 문제는 일관되게 실용주의라는 진보적 사회 사상과 연결되어 있었다. 이는 멜루시나가 윌리엄 제임스와 함께 실용주의를 창시한 찰스 샌더스 퍼스와 결혼한 사례가 보여주듯이 개인적인 문제도 반영된 것이다. 캐서린 비처는 『가정 경제 논고A Treatise on Domestic Economy』(1841)[221]와 여동생인 해리엇 비처 스토우[222]와 함께 쓴 『미국 여성의 집The American Woman's Home』(1869)[223], 두 권의 저서를 통해 실용주의 주택의 발전에 엄청난 영

217　돌로레스 헤이든Dolores Hayden(1945~)은 마르크스주의 페미니스트 도시계획가이자 건축이론가이다. 하버드대 재학 중이던 1970년대 초에 전문직 여성들의 작업환경 개선을 위해 여성건축, 조경, 도시계획가 협회를 설립했고 도시 공간의 사회적 중요성에 주목했다. 대표작으로는 『위대한 가정혁명The Grand Domestic Revolution』이 있다.

218　Hayden, Dolores, The Grand Domestic Revolution: A History of Feminist Designs for American Homes, Neighborhoods, and Cities, The MIT Press, Cambridge (Mass.), 1981. [원주]

219　멜루시나 페이 퍼스Melusina Fay Peirce(1836~1923)는 19세기 '협동적 가사cooperative housekeeping' 운동을 주도한 것으로 가장 잘 알려진 미국의 페미니스트 운동가이다.

220　캐서린 에스더 비처Catharine Esther Beecher(1800~1878)는 건강과 가정의 영역을 긴밀히 결합하면서 개혁운동을 전개했던 대표적인 여성 교육가이다.

221　Beecher, Catharine, A Treatise on Domestic Economy. For the Use of the Youngs Ladies at Home and at School, Harper & Brothers, New York, 1841. [원주]

222　해리엇 비처 스토우Harriet Beecher Stowe(1811~1896)는 『톰 아저씨의 오두막』으로 잘 알려진 미국의 작가이자 노예 해방론자이다.

223　Beecher, Catharine & Harriet, The American Woman's Home, or, Principles of Domestic

가사일을 전담하는 일곱 명의 하녀들, 돌로레스 헤이든의 「위대한 가정 혁명」에서 인용,
사진: 찰스 반 샤익, 1905년경.

향을 미쳤다. 그녀는 가사 노동의 전문화라는 기치를 내걸고, 난방, 환기, 배관, 조명, 가스스토브 등 그 당시 사용 가능하던 다양한 기술을 활용하여 유지 관리를 간소화하고 유연한 공간 개념과 활동 면적의 대폭 축소를 통해 효율성에 중점을 둔 주택 모델을 제시했다. 그녀의 노력 덕분에 처음으로 공기라는 환경적 요소는 있으나 마나 한 비활성 상태에서 벗어나 주거 디자인의 중심 주제가 되었다. 이제 집은 기술화의 측면에서 계획되어 개념과 구성의 급격한 변화를 맞게 된다. 따라서 집은 기술이라는 핵심 요소를 갖추고 당시 유행하던 빅토리아풍의 부르주아 주택의 규범을 바꾸게 레이너 번햄은 그의 저서 『온화한 환경의 건축 The Architecture of the Well - Tempered Environment』에서 다음과 같이 언급했다.

이 모든 것은 난방과 배기가 가능한 단일 도관을 통해 이루어지며 그 관 주변으로 깨끗한 공기와 온수를 배출하는 장비가 통합돼 있어서 오염된 공기는 회수되어 배출된다. 이같은 '나뭇가지형' 배관설비 시스템의 문제점은, 집의 외벽에서 두 가지 기능, 즉 외기를 차단하고 빛을 받아들이는 기능만을 남겨두고 전통적인 환경 기능을 모두 제거한다는 것이다. 벽난로나 굴뚝, 수도관도 사

Science, J. B. Ford & Co., New York, 1869. [원주]

라졌고, 이 무렵엔 안전하게 경량 프레임 구조를 이용할 수 있었기 때문에 단열벽 기능도 제거되었다. 이에 관해 캐서린 비처는 이렇게 말했다. "이는 통합된 서비스 코어 시스템이 처음 도입된 것으로, 주택 평면은 방들의 집합이 아니라 건물에 통합된 특수 가구와 장비로 차별화된 개방형 레이아웃의 자유 공간이 되었다." 이는 버크민스터 풀러의 「다이맥션 하우스」(1927)[224]의 기본적 기능과 구성을 미리 보여준 것이라고 할 수 있다.[225]

224 리처드 버크민스터 풀러Richard Buckminster Fuller(1895~1983)는 미국의 건축가이자 디자이너로 최초의 지능형 주거인 지오데 돔 「다이맥션 하우스Dymaxion House」를 만들었다.

225 Banham, Reyner, *The Architecture of the Well-Tempered Environment*, The Architectural Press, London, 1969 (스페인어 번역본: *La arquitectura del entorno bien climatizado* [공기가

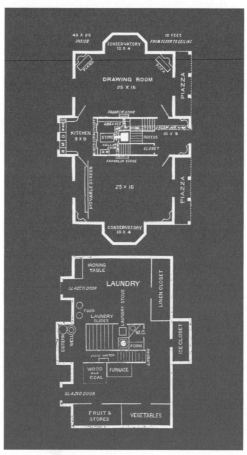

「크리스천 하우스」의 평면(위쪽이 1층, 아래쪽이 지하층), 캐서린&해리엇 비처 스토우의
「미국 여성의 집」에서 인용,1869년.

환경 및 경량 외피에 대한 이러한 개념은 버크민스터 풀러뿐만 아니라 프랭크 로이드 라이트에게도 영향을 미쳤는데, 이들의 기술 및 공간적 구상은 캐서린 비처 스타일의 설계 방법론을 완전히 양식화한 것으로 볼 수 있다. 우리는 이 두 건축가와 함께 머물면서 실용주의 주택에서 근대 실증주의의 독립적이고 자율적인 계보를 완성할 수도 있다. 하지만 우리에게 더 흥미로운 점은 비처의 선구적인 구상, 그리고 실용주의 주택을 규정하려 했던 모든 시도가 실내 면적의 문제를 강조한다는 점이다. 즉 가정에서의 노동, 그리고 여성의 고통과 관련해선 바닥면적을 최소화할 수 있는 프로그램이면 문제가 해결될 수 있다는 것이다. 르코르뷔지에가 "냄새를 피하기 위해" 주방을 2층에 두자고 했던 제안 – 이는 주방과 식당을 모두 1층에 두는 경우와는 차원이 다른 문제다 – 을 떠올려보거나, 그가 설계한 에스프리 누보 파빌리언과 미스의 중정 주택 연면적이 300㎡라는 점을 감안해보자. 만약 이를 유사한 주거 매뉴얼에서 제시하는 90~100㎡(대다수의 공공주거 면적)라는 면적과 대비시켜 본다면, 가족의 위계성이 해체된 점과 여성의 새로운 역할이 무엇인지 알 수 있을 뿐만 아니라 기술적 발전의 의미 및 실효성과 관련해서 실용과 실증의 두 사유를 가르는 결정적인 차이점을 분명하게 확인할 수 있을 것이다.

2차 세계 대전이 끝나자 군사용 산업제품이 민간 용도로 전환되면서 실용주의 주택은 완전한 성숙기에 들어서게 되었다. 줄리어스 슐만이 이 시기에 20세기 주택의 역사를 사진으로 기록했다. 이때 주로 여성 독자층을 대상으로 존 엔텐자가 기획한 잡지《예술과 건축*Arts & Architecture*》[226]은 이론과 실무를 통합하려는 의도하에 기술 및 문화적 변화 과정에 실용주의가 적응한 수많은 사례를 보여주었다. 레이와 찰스

잘 조절된 환경의 건축], Ediciones Infinito, Buenos Aires, 1975). [원주]

226 발행인이자 편집장인 존 엔텐자John Entenza의 기획으로 1938년 창간되어 1967년 폐간된 미국의 디자인, 건축, 예술 잡지이다. 1945년에서 1966년까지 진행된 「시범주택 프로그램*Case Study House Program*」의 전 과정을 담았으며 그래픽과 편집 디자인의 수준을 끌어올리는 등 미국식 모더니즘을 이룩하는 데 크게 기여한 것으로 평가된다.

임스[227], 라파엘 소리아노, 피에르 코에닉, 크레이그 엘우드[228] 등은 자신들에게 가상의 의뢰인이라 할 수 있는 인물인 존 엔텐자를 발견하고, 로스앤젤레스에선 19세기의 매뉴얼에서 시작된 실용적 주택의 이상을 펼치기에 적합한 작업환경을 찾게 된다. 당연한 결과로, 이들의 집단적 탐구를 주목했던 또 다른 인물인 에스더 맥코이[229]는 자신의 저서 『케이스 스터디 하우스 1945-1962』에서 이에 관해 면밀히 다루었다. 이러한 노력 덕분에 지적 위상에 걸맞은 실용주의적 주택이 마침내 실현될 수 있었고, 당시의 기술 혁신에 가장 부합하는 계획 방법을 선보일 수 있었다. 전후 상황에서 기술적 핵심인 배관설비 시스템은 더 이상 주택 구성이 양극화되지 않게 멈춰세웠다. 이로써 기술이 집약된 중심부는 사라지고 기술화가 집 전체로 확산된다. 이제 집은 중심을 둘러싸는 구조 대신 더욱 개방되고, 위치나 규모로는 전통적인 위계 구조를 쉽게 인식할 수 없는 동질적인 구성을 취하게 된다. 따라서 집 전체는 기본적인 유형 안에서 경제적으로 배치된 넉넉한 크기의 방으로 구성된다.

가사 노동의 고통을 없애려는 시도는 시공 과정의 어려움 또한 제거하는 결과로 이어진다. 따라서 편의성과 기술의 단순화는 집 안 전체에 적용되어야 할 가치가 된다. 집은 이제 편의성의 관점에서 계획, 시공되어 거주하는 것으로 인식됨으로써 기술적, 심리적 복잡성과는 거리가 멀어진다. 이제 우리는 시간을 가장 가치 있는 재료이자 건설자재로 인식하게 된다. 따라서 시간을 최소화하는 것은 추상적인 경제적 의미, 즉 실존적 편리함의 표상으로 나타난다. 에스더 맥코이는 자신의 책에 건설 중인 주택의 사진을 수록하면서 기본적인 기술적 특성을 직접적으로 보여준다. 실용주의적인 공간은 영속적인 현재에 존재하기 때문에, 어떤 목적론적 의미나 근원 또는 초월적인 기반을 갖지 않는다. 그런 의미에서 실용적인

---

227 찰스 임스Charles Eames(1907~1978)와 레이 임스Ray Eames(1912~1988)는 건축 설계사자 가구 디자이너로 임스 체어로 유명한 '임스 룩Eames Look'의 창시자이다.

228 크레이그 엘우드Craig Ellwood(1922~1992)는 미국의 저명한 모더니즘 건축가이다.

229 에스더 맥코이Esther McCoy(1904~1989)는 미국의 건축 사학자로 캘리포니아의 현대 건축을 세계에 알리는 데 기여했다.

집은 실존적인 집이나 실증주의적인 집과 정반대로, 공간과 가구의 기계화에 따른 즉각적인 편의성과 느슨하게 체계화된 점유 형식을 선호한다. 기능적인 내부 공간에서 우리는 개인과 공용 공간이 동일한 공간적 가치를 갖고 있을 뿐만 아니라 기계가 제공하는 실내 환경의 안락함을 발견하게 되는데, 이는 공적인 것과 사적인 것 사이의 명확한 구분을 없애는 결과로 이어진다. 기계, 그중에서도 특히 자동차, 전화, 텔레비전은 하이데거가 언급한 바 있는 '피상적이고 진정성 없는 세계'를 집 안으로 들여온다. 이처럼 공적인 세계 또는 미디어가 제공하는 세계가 집 안으로 들어오면서 오래된 가족의 응집력과 위계적인 성격의 실내 공간 구조가 바뀐 것은 사실이다. 하지만 이러한 움직임과 미디어의 도입이, 실용적 주택에서 하이데거적인 진정성을 사라지게 한 것은 아니다. 오히려 집 전체의 물질문화가 인공적이고 산업적일 뿐 아니라, 더 정확하게는 소비주의적으로 변하게 된 현상 때문일 것이다. 더 구체적으로 말하면, 집은 의류나 가구부터 건설 시스템에 이르기까지 체계적으로 분류된 카탈로그를 통해 구할 수 있는 산업제품으로 지어진다는 것이다. 따라서 집의 물질 문화가 유행이라는 변수의 영향을 받는 상황이 된다. 다시 말해 유행이 집의 일시적 성격을 결정하고, 거주자의 필요성이나 순수한 욕구로 인해 프로그

크레이그 엘우드 & 피에르 코에닉의 「케이스 스터디 하우스 #16」 시공 현장, 사진: 에스더 맥코이, 1951년.

램을 재조정하는 경우에도 유행이라는 변수가 집의 변화 양상에 큰 영향을 미치게 된다.

보다 쾌적한 삶과 더 효율적인 산업생산을 위해 필요한 부품이 더해지면서 가볍고 가변적이며 편안하고 일시적인 공간이라는 하나의 패러다임이 탄생하게 된다. 이 공간이 보여주는 최대한의 형식적 결과물은 여행 기념물, 어린 시절에 몰두했던 물건들 그리고 DIY 조립품 등으로 구성된 임시적인 내부 장식일 것이다. 이에 관한 가장 "고전적"인 결과물은 찰스와 레이 임스가 디자인한 가구에서 나오게 된다. 그들의 가구는 인체 공학적 연구를 통해 편의성을 추구하는 디자인으로, 칩보드, 성형 플라스틱, 경합금 등 1950년대부터 이용 가능해진 소재와 기술을 활용하여 시장에서 경쟁력 있는 가볍고 경제적인 디자인을 창출하기 위한 순수한 시도였다. 결국 기계화의 상징성에 호감을 드러내던 사람들의 관심이 이제는 인간의 자세에 대한 탐구로 이동한 것이다. 이는 미국식 "예절", 즉 격식을 차리지 않는 편안함을 반영하는 것으로, 노먼 록웰[230]의 그림이나 임스 부부가 자신들의 모습을 찍은 사진―유럽인의 취향에는 좀 유난스럽게 보이는―에서 드러나는 스타일이다.

이제 기계는 더 이상 영웅적이지 않다. 대신 실제적이며 눈에 띄지 않게 사라지는 쪽으로 진화한다. 그리고 눈에 띄는 대상으로서 기계가 가졌던 물신적 가치를 더위와 추위, 습도, 환기, 밝기, 단열, 방음, 안전 등과 같은 안락함의 조건으로 대체하려는 경향을 띤다. 실용주의적 공기는 가장 넓은 의미에서 "적절히 조절된acondicionado" 공기다. 이론가이자 훌륭한 실용주의자였던 윌리스 캐리어[231]는 이 공조기술을 전 세계로 확산시킨 인물이다. 이 기술은 우리 시대의 건축 유형과 도시 형태에 커다란 영향을 미쳤다.

그러나 이는 단순히 기계적 수단을 통해 공기를 "조절"하는 문제만은

---

230 노먼 퍼시벌 록웰Norman Perceval Rockwell(1894~1978)은 미국의 화가이자 일러스트레이터로 미국 중산층의 일상생활을 친근하게 묘사한 작품들로 유명하다.

231 윌리스 해빌랜드 캐리어Willis Haviland Carrier(1876~1950)는 미국의 공학자로 공기조절 기술, 즉 에어컨의 발명자로 익히 알려져 있다.

임스 라운지 체어와 오토맨, 찰스 & 레이 임스, 1956년.

아닐 것이다. 이제 건축물 자체와 배치, 재료적 특성은 수동적인 환경적 편안함을 제공하게 된다. 따라서 진정한 의미의 실용적 주택은 능동적인 공기조절 기술과 패시브 시스템을 제대로 통합하는 집이다. 이것이 바로 알쿠디아에 있는 알레한드로 데 라 소타의 집에서 느낄 수 있는 공기와 같은 것이며 주변과의 상호작용에 관한 존 듀이의 생각, 즉 환경과의 교류를 조절하는 틀로서 건축에 대한 그의 비전과 정확히 일치하는 사례다. 지난 수십 년간 실용적 주택을 정의하는 과정에서 융합된 생태적 입장을 상당 부분 예견하는 것으로, 새로운 기술의 출현과 더불어 문화 및 기술적 변화, 환경적 감수성이 커지면서 일어나는 변화다.

이제 호크니가 어느 화창한 날, 덧없이 사라지는 순간을 화폭에 영원히 고정해놓은 집으로 돌아가보자. 그리고 그 집을 실존을 위협하는 폭풍이나 현상학적인 비와 일몰, 도쿄 노마드 소녀의 불안하고 소비적인 밤, 니체적 시간의 관조적 흐름, 또는 실증주의 주택의 평평한 옥상에서 볼 수 있는 청교도적 일광욕 치료 장면과 비교해보기로 하자. 실용적 주택은 건강관리의 측면에서 여유롭고 거리낌 없는 쾌락을 보장하는 "좋은 날씨"에서 최고의 순간을 누린다. 그곳은 스프링클러가 소리를 내며 돌아가고, 수영장에 뛰어들며 생긴 물거품이 아직 공중에 떠 있는 정원이다. 그것은 일상의 우연함 속에서 아주 덧없이 사라지는 아름다움을 감상할 수 있는 세심한 시선을 통해서만 예술 작품으로 변화하는 일상의 풍경이다. 이 주의 깊은 시선은 집을 사유하고 건설하고 거주하는 특별한 방식으로, 실용주의적인 프로젝트의 기법 그 자체다.

그러면 구체적으로 실용적인 재료란 어떤 것일까? 그 물질적, 형태적 측면은 설계과정에서 어떻게 드러나는 것일까? 우리는 실용적 행동이 직접적으로 반영된 결과로서 시공 과정의 기술적 단순성에 관해 이미 언급한 바 있다. 이런 의미에서 건축과 재료의 개념에 대한 실용적 접근방식은 분명 근대 건축가들이 산업화된 시스템과 그에 따른 건축 프로세스에 대해 갖는 인식과 유사하다 ─이런 이유로 다수의 관련 문헌에서 실용적인 집이 신비화된 듯하다─. 하지만 여기서 주목할 점은 개별 부재가 시스템 안에 녹아들고, 확장되는 전체 공간의 일부로서 문제 없이 연결되기 때문에 더 이상 기계적인 모습을 띄지 않게 된다는 점이다. 레이와 찰스 임스의 집은 시장 메커니즘을 통해 이 시대와 연결된 게 사실이지만, 여러 상업용 카탈로그에 나오는 제품처럼 일반적인 자재들 중에서 고른 부품으로 지어지고 마감되었기 때문에, 실용적 태도의 전형적 사례가 될 수 있었다. 실증적인 기술 혁신에 이어 건축가의 작업은 그의 영웅인 과학자 겸 발명가를 모방하여 상업적 특허를 통한 건설 시스템을 구축하는 방향으로 이동한다. 그런 점에서 이제 건축가의 독창성과 관련된 영웅 서사나 디테일에 대한 민감성은 더 이상 존재하지 않을 것이다. 결과적으로 건축 재료가 이미 시장에 완전히 포섭된 상황에서 이 두 가지 미덕은 사라질 수밖에 없다. 이와 같이 상업적 경향에 물든 실용적인 집은 소비재처럼 임시적인 물질성을 획득하게 되고, 모든 것이 소비에 적합한 형태의 슈퍼오브제 superobjeto로 인식된다. 옷, 자동차, 취미, 가구, 가전제품 등 그 안에 살고 있는 사람의 물질문화를 자기동형自己同形automorfismo적으로 복제하는 슈퍼오브제 말이다.

호크니의 그림은 이 모든 것을 정확하게 보여준다. 집, 날씨, 자연 등 모든 것은 따스하고 단조로운 색상을 통해 현실의 한 장면이 아니라 세트장이나 영화처럼 보인다. 매혹적이면서도 진부한 광고 같은 느낌으로 그려진 이 그림이 일으키는 감정은 하이데거의 집에 어울리는 "진정한" 실존

또는 장소와의 자기 동일시 같은 감정과는 결코 연관되지 않을 것이다. 오히려 "웰빙bienestar"이라고 불리는, 실용적인 물질문화를 중심으로 빠르고 강력하게 확산되는 안락함이란 개념과 더 가까울 것이다. 하지만 실용적인 집의 건축과 그 물질성은 단지 건물을 짓는 데에 그치지 않는다. 지형을 다듬고 자연 환경을 변경하는 작업은 산업적 시스템의 한계를 벗어나 건축가에게 안락함을 가능케 하는 건축의 가능성을 제공해주기 때문이다. 호크니가 그린 두 그루의 야자수는, 인공적으로 형성된 플랫폼과 유칼립투스 나무가 임스 하우스를 가려주면서 동시에 퍼시픽 팰리세이즈 해변을 향해 확장하는 듯한 장면을 구성한다. 이는 알레한드로 데 라 소타가 작업 도중 건물의 디자인을 바꿔가면서 계획지의 지형을 변형한 것과 유사한 점이 있다. 그러면 여기서 데 라 소타가 알쿠디아 프로젝트를 어떻게 설명하는지 주목해보자.

생물학에 따르면, 인간은 본능적으로 자신만의 영역을 가지려는 경향이 있다. 기후가 온화할 땐 사자가 포효하고 여우가 오줌 냄새를 남기는 것처럼 자신의 영역을 표시하는 것만으로도 충분했다. 하지만 인간의 고유한 특징, 즉 사생활에 대한 선천적 욕망을 충족시키려면 일하고 쉴 수 있는 보호된 장소가 필요하다. 인간은 자신의 집에 울타리를 치면서 이 모든 것을 얻을 수 있었지만 자연을 잃게 되었다. 그래서 인간은 자연 전체가 아니라 그 일부라도 복구할 방법을 찾으려 했다. 그런 과정에서 파티오patio가 나타난 것이다. 파티오는 폼페이에서 미스에 이르기까지 여러 곳에서 찾을 수 있는데, 특히 스페인 전역에 나타난다. 공간이 허락하는 경우 파티오는 집 안쪽에 있기 마련이지만 그렇지 못한 경우에는 담으로 둘러싸인 인접한 공간이 파티오가 된다. 자연을 소유하려는 욕망이 너무도 널리 퍼진 탓에 시골의 담장만큼 특색 있는 풍경은 없을 정도다. 수 킬로미터에 달하는 돌과 건물의 잔해가 최고의 담장을 구축했다. 이 프로젝트에서 내가 의도한 것은 더 많은 프라이버시를 제공하기 위해 여러 형식의 담을 가진 도시 주거 단지를 만드는 것이었다. 담으로 둘러쳐진 내부 공간은 포도나무와 등나무, 각종 덩굴식물 등으로 뒤덮여 그 안에서 거주자는 사생활을 보장받게 된다. 이런 식으로 작은 땅이 커다란 주거지의 성격을 갖게 된다. 우리는 포도나무가 그늘을 드리우는 덩굴 아래에서 살게 된다. 도로 건설 노동자나 건널목지기의 쉘터를 모르는 사람이 있을까? 그늘진 테라스는 또한 '잠망경'의 역할을 해서 각 세대에게 멀리 있는 산과 바다의 전망을 제공한다. 바닷물로 채운 작은 수영장도 추가된다. 건축물은 전체가 조립식으로 제작되어 공장에서 어디로든 — 이 경우는 마요르카로 — 운송된다. 단조 처리된 금속 패널과 파티션, 공장에서 제작된 설비, 대형 바닥재 등은 모두 쉽게 조립할 수 있다. 이렇게 하면 시간이 절약되고 품질이 보장되며 때로는 기존 건물과 거리가 먼 형태가 만들어지게 된다. 어느 집에서나 바다를 바라볼 수 있고, 모두가 사생활을 누릴 수도 있을 것이다. 내 아이디어는 개방적인 집을 위해 대지와 정원을 집의 일부로 만들고 그 위를 덩굴식물 부겐빌레아와 포도 넝쿨로 덮는 것… 그리고 옥상에 전망을 겸한 일광욕실을 두는 것이었다.[232]

이 글에는 실용적인 기술과 재료의 물성을 멋지게 결합하려 한 건축가의 의도가 잘 나타나 있다. 여기서 우리는 앞서 언급한 모든 측면들을 볼 수 있다. 그것은 대지를 능숙하게 다루며 상업적 기술, 시공의 용이성과 구조재의 경량화, 미스에서부터 토착건축의 전통에 이르기까지 과거를 활용하여 현재를 풍요롭게 만드는 방법, 즉 실용적인 현재, 공기의 활성화, 수동적 조절 장치이자 슈퍼오브제로서의 건축 같은 개념이다. 그의 주변에서 교육받을 수 있었던 우리에겐, 당시 모두 부정적으로 여기던 지형 조작이나 산업기술을 과감하게 적용하는 소타를 보며 그의 신념을 확인하는 즐거움이 컸다. 하지만 더 큰 즐거움은 그가 의도적으로 이런 기술을 사용하여 건설 과정을 세련되고 간결하게 마무리하는 모습을 목격하는 것이었다. 예전에는 노력과 땀, 그리고 웅장한 규모의 건물에 대한 감동과 흥분이 있었던 반면, 이제는 시설을 향유하는 즐거움과 육체적 노력을 대체하려는 지적 노력이 등장했으며, 억지로 향수를 자극하거나 고된 노역을 떠올리게 하는 것들은 모두 사라졌다. 그동안에는 "쉬운facilón"이라는 단어가 경멸적으로 쓰였다면, 이제는 "어려운dificilón"이라는 단어가 그런 뜻을 갖게 되었고, 운동선수의 근육질 점프는 발레리나의 민첩한 비상으로 대체되었다.

실용적 건축가는 무엇보다 관습을 표현하는 사람이자, 일상에서 시적인 차원을 추구하며 이미 알려진 것을 다른 관점으로 해석하여 시적 광채를 부여할 수 있는 사람이다. 건설의 측면은 물론 지형 조작 같은 물질적 측면을 중요시하는 태도는 이러한 관점에서 해석되어야 마땅할 것이다.

---

232 De la Sota, Alejandro, *Alejandro de la Sota, arquitecto* [건축가 알레한드로 데 라 소타], Pronaos, Madrid, 1989. [원주]

우리가 이러한 문제를 초월할 수 있는 것은, 일상적이고 인습적인 측면들을 일방적으로 포기함으로써가 아니라, 일상 안에서 건축 행위가 지닌 시적인 힘을 인식함으로써 가능하다. 설계 단계에서 이루어지는 결정은 건설과 관련된 모든 사람에게도 영향을 미친다. 이런 생각에서 출발한 실용주의 건축가는 근대의 사회적 메시아주의와는 아무런 상관이 없는 사회에 지속적으로 관여하게 된다. 이제 카탈로그는 실용주의 건축가의 도구가 되었다. 예컨대 임스 부부나 데 라 소타의 경우를 생각해보면 그 사실은 분명하다. 이들의 작업은 "발명"이 아니라 "의도"에 관한 것으로, 사회가 만들어낸 제품을 새롭고 특이한 용도와 목적에 적용하여 건축 과정의 핵심 차원을 재확인하려는 것이다. 그것은 바로 감동과 아름다움을 자극할 수 있는 존재로 비춰지길 기대하며, 지금 여기서 "있는 그대로의 모습으로" 현재와 나누는 대화이다. 이처럼 간편함을 추구하면서 건축가의 작업에서 극적 요소를 배제하게 되면 미니멀리스트의 취향에 속하는 디테일의 순수성 이상의 무언가가 나타나기 마련이다. 여기서 건축가들이 옹호하는 것은 순수함이 아니라, 간편성을 전 과정으로 확대시켜 불필요한 노고를 줄이는 것이다. 따라서 건설 과정은 고통을 덜고 연대를 이루어내는 계기가 된다. 실용주의자들에게는 지켜야 할 근본적인 진리가 없으며, 저 너머의 근원이나 궁극적인 것을 위해 희생해야 할 것도 없다. 고통을 줄이는 과정에 기여함으로써 효과적이고 진보적인 작업이 전개될 수 있다. 이러한 관점이 시사하는 대로 작업한다면, 누구든 실용주의 미학을 구체적으로 발전시킬 수 있을 것이다.

이러한 연대의 관점은 구조의 단순화와 경량화를 수반하며, 이는 특별한 "비물질적 현상학"으로 이어진다. 하지만 이는 "유사 비물질성casi inmaterialidad"이라고 하는 것이 더 정확할 듯하다. 왜냐하면 그 "유사"라는 말에 물리적인 경험의 구성으로 이루어지는 건축과 오늘날의 기술적 발전 사이의 연결 고리가 존재하기 때문이다. 이는 데 라 소타가 기술의 사용과 실용주의 미학 사이의 관계에 대한 풍자적인 아포리즘에서 표현한 바와 같이, "가능한 한 아무것도 없는 공간lo más nada posible"에 도달하는 것을 의미한다. 완전한 지식이라는 것은 없다. 실용주의 건축가는 디테일이 필요없기 때문에 굳이 거기에 얽매이지 않는 사람이자, 호환 가능한 하위 시스템의 조립 또는 몇 가지 간단한 작업으로 재료와 시공과정을 줄일 수 있는 사람이다. 애당초 데 라 소타가 보여준 역설적 측면, 즉 실용적인 측면에서 디테일을 없앴다는 점은 실용적 사유에서 "시스템"이라는 개념의 중요성을 이해할 수 있게 해주는 열쇠가 된다. 이러한 관점은 건축가에 대한 전통적인 인식을 시스템 창조자라는 다른 개념으로 대체한다. 여기서 시스템은 내적 관계에서 논리적인 질서를 만들어낼 뿐만 아니라, 놀라움과 모순을 허용할 만큼 이 질서를 개방적으로 유지할 수 있어야 한다. 게임의 규칙과 마찬가지로, 좋은 시스템은 경제성과 그것이 창출하는 개방성, 그리고 불확정성의 정도에 의해 측정된다. 결국 창의적인 프로젝트는 놀이행위 속에서 전개되는 것이다.

이제 우리는「케이스 스터디 하우스」와 알쿠아디아 주택이 지닌 매력을 잠시 제쳐두고, 오늘날 문화 현상에서 이 주택들이 갖는 중요성을 짚어보며 실용주의 주택의 타당성과 유효성에 관해 살펴볼 차례다. 이를 위해서라면 로스앤젤레스를 떠나지 않고도 프랭크 게리가 설계한 주택의 생생한 존재감을 떠올리기만 하면 된다. 앞에서 포스트휴머니즘 주택과 앤디 워홀의 로프트의 생생한 존재감에 대해 말할 때 거론한 두 가지 사례를 떠올려도 좋을 것이다. 프랭크 게리의 주거 건축 작업은 1950년대에 진행된 실험의 활력을 보여주는 것으로, 시스템과 게임의 개념에 대한 새로운 해석으로 이해될 수 있으며, 이는 가장 경제적인 시스템과 상업적 특허권까지 개방하고 이전하여 현재의 사회적, 미적 조건을 표현하도록 부추기는 그의 능력에서 비롯된 것이다. 일반적으로 이러한 작업은「케이스 스터디 하우스」의 전형적인 특징인, 압축적이면서도 확장성을 갖는 공간 구성을 세분화한 것이며, 1950년대에도 여전히 존재하던 질서 및 균일성의 매력과는 대조적인 '차이점', 예컨대 기하학과 형태, 재료, 규모 등을 신중히 탐구함으로써 얻어진 것이다. 게리의 작품은 그가 물려받아 새로운 공간적 패러다임으로 발전시킨 풍부한 유산에 주목하지 않는다면 이해하기 어려울 것이다. 이는 하나의 전통, 더 구체적으로는 건축을 대하는 방법과 태도로서 도요 이토와 가즈요 세지마[233]와 같은 동시대 건축가들에게 분명한 영향을 미쳤다. 특히 이들의 작품은 누구보다도 새로운 기술적, 사회적 조건들과 함께 부상하는 환경적 감수성이 어떻게 "가벼움"또는 "시스템"과 같은 개념의 재정의로 이어지는지를 잘 보여준다. 단지 주거용 건물뿐 아니라 이들의 모든 프로젝트는 컴퓨터 기술의 "비물질성"은 물론 자연과 관련된 새로운 조형적, 과학적 개념에 의문을 제기하는 형식으로 진행된다. 데 라 소타와 마찬가지로, 이들의 작품에서도 실용적 방법인 기술과 자연이라는 두 주제가 등장하지만, 이제는 실용주의 철학 자체가 그러하듯이 변화라는 아이디어에 맞게 시대를 달리해서 특정한 내용으로 등장한 것이다. 도요 이토의 「실버 헛Silver Hut」(도쿄, 1984)과 가즈요 세지마의 사이슌칸 제약회사 기숙사(구마모토, 1991)에는 일시적인 현재에 기초한 시스템을 구축하려는 의지뿐 아니라, 더 이상 가벼움이라는 조건에 집착하지 않고 한 상태에서 다른 상태로 변하는, 다시 말해 "쉽게 바뀔 수 있는" 상태로 나아가려는 의지 또한 눈에 띈다. 이는 알레한드로 데 라 소타가 말한 "가능한 한 아무것도 없는 공간"과 마찬가지이다.

"유동적 공간espacio líquido"은 도요 이토가 자연 환경과 현재의 유동적이고 비물질적인 기술 환경의 유사성에 주목해, 창의적 실용주의를 촉발할 수 있는 메타포로 제안한 공간이다. 하지만 그는 "현대의 건축가는

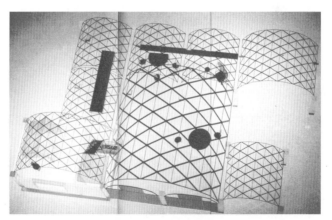

도요 이토의 자택 「실버 헛」 개념도, 토요 이토, 1982년.

233　가즈요 세지마妹島和世(1956~)는 일본의 건축가로 프리츠커상을 수상한 두 번째 여성이다.

80%의 실용주의와 20%의 상상력이 결합된 경우가 가장 이상적이다."라고 주장하면서, 시스템을 게임으로 전환하는 맥락을 일상 언어를 이용해 정확히 표현하고, 이 두 가지를 통해 우리 시대를 재기술할 수 있는 일관된 건축적 체계로 바꾼다.

　　여기서 내가 후안 에레로스[234]와 함께 실현한 프로젝트인 「AH 주택」 (1994)을 언급하지 않고 넘어가긴 어려울 듯하다. 이 프로젝트는 오늘날 시장에 보급된 기술 시스템의 단순성과 가벼움을 새로운 건축 패러다임으로 전환하려는 시도를 보여준다. 이 프로젝트에서 집은 곡물 수확기나 트랙터, 유조선처럼 자족적인 슈퍼오브제로 간주되어, 전통적인 도상학과 배치 시스템은 모두 소비 논리에 더 부합하는 공간 및 장식적 실험에 자리를 내줄 수 있다. 이런 방식으로 기술과 자연 사이의 다양한 관계가 확립되어 오늘날 거주자의 문화적, 물질적 소비 패턴에서 분명하게 나타나는 변화를 고려한다. 이 프로젝트의 보고서에는 다음과 같은 설명이 나와 있다.

「AH 주택」과 전통 주택의 관계는 스와치Swatch와 추시계의 관계와 같다. 그것은 기술적 변화이기도 하지만 습관의 변화, 사람과 사물이 관계를 맺는 방식의 변화를 말해주는 것이다. 다시 말해 「AH 주택」은 현대 물질문화의 산물로서, 산업 생산에서 경제성과 연관된 내구성 개념의 수정을 바탕으로 소비주의 논리에 문화적 신뢰성을 지닌 제품을 도입한 것이다. 그렇다고 해서 '나쁜 기술'을 은폐하거나 구식 기술을 확산시키려는 의도를 가진 것은 아니다. 실제로 이 주택은 '과학적' 이미지를 과시하는 감각적인 건물들보다 훨씬 더 기술적이며, 동일한 부품과 시스템으로 구성되어 있기 때문에 적어도 내구성만큼은 오늘날 건물의 최고 수준이다. 이는 시간에 대한 새로운 개념을 통해서 인간의 삶과 그를 둘러싼 사물의 안전성은 감소하고 모호성이 증가하는 상황에 걸맞는 제품을 제공한다는 것을 의미한다.[235]

234　후안 에레로스JuanHerreros(1958~)는 스페인의 건축가로 현대 건축의 전통을 프래그머티즘적인 관점에서 재해석한 작품을 만드는 데 주력하고 있다.

235　Ábalos, Iñaki & Herreros, Juan, *Áreas de impunidad* [면책의 영역], Actar, Barcelona, 1997. [원주]

우리는 기술과 자연의 관계를 비유적으로나 환경적으로 재정의하기 위해 실용적 상상력을 적용한 동시대의 여러 실험과 프로젝트를 볼 수 있다. "시스템"의 구축은 유형적 재료에만 국한되지 않고, 기술적인 건축 재료인 공기도 문제 삼는다. 사실 이러한 환경적 쾌적함에 대한 문제 제기는 지금까지 방문했던 주택에선 없었던 것으로, 실용적 태도를 가장 명확하게 보여주는 특징이다. 이러한 특징은 기계적 에너지 시스템에 대한 관심이 더 커지는 현상으로 나타나는데, 특히 1970년대 에너지 위기 이후에는 패시브 시스템에 대한 관심이 급증하는 현상으로 나타나기도 한다.

생태학Ecología은 어원적으로 가정oikos과 연관된 단어이다. 그것은 환경과 관련하여, 가정이라는 자원을 합리적으로 관리하는 데 필요한 지식 전반을 다룬다. 여기서 흥미로운 점은 바로 환경과 건축물 사이의 상호작용을 돕는 공기의 활성화가 갖는 의미다. 이는 비처, 풀러, 「케이스 스터디 하우스」 그리고 데 라 소타의 경우에서 이미 확인한 바와 같이 기술과 자연의 관계를 "재기술"하는 환경적 약속으로, 흔히 생태학적 감수성으로 포장되는 낭만적 향수와는 거리가 멀다.

실용적 건축가는 에너지 소비와 환경에 미치는 영향을 최소화하는 시스템을 만들기 위해 시장에서 제공되는 기술 간의 조화를 모색한다. 이 문

「AH 주택」, 이나키 아발로스 & 후안 에레로스, 마드리드, 1994년.

제에 대해 더 탐구하려는 독자는 환경 기술에 관한 자료를 참고할 수 있는데, 여기서 몇몇 아이디어를 찾을 수 있다. 예를 들면 계획지의 규모와 같은 패시브 시스템적 자원과 더불어 경량재의 정확한 사용법, 구성 요소의 해체가 가능한 건식 조립 시스템, 바니시나 페인트 같은 접착식 마감재의 배제 등과 같은 것이다. 구조적 단순성과 함께 공기를 건축적 재료로써 다루는 문제는 오늘날 환경 문제에 민감한 기술적 개념의 토대를 형성한다.

따라서 번햄이 『로스앤젤레스: 네 가지 생태적 건축』을 쓰게 된 이유를 이해하긴 그리 어렵지 않다. 이 낙관주의적 선언문은 『정신착란의 뉴욕』과 대조적으로, 탁월한 실용주의적 도시가 마침내 현대 도시를 건설하는 가장 진보적인 방식 중 하나로 학계로부터 인정받았다는 것을 보여준다. 1933년 「아테네 헌장」[236]이 도시의 실증주의적 이상화를 공식화한 순간 이후 38년이란 시간이 흐른 뒤에야 비로소, 어쩌면 가장 명백한 모순으로 간주되던 로스앤젤레스시를 진지한 연구 대상으로 삼을 수 있었던 것이다. 번햄의 책은 확실히 선언문 스타일의 글에서 흔히 발견되는 공격적인 낙관주의에 빠져 "로스앤젤레스(…)는 찰나적인 도시 풍경 속의 찰나적인 건축이다."[237] 라고 언급하며, 이 도시가 가진 엄청난 사회 문제를 지나치게 가볍게 다루고 있다. 그러나 이 문제는 마이크 데이비스[238]의 『수정의 도시』[239]에서 중심적인 주제로 다루어지는데, 이 책은 번햄의 책과 훌륭한 대조를 이루는 당대의 저술이다. 하지만 번햄의 저서에서 눈에 띄는 것은 그 접근 방식으로, 로스앤젤레스의 지형을 해안, 언덕, 평지, 고속도로 등 네 가지 하위 시스템으로 분류함으로써 이 도시를 새롭게 재해석한 것이다. 이처럼 지형을 네 가지 하위 시스템으로 분류한 목적은 지리, 기후, 경

236 Le Corbusier, *La Charte d'Athènes*, Plon, Paris, 1943 (스페인어 번역본: *Principios de urbanización: La Carta de Atenas* [도시계획의 원칙: 아테네 헌장], Ariel, Barcelona, 1971). [원주]

237 Banham, Reyner, *Los Ángeles. La arquitectura de cuatro ecologías* [로스앤젤레스: 네 가지 생태적 건축], *op.cit.* [원주]

238 마이클 라이언 데이비스Michael Ryan Davis(1946~2022)는 미국의 정치 활동가이자 도시 이론가로, 권력과 사회 계급을 다룬 『수정의 도시*City of Quartz*』(1990)가 대표작이다.

239 Davis, Mike, *City of Quartz. Excavating the Future in Los Angeles*, Vintage Books, New York, 1992 (스페인어 번역본: *Ciudad de cuarzo: arqueología del futuro en Los Ángeles* [수정의 도시: 로스앤젤레스 미래의 고고학], Lengua de Trapo, 2003) [원주]

제, 인구 통계, 기술 및 문화의 상호작용을 반영하기 위함이다. 즉 불과 200년 전만 해도 해안의 사막 지대에 지나지 않던 곳에서 오늘날 활기 넘치는 대도시로 변모하기까지 이 도시의 특수한 생태학을 보여주는 것이다. 이러한 재해석은 '대중적 서사시epopeya pop'로 이해될 수 있지만, 무엇보다 도시를 인공적인 생태계로 묘사하고 "일반적인 것에서 특수한 것으로" 계획된 모델이란 개념에서 벗어나 환경과 창의적으로 상호작용하면서 살아갈 수 있는 현대인 – 실용적 인간? – 의 능력을 묘사하려는 최초의 시도로 볼 수 있다. 그런 의미에서『로스앤젤레스: 네 가지 생태적 건축』은 현대적 도시의 이상화와 그 결과물에 대한 매서운 시험대이자 – 이 지점에서 팀텐도 신랄한 비판을 받는다 –, 도시의 지형과 상호작용하는 생태적 건축 개념을 지지하기 위한 호소이다.

실용적 도시, 즉 실용적인 시민이 살고 있는 도시는 자연의 물리적 환경을 도시 조직의 핵심적이고 능동적인 요소로 융합한다. 그것은 모든 자연경관이 일반 도시의 균질화된 덮개 아래 통합되는 포스트휴머니즘적인 비전과 다르다. 실용주의적 도시에서 물리적 환경은 자연과 인공물의 균형 잡힌 혼합, 즉 개별 주택의 개념을 영토 전체로 동질적이고 광범위하게 재현하는 것을 추구한다. 그리고 이러한 열망을 구체화하는 초기 과정에서 교외 주거 지역의 무차별적인 확장이 이루어지며, 시간의 낭비뿐 아니라 엄청난 에너지와 생태학적 낭비라는 결과를 초래했다면, 오늘날 실용주의적 상상력에 제기된 과제는 다음과 같다고 볼 수 있다. 자연적인 것과 인공적인 것 사이에 새로운 균형을 이룰 수 있는 도시, 확장 가능성과 동시에 응집력 있는 도시 모델을 어떻게 개발할 것인가, 그리고 시골과 도시의 구분을 없애려는 열망을 다양한 정치, 경제적 환경과 맥락에 어떻게 적용시킬 것인가. 이러한 과제는 최근에 와서야 부분적으로나마 도시 문화의 일부를 형성하기 시작했고, "지속 가능한 도시"라는 슬로건 아래 아직은 명확치 않은 일련의 연구와 제안으로 서서히 구체화되고 있다. 그 목표는 물리적 환경 자원, 기술 개발, 기존의 문화와 사회적 기대 사이의 긍정적인 균형을 가져올 수 있는 성장과 발전 방법을 예상하는 것이다. 우리는 1992년부터 코르시카 섬 – 흥미롭게도 코르시카는「아테네 헌장」의 탄생 배경이 된 유람선의 방문지 중 하나다—에서 개최되어온 '에코테크 회의EcoTech Congress'에서 이러한 접근 방법의 사례를 찾을 수 있다. 오늘날 이 섬은 더 이상 근대 도시를 건설하는 일을 그만두고 휴식을 취하는 관광지가 아니라, 그 자체로 연구 대상이자 현대 도시를 환경과의 균형의 측면에서 실질적으로 고려하는 방법을 배우는 장소다. 모든 섬이 다 그렇듯이 이제 이 섬 또한 시간이 지남에 따라 조심스럽게 유지되고 보존되는 위태로운 생태계로 인식될 것이다. 이는 근대 도시와 환경에 대한 파괴적인 영향과 대조되는 사례.

물론 이것은 이른바 "도시 생태학"이 제기하는 유일한 과제가 아니다. 이주 및 이동 현상과 정치적 또는 자연적 재난으로 인한 문제나 인종과 성, 종교적 소수자 같은 문제들은 더 포괄적인 생태적 메커니즘의 일부로 다루어야 한다. 그러기 위해선 포스트휴머니즘이 만들어낸 현대적 주체의 추상화를 넘어서, 전문적 상상력과 상충되지 않는 통합적 해결책을 찾아야 한다. 실용적인 "재해석" 작업은 끊임없이 변화하며, 명확히 구분되는 사실과 상황이 뒤섞이는 혼성화를 바탕으로 다양하고 이질적이며 상호 구속력을 갖는 환경을 구축하고, 오늘날 시민의 감성과 갈등을 시적으로 표현할 수 있는 "대화"를 가능하게 해준다.

오늘날 우리가 호크니의 캘리포니아 그림을 비롯해 우리의 기억 속에 각인된 슐만의 20세기 스냅 사진, 그리고 데 라 소타의 스케치와 레이너 번햄의 글에서 확인할 수 있는 것은, 복지사회의 결과물인 연대적이고 민주적인 "대중적 낙관주의optimismo pop"에 대한 약속으로, 이는 빛나는 준거이자 모범적인 출발점을 형성한다. 그러나 이는 도시와 가정이 모두 변화하는 사회에 맞게, 기술적 패러다임과 자연에 대한 새로운 해석을 통해서 주체에 대해 다시 숙고할 필요가 있다. 이 주체는 더 이상 1950년대의 여성이 아니라 오늘날엔 분간하기 어려운 '다양한' 모습으로 재등장한 주체이며, 이런 주체의 해방은 우리의 도시와 가정환경의 미래를 규정할 것이기 때문이다. 실용주의 주택은 이질적인 사유와 거주 형식을 한데 모으는 복도가 있는 호텔로 볼 수 있으며, 그런 의미에서 삶과 문화, 기술을 복합적으로 다루는 이 책과도 유사하다고 볼 수 있다. 따라서 실용주의적 주택은 시스템에 내재된 이질성을 재생산하는 하이브리드 미학의 장으로, 매우 정교한 재료와 가장 오래된 재료가 혼합된 물질성을 통해 그 전체가 데이터 네트워크로 에워싸인 그 아름다움이 섬광의 형태로만 우리에게 드러나는 마그마 혹은 복합체다. 여기서는 무엇이 가볍고, 무엇이 밀도가 낮으며, 무엇이 어려운지 우리는 거의 알 수 없다. 이러한 순간은 강렬함과 단순함이 예상치 못한 방식으로 결합하는 호크니의 그림 속 물거품 또는 도요 이토의 액체 공간과 같은 것으로, 수영장에 잠긴 채 화면에 독특한 분위기와 활기를 부여하면서 수면 아래 깊은 곳에서 수면 밖의 우리에겐 금지된 것을 은밀히 숙고하는 보이지 않는 주체에게 나타난다. 실용주의 주택은 분명 건축가에게 상당한 정도의 상상력을 요구하는데, 그것은 호크니가 우리에게 남겨준 것보다 훨씬 더 깊고 멋진 다이빙을 요구한다.

추가 참고도서 목록

AA VV, *La arquitectura de Frank Gehry* [프랑크 게리의 건축], Editorial Gustavo Gili, Barcelona, 1988.

Ábalos, Iñaki, "The Construction of an Architect", AA VV, *Alejandro de la Sota 1913-1996. The Architect of Imperfection*, Architectural Association, London, 1997, pp.52-61. [이와 유사한 스페인어 번역본: Ábalos, Iñaki; Llinàs, Josep; Puente, Moisés, *Alejandro de la Sota*, Fundación Caja de Arquitectos, Barcelona, 2009.

Ábalos, Iñaki & Herreros, Juan, *Técnica y arquitectura en la ciudad contemporánea. 1950-1990* [현대 도시에서의 기술과 건축. 1950-1990], Nerea, Madrid, 1992.

_____, "Toyo Ito: el tiempo ligero [도요 이토: 가벼운 시간]", *El Croquis*, N° 71(*Toyo Ito*), Madrid, 1995, pp.32-48.

Baudrillard, Jean, *Le Système des objets*, Éditions Gallimard, Paris, 1968 (스페인어 번역본: *El sistema de los objetos* [사물의 체계], Siglo XXI, Ciudad de México, 1992).

Drexler, Arthur, *Charles Eames, Furniture from the Design Collection*, Museum of Modern Art, New York, 1973.

Eames, Charles, "What is a House?", *Arts & Architecture*, Los Angeles, July 1994, pp.32-37 (스페인어 번역본: *¿Qué es una casa? ¿Qué es el diseño?* [집은 무엇인가? 디자인은 무엇인가?], Editorial Gustavo Gili, Barcelona, 2007).

Eames, Ray; Neuhart, John & Marilyn, *Eames Design. The Work of the Office of Charles Eames and Ray Eames*, Harry N. Abrams, New York, 1989.

Giedion, Sigfried, *Mechanization Takes Command*, Oxford University Press, 1948 (스페인어 번역본: *La mecanización toma el mando* [기계화가 지배한다], Editorial Gustavo Gili, Barcelona, 1978).

Ito, Toyo, *Escritos* [저작집], COAAT/Librería Yerba, Murcia, 2000.

_____, "Vortex and Current", Architectural Design, London, september/october 1992.

Linger, Mark, "Architectural Theory is No Discipline", Kipnis, Jeff (ed.), *Strategies in Architectural Thinking*, The MIT Press, Cambridge (Mass.), 1992, pp.166-180.

Marras, Amerigo (ed.), Eco-tec. *Architecture of the In-Between*, Princeton Architectural Press, New York, 1999.

Neuhart, John and Marilyn, *Eames House*, Ernst & Sohn, Berlin, 1994.

Rajchman, John & West, Cornel (eds.), *Post-analytic Philosophy*, Columbia University Press, New York, 1985.

Rybczynski, Witold, *Home, a Short History of and Idea*, Viking Penguin, London, 1986 (스페인어 번역본: *La casa, historia de una idea* [주거, 어느 아이디어의 역사], Nerea, Madrid, 1989).

Scott-Brown, Denise & Venturi, Robert, *Aprendiendo de todas las cosas* [모든 것에서 배우기], Tusquets, Barcelona, 1971.

Venturi, Robert; Izenour, Steve; Scott-Brown, Denise, *Learning from Las Vegas*, The MIT Press, Cambridge (Mass.), 1977 (스페인어 번역본: *Aprendiendo de Las Vegas* [라스베이거스에서 배우기], Editorial Gustavo Gili, Barcelona, 2016).

나오는 말

이제 우리의 주택 탐방을 마치려 한다. 긴장되고 강렬했던 일곱 번의 방문이었고 이젠 휴식이 필요한 시점이다. 하지만 가상이 아닌 실제 방문에서도 그렇듯이 여정이 급작스레 끝나는 상황은 피하는 게 좋을 듯하여 여기서 우리의 탐방에 대해 몇 가지 코멘트를 하고 마지막으로 방문한 집 앞에서 작별 인사를 하기로 하자. 아울러 나중에 다시 이 주제로 되돌아갈 수 있도록 잠정적인 답사 보고서를 작성하여 나중에 다시 이 주제를 다루기 앞서 우리의 소감을 정리해두기로 하자. 설사 개인적으로 그런 순간이 찾아올지라도 초기의 관심이 사라지고 아무것도 남겨 놓은 게 없다면, 이 여정에 대한 기억이 떠오르지 않을 수도 있기 때문이다. 물론 이와 상반되는 경우도 있을 수 있다. 예컨대 어떤 문장이나 이미지는 그것을 처음 발표한 사람에겐 별 의미가 없을지도 모르나 우리에게는 진정한 계시로, 우리의 작업이나 생각에 극적으로 영향을 미치는 무언가의 시작으로 판명될 수도 있다. 이는 마치 어떤 사람이 미스 반 데어 로에의 드로잉을 연구하기로 결정한 후, 그의 드로잉을 그토록 매력적으로 만드는 비결이 무엇인지 자문하는 사람에게 일어날 수 있는 일과도 같다. 이 사람은 고의든 우연이든 드로잉의 기법이나 구성적 측면 같은 일반적인 관심 대신 그 드로잉이 갖는 의사소통의 효율성과 설득력, 그리고 매혹적인 아름다움에 대해서만 파고들 수도 있으니 말이다.

이러한 탐방 끝에는 그 어떤 처방이나 교훈도, 그 어떤 확신도 남지 않는다. 이미 언급한 바와 같이 우리의 탐방 목표는 애당초 그런 것과 거리가 멀다. 오히려 주거에 투영된 다양한 판타지의 기원과 의미를 이해하기 위해 일련의 데이터를 제공하고, 건축 문화가 수십 년간 경험해온 순수함의 소멸을 유도하는 도구로서, 그 주요 목표는 "근대성을 잊는 법을 배우는 것"이란 문구로 간단히 요약할 수 있겠다.

지금까지 탐방을 통해 우리는 오늘날 건축가가 여전히 경험하고 있는 분열상을 명확히 떠올릴 수 있게 되었을 것이다. 이는 실증주의적 방법론에 얽매여 있는 여러 관행들과, 기존과는 다르게 프로젝트에 접근하는 방법을 요구하는 문화 및 개인적 경험 사이에서 건축가가 느끼는 분열상이다. 우리의 탐방 과정은 깊은 확신의 산물인 고정 관념에 의문을 제기하는 역할을 했을 것이다. 이러한 고정 관념은, "내가 그렇게 느꼈기 때문에"라는 동어반복 외에는 그 어떤 설명도 허용하지 않는다. 그렇다면 자축하면서 결과를 기다리는 수밖에 없다. 왜냐하면 고정 관념의 위기는 늘 근본적인 변화로 이어지는 출발점일뿐 아니라, 우리가 마지막 탐방에서 알게 된 사유, 즉 고정된 진리는 존재하지 않는다는 리처드 로티 식 재해석의 진정한 의미이기 때문이다.

우리는 20세기의 잔해를 마음대로 사용할 수 있다. 그러한 잔해들이 가정 공간이라는 형태로 다양하게 펼쳐지는 현실을 보면서 우리는 근대의 정통적인 실증주의를 여러 이념 중 하나로, 가장 화려하게 빛났지만 가장 빠르게 사라져버린 이데올로기로 축소하는 것이 최선이라 판단했다. 이러한 관점에서 볼 때 20세기는 우리에게 이질적이면서도 흥미로운 유산, 즉 광기에 사로잡힌 주택으로 이루어진 진정한 컬렉션을 남겨준 셈이다. 우리는 이렇게 운도 좋고 별났던 부모와 조부모를 둔 덕분에 그처럼 진정한 사치를 누릴 수 있는 행운을 가진 것에 대해 기뻐해야 마땅하다. 하지만 우리가 건축가라면, 이러한 상황에 대처하고 관리하는 방법, 그리고 무엇보다 이러한 유산을 늘리고 업데이트하는 방법 또한 알아야 할 것이다.

이러한 문화적 풍요로움에 기여하고자 하는 바람은 이제 마무리 단계에 접어든 이 책에 내재된 소망이기도 하다. 이 책의 의도는 어떤 주장을 체계적으로 발전시키고 규칙이나 새로운 신념을 제시하는 데 있지 않다. 그보다는 오히려 질문의 수를 늘리고, 여기서 우리가 방법론적 가치나 일정한 의도를 갖고 기록해두었던 질문을 제기하는 데 있다. 이는 앞으로도 유일한 탐색 장비가 될 일련의 질문들로서, 우리가 개별 주택을 방문하는 동안 계속해서 제기되어 결국 질문 자체가 하나의 함축적인 구조를 형성하게 된 질문이다.

집은 누구를 위한 것이고 집을 가질 자격은 누구에게 있는가? 그리고 우리는 어떤 수단을 가지고 집을 정의하는가? 이 같은 질문이 암시하듯 모더니즘과 그에 따라 제시된 "가족 유형"을 기억에서 지우려는 시도는, 서로 다른 철학이 주체의 이미지를 구성하고 계획한다는 확신에서 시작된다. 이는 건축가가 존재의 틀을 상상하는 방법과도 유사하다. 그렇다면 이러한 주체와 철학은 어떤 시간과 공간 개념을 암시하는 것일까? 시간과 공간은 세계에 자리 잡는 방식의 앞면과 뒷면, 즉 동전의 양면과 같다. 오늘날 수많은 학술 논문에서 접할 수 있는 시간 개념은 공간의 패러다임에 관한 탁월한 단서를 제공한다. 따라서 이러한 시공간 개념을 통해 각각의 집과 가정의 개념이 그 자체로 빛을 내는 특별한 공간과 시간을 선택할 수 있다는 것은 상상하기 쉽다. 만약 우리가 시간/공간이라는 쌍을 통해 어떤 건축 패러다임을 찾아낼 수 있다면, 거의 곧바로 나타나는 또 다른 쌍, 즉 집과 자연, 공공과 개인 사이에 확립된 관계에서도 같은 일이 일어날 것이다. 따라서 자연과 도시는 가정에 내재된 재료이자 대비를 통해 서로를 드러내고 구분하여 아무리 평범한 집이라도 세계를 완전히 담아낼 수 있다는 것을 보여준다. 우리가 거시적 개념에서 미시적 개념으로 옮겨가는 경우에도 비슷한 일이 일어난다. 예컨대 물질문화, 사람들이 선택하는 물건과 그 상징적 의미를 묻고, 사물과 장식의 세계 그리고 공간이 인간에 의해 점유되는 방식, 사생활과 안락함이란 개념이 어떤 관계를 가지며 그 공간이 누구를 위한 것인지에 대해서 질문을 던지는 경우에도 그렇다. 우리는 그런 가치와 이상화가 환기시키는 디자인 기법에 관해 성찰하고, 다양한 공간적 패러다임이 건축가가 사물을 구성하는 과정에서 어떻게 독특한 기술과 관점을 요구하는지 밝혀내야 할 것이다.

여기서 제기된 관점에서 볼 때 집단 주거 구조의 구성이나 분포 특성, 방향, 밀도 등은 엄밀히 말해서 주거의 이상화 가능성, 즉 오랫동안 다른 주택을 상대로 한 주도권 다툼에서 승리해온 주택의 이상화 작업과는 거의 상관이 없다. 현대인들이 좋아하는 과학적 용어를 빌리자면, "문제점"이라고 부를 수 있는 이런 내용과 관련해 다양한 질문들이 제시되면서, 우리는 건축이라는 전문 분야 안에서만이 아니라 현대 철학 체계와 우리를 규정하고 존재의 틀을 구성하는 다양한 예술적, 물질적 실천의 측면에서도 더욱더 자신감을 가지고 이러한 문제에 맞서야 할 것이다.

　필자는 「들어가는 말」에서 이 책의 가장 큰 실용성은, 결정적인 순간에 우리의 작업에서 이념적이고 비판적인 성격을 담고 있는 디자인 방법에 의문을 제기하는 것에 있다고 언급한 바 있다. 이제 디자인 방법의 발전은 건축과 집을 본질적 의미에서 예술적 창조물로 보는 접근 방식의 출발점으로 온전히 인식될 수 있다는 점을 강조하면서 글을 마무리해야 할 것 같다. 결국 우리가 지금까지 수행한 주택 방문은 집이 그 안에 담긴 삶과 얽힌 다면적이고 주관적인 창조물이자 거의 완전한 예술품이라는 사실을 보여준다. 그러나 공교롭게도 이는 무모한 판단이라고 할 수밖에 없다. 특히 오늘날 전 세계에서 집이 설계되고 지어지는 방식에 주목한다면 더욱 그렇다. 물론 현대 사회에는 이렇게 두루뭉술하고 뻔한 결론을 무시하고 말기엔 불리한 상황이 너무 많다. 그러므로 누구도 이런 확신이 현실을 그대로 수용하는 단순한 태도에서 나온 것이라고 여겨선 안 된다. 집을 예술로 정당화하는 것은 집과 예술이라는 두 개념에 대해 근본적인 질문을 던지는 경우에만 가능한 일이다. 이제 우리가 과거에서 물려받은 여러 가지 진부한 이슈를 잊어버리고 이 책에 기술된 관점에서 우리의 행동에 의문을 제기할 수 있다면, 전통적인 절차가 지닌 한계와 모순, 불완전성을 분명히 밝힐 수 있다는 가정하에 결론을 내려도 무방할 것이다. 하지만 원형이란 일종의 캐리커처와 같은 것이라서, 무자비하고 일관성 없이 진행되는 우리의 삶이 그처럼 단순한 원형적 형태로 "길들여질 수 있다"는 사실을 받아들이기는 어렵다. 이론적 입장, 즉 이 글이 지향하는 바는 독자들에게 어떤 지침을 제공하는 것이 아니라, 상상력으로 이어지는 발판의 역할과 더불어 주어진 제약을 넘어 우리 분야에 속하는 지식의 한계점을 탐구하는 것이다. 지금까지 이 책은 건축의 의미가 계획 방법에 대한 인식론적 한계 내에서 어떻게 제한되는지를 보여주려 했다. 어쩌면 그런 한계를 넘어서고, 상상할 수 없는 것을 사유하는 것이야말로 건축이라는 실천이 우리에게 던지는 가장 흥미로운 과제일 것이다. 우리가 방문했던 20세기의 아이콘 같은 건축적 원형들이 남긴 가장 강력한 가르침은 이것일 것이다. 즉 이 건축적 원형들을 인식론적 한계 밖의 급진적인 입장에서 사유하고, 이들이 배제해온 모든 것을 신뢰함으로써 전에는 상상조차 할 수 없었던 좋은 삶을 되찾아야 한다. 그러한 노력을 통해서만 아직 우리가 가져본 적 없는 집을 구상할 수 있고, 우리를 완벽하게 감동시키는 집을 지을 수 있다.

감사의 말

『굿 라이프』는 "우리가 아직 가져본 적 없는 집"이라는 제목의 건축학 강좌에서 비롯된 일련의 텍스트와 강의, 학회 및 세미나를 가급적 충실하게 되살린 내용이다. 1986년 후안 에레로스와 필자가 공동으로 준비하고 진행했던 이 강의는 시간이 지날수록 놀라운 방식으로 발전했다.

필자와 함께 마드리드 건축 학교Escuela Técnica Superior de Arqui-tectura de Madrid(ETSAM)에서 강의하는 교수들 - 페데리코 소리아노, 에두아르도 아로요, 페드로 우르사이스 - 과 다양한 강의를 수강하는 학생들은 이 연구가 진행됨에 따라 내용이 달라지는 여러 버전을 인내심 있게 듣고 나서 새로운 견해와 해석을 지속적으로 제시해주었다. 후안 나바로 발데웨그, 호세 이그나시오 리나사소로, 시몬 마르찬, 안톤 카피텔, 조안 부스케츠 그리고 안토니오 코르테스는 이 책의 출발점이 된 여러 학술 서적과 논문에서 깊이 논의된 건축가와 학자들이다.

앞서 언급한 바와 같이 후안 에레로스와 공동으로 작업한 이 책의 초고는 1996년 하비에르 루이왐바, 호세 안토니오 페르난데스 오르도녜스, 에두아르도 토로하, 루이스 란데로 그리고 라파엘 모네오로 구성된 탁월한 심사위원단으로부터 "에스테이코 재단 논문상el premio de Ensayo de la Fundación Esteyco"을 받았다. 이 논문의 중요성에 대한 심사위원들의 믿음과 조언 그리고 논평은 그 당시 어설픈 초고에 지나지 않았던 글을 체계적으로 발전시키도록 하는 데 결정적인 역할을 했다.

그 이후로 필자는 여러 장소를 방문하고 다양한 학술 행사들에 참여한 덕분에 논문을 올바른 방향으로 발전시킬 수 있었다. 단편적이고 즉흥적인 방식으로 더디게 진행된 준비 과정을 참을성 있게 지켜봐준 모든 분과 나를 초대하여 연구 활동에 결정적으로 도움을 준 연구 기관에 감사의 뜻을 전하고 싶다.

이그나시 데 솔라 - 모랄레스(바르셀로나 현대 문화 예술 센터Centre

de Cultura Contemporània de Barcelona/국제 건축가 협회International Union of Architects), 마누엘 가우사(『건축과 도시 공학Quaderns d'Arquitectura I Urbanisme』지/카탈루냐 국제 대학교 건축 학교Escuela Superior de Arquitectura de Universitat Internacional de Catalunya), 호세 마리아 토레스 나달(알리칸테 건축 학교Escuela Técnica Superior de Arquitectura de Alicante/발렌시아 건축가 협회Colegio Oficial de Arquitectos de Valencia), 하비에르 세니카셀라야(산 세바스티안 건축 학교Escuela Técnica Superior de Arquitectura de San Sebastián), 이그나시오 파리시오(바르셀로나 건설 기술 연구소Institut de Tecnologia de la Construcció[ITeC]), 비르힐리오 구티에레스(테네리페 건축가 협회Colegio Oficial de Arquitectos de Tenerife), 훌리오 말로 데 몰리나와 토마스 카란사(카디스 건축가 협회Colegio Oficial de Arquitectos de Cádiz), 루이스 모레노 만시야와 에밀리오 투뇬(메넨데스 펠라요 국제 대학교Universidad Internacional de Menéndez Pelayo), 미겔 세레세다(마드리드 예술원Círculo de Bellas Artes de Madrid), 에두아르드 브루(바르셀로나 건축 학교 Escuela Tècnica Superior de Arquitectura de Barcelona), 미겔 앙헬 알론소(팜플로나 건축 학교Escuela Técnica Superior de Arquitectura de Pamplona) 그리고 필자가 기억하지 못하는 여러 분들에겐 이 자리를 빌어 용서를 구한다.

상파울루 국제 건축 비엔날레Bienal de São Paulo의 루스 베르데, 몬테비데오 건축 학교Escuela Técnica Superior de Arquitectura de Montevideo의 토마스 스프레치만과 후안 바스타리카, 런던 건축 협회 Architectural Association of London의 모센 모스타파비, 뉴욕 현대 미술관Museum of Modern Art of New York의 테렌스 라일리, 뉴욕 컬럼비아 대학교 University of Columbia의 조안 오크만 등도 이 책의 구성 과정에서 다양한 시도와 함께 내용을 확장시킬 기회를 주었다.

팔로마 라소 데 라 베가는 아주 중요한 아이디어와 사진을 제공해주었고, 이 글을 즐겁게 쓸 수 있도록 모든 것을 내게 아낌없이 베풀어주었다. 이 책을 집필하고 편집하는 동안 우리는 마드리드, 포르멘테라, 로달킬라르, 엘에스코리알의 특별한 집에서 함께 살았다. 우리가 살았던 집들은 이 책의 여러 장에 분명한 흔적을 남겼다. 모니카와 구스타보 힐리, 사비에르 구엘은 편집 업무를 훨씬 넘어서는 관심과 애정을 보이며 이 책이 최종적인 모습을 갖추는 데 필요한 도움과 지원을 제공했다.

아욱실리아도라 갈베스는 항상 복잡하고 어려운 일을 완벽하게 처리하면서도 나를 도와 관련 자료를 찾고 준비해주었다. 카르멘 무뇨스는 인내심을 가지고 읽기도 어려운 원고를 정서해주었다. 편집과 관련해서 언제나 적절한 조언과 제안을 아끼지 않은 마리아 루스 벨레스와 내용에 딱 들어맞는 디자인 작업(초판 디자인)을 해준 에우랄리아 코마는 이 책의 의미를 강화하고 확장해주었다. 프란시스코 하라우타, 앙헬 하라미요, 에두아르도 아로요 그리고 후안 안토니오 코르테스는 원고를 비판적으로 검토해주었다. 그들의 솔직한 견해와 논평은 우리 모두에게 힘을 북돋아주었을 뿐만 아니라, 무엇보다 신중하게 최종 수정 작업을 해나가는 데 유용했다.

이와 더불어 이 책을 쓰는 과정에서 세 명의 마드리드 건축가들에게 커다란 마음의 빚을 졌다는 것을 밝히고 싶다. 사실 그런 결과를 미리 예상했던 것은 아니지만, 이 책에 등장하는 그들의 작품은 큰 비중을 차지하고 있다. 후안 나바로 발데웨그는 공기와 비물질에 대한 연구에서 역전이든 대칭이든 항상 두 가지 측면이 존재한다는 것을 알려주었다. 알레한드로 사에라 폴로는 필자와 함께 건축과 철학적 사유를 연관시키는 문제에 관심을 공유하며 필자가 현대의 실용주의에 관심을 갖게 해주었는데, 우리의 대화 중에 들뢰즈의 과잉 개념에 반대할 수 있었던 것도 그의 덕분이다. 한편 알레한드로 데 라 소타는 앞서 말했던 것처럼 적절한 순간에 상상과 환상을 품고 여행하도록 격려해주었다. 이 세 분에게 각별한 감사의 말을 전하고자 한다.

마지막으로 이 책의 아이디어를 떠올리던 순간부터 최종 수정 작업이 마무리되는 순간까지 많은 도움을 주었고, 지금까지 수많은 일을 함께하는 과정에서 필자가 많은 빚을 진 후안 에레로스에게도 심심한 감사의 뜻을 표하고 싶다. 그가 없었다면 이 책을 내는 것은 애당초 불가능했다고 말하는 것만으론 충분하지 않다. 사실 그가 없었더라면 이 책을 쓰는 과정이 지루하고 아무런 느낌도 없었을 것이다. 그랬다면 이 책의 제목이 약속하는것과는 상반되는 결과가 나오지 않았을까.

모두에게 감사드린다.

더 나은 삶의 방식을 찾아서

인류가 대지에 정착한 이후로 집은 단순한 거주 공간을 넘어 복합적인 실체로 변화를 거듭해왔다. 집은 시간 속에서 인간의 존재가 펼쳐지는 공간이자 더 나은 삶을 위한 꿈과 욕망이 투영되는 장소이며 아직 오지 않은 세계의 가상적 지도이기도 하다. 따라서 집은 잠재적인 "거주자"를 위한 '기다림의 시간–공간' 그 자체, 즉 새로운 주체를 형성하고 해체하는 지속적인 실험 과정이라고 할 수 있다. 그렇다면 누가 어떤 방식으로 집에 거주하고 그 공간을 소유하는가, 그리고 그러한 거주는 궁극적으로 어떤 세계관을 표현하는가가 가장 중요한 논점이 될 것이다. 하이데거의 강연 제목처럼 「건축하기 거주하기 사유하기」는 보로메오의 매듭과 같이 단단히 연결된 채 새로운 집과 주체, 그리고 새로운 삶의 형식을 사유하고 실천하는 생산적 계기로 작용할 것이다.

스페인의 건축가이자 교육자인 이냐키 아발로스Iñaki Ábalos의 『굿 라이프La buena vida』(2000)는 이러한 관점에 기초하여 20세기에 지어진 일곱 개의 주택을 탐방하면서 "삶의 방식들, 예컨대 오늘날 존재하는 다양한 사상과 주거 형식, 그리고 집을 설계하고 거주하는 방식들 사이의 관계를 연구"한다. 이 과정에서 저자는 오늘날까지도 실증주의 사상이 주거와 관련한 "원형적 관념"으로 지배적인 영향력을 행사하고 있다는 점을 문제 삼는다. 아울러 저자는 실증주의에 의해 억압되고 배제되거나 거기서 일탈한 흐름, 즉 그것과 완전히 다른 주거 공간 개념이 존재한다는 사실을 감지하면서 이를 구체적인 사례로 보여주려 한다. 결과적으로 이 책의 궁극적인 목표는 실증주의와 공리주의, 즉 근대성을 넘어 이상적인 삶과 거주의 형식을 포착하는 데 있다.

여기서 한 가지 주목해야 할 점은 저자가 탐방하는 집이 역사적으로 평가받은 실제 건축물에 그치지 않고, 기존의 규범에서 배제된 여러 갈래의 이질적인 요소들이 조합된 "가상의 공간"까지 다루고 있다는 사실이다. 다시 말해 저자는 역사적 실증주의를 이론적으로 비판하는 데 그치지 않고, 지배 이데올로기에 의해 부정된 요소들을 되살려냄과 동시에 이를 근대성에 대한 대안으로 제시하고 있다. 이를 구체화하기 위해서 저자는 실증주의 담론과는 반대로 독자와의 상상적 교감, 즉 대화를 통해 논리를 전개한다. (알레한드로 데 라 소타의 말처럼 "진정으로 건축을 즐기려면 가슴에 상상을 품고 여행할 줄 알아야 하고, 또한 가슴에 환상을 품고 비상할 줄 알아야 한다.") 결과적으로 이 책이 "안내자가 딸린 탐방"이라는 글쓰기 형식을 취하는 것은 당연한 일이다.

인식론적 한계 밖의 급진적인 입장에서 이 건축적 원형들을 사유하고, 이들이 배제해온 모든 것을 신뢰함으로써 전에는 상상조차 할 수 없었던 좋은 삶을 되찾아야 한다. 그러한 노력을 통해서만 아직 우리가 가져본 적 없는 집을 구상할 수 있고, 우리를 완벽하게 감동시키는 집을 지을 수 있다.[001]

이 책에서 저자는 이와 동일한 논리적 분석 및 서술 방법을 통해 주거 탐방을 진행한다. 우선 저자는 거주자의 주체성 구성과 더불어 시간과 공간에 대한 인식의 변화—특히 "시간에 대한 혁명적 변화"—를 비중 있게 다룬다. 그다음으로는 재료, 소재, 장식, 가구 등 주택의 물질적 성격의 변화에 주목하면서 사적인 공간과 공적인 공간, 내부와 외부, 주택과 자연의 관계를 분석한다. 그리고 주택과 도시 설계의 문제로 나아가면서 이 두 영역의 은유적 관계, 즉 주택을 도시의 은유로 파악하는 관점을 파고든다. 그런 점에서 이 책은 더 나은 삶을 위해 그동안 인간들이 모색해온 꿈과 노력의 기록이자, 역사 속에 묻혀버린 열정을 되찾으려는 시도일지도 모른다. 그

---

001   이러한 인식을 통해 저자는 실증주의적 관점의 전제 조건들을 비판하면서 지금까지 제도권 교육을 통해 무비판적으로 수용되어 오던 건축의 관례적 합의에 대한 해체 작업에 집중한다. 이는 완성된 건축물, 즉 하나의 '작품'보다 건축물을 바라보는 '시선'을 먼저 구성해야 한다는 저자의 문제의식에서 비롯된 것으로 보인다.

러면 먼저 근대 건축 설계의 원형을 이루고 있는 실증주의 주택부터 살펴보기로 한다.[002]

1. 근대성의 유산: 실증주의적 주택 혹은 감시하는 기계

저자는 영화감독 겸 배우인 자크 타티의 영화 「나의 삼촌Mon oncle」(1958)을 통해 근대성, 즉 실증주의적 패러다임의 위기를 풍자적으로 드러낸다. 아르펠 부부는 교외의 상류층 동네에 정원이 딸린 단독 주택–실증주의 주택의 전형–에 살면서 자기 아들과 삼촌 윌로 씨를 현대적인 삶의 방식에 통합시키려고 노력한다. 이 부부를 보면서 우리는 실증주의적 사고의 목표가 질서와 진보를 기치로 내걸고 과학에 의해 조직된 완벽한 사회로 나아가는 것, 즉 "종교의 초월성을 삶의 내재성에 적용"하는 것임을 확인할 수 있다. 실증주의 이론은 결국 "세계를 질서와 진보의 왕국으로 만드는 데 헌신하는 종교, '인류의 종교'가 될 것"이다. 여기서 개인은 완벽하게 작동하는 사회 전체의 유기적 일부일 뿐이다. 따라서 자율적인 주체로 존재하는 대신 산업화에 적합한 유일한 철학, 즉 실증주의에 의해 부과된 규범과 기준을 따라야만 한다. 그런 의미에서 타티의 영화는 개인 주체가 사회라는 기계 속에 완전히 통합되면서 사라지기를 꿈꾸는 실증주의의 이상에 대한 패러디이다.

아르펠 부부의 집에 거주하는 주체는 개인이 아닌 집단이며, "모범적인 가정"이다. 아르펠 부부는 엄격한 칼뱅주의적 도덕을 갖추고, 미래의 진보와 물질적 행복을 이루기 위해 기꺼이 현재의 가치를 희생하는 이들이다. 실증주의적 집과 거기에 거주하는 주체는 "기독교적 신앙의 목적론적 시간을 세속화된 모습으로 재생산하는 실증주의의 신학적 시간"을 통해 형성된다. 실증주의의 시간은 누적된 고통의 회상에 불과한 과거를 버리고 질서와 진보를 위해 오로지 앞으로만 흘러가는 시간, 미래가 약속하

002　저자는 이 책의 주요 비판 대상인 실증주의적 접근을 전체 텍스트의 중앙부에 배치하고, 이를 중심으로 반실증주의적 접근 방식을 앞뒤에 둠으로써 내용 전개에 기하학적인 구조를 부여하고 있다.

는 것만을 중시하는 "기억상실의 시간"이자 영원히 지연되는 시간이다. 이와 더불어 실증주의적 집의 공간 또한 "밀도가 없는 공간, 과거에 맞서 미래를 향해서만 투사된, 아무 기억도 없는 공간"에 지나지 않는다. 가족이라는 집합체를 외부에 투명하게 보여주는 실증주의 공간은 결국 도덕주의에 함몰된 나머지 권위주의적이고 억압적일 뿐만 아니라, 대중을 투명하게 감시할 수 있는 파놉티콘과 다를 바가 없다. 근대성의 유동적인 공간은 즐거움이나 고독을 향유하기는커녕, "계몽적 의도"에 따른 감시와 처벌에 밀접하게 연관되어 있다. 근대적 공간에서 개인적인 것은 밖으로 노출되고 사적인 영역은 사라지며, 친밀한 것은 처벌받는다. 따라서 높은 곳에서 주변 세계와 동료들이 사는 도시를 굽어보는 아르펠 부부의 집은 "감시하는 기계"나 다름없다.

　실증주의적 주체와 시간, 그리고 가시성과 투명성이라는 실증주의의 공간적 이상이 가장 잘 실현되는 장소는 거실이다. 따라서 집은 파놉티콘 모델을 가정에 적용한 것처럼 거실을 둥그렇게 둘러싸는 구조로 설계된다. 이와 동시에 거실은 그 외부에 테라스와 정원이라는 분신을 갖게 된다. 중립적인 텅 빈 소재인 유리가 그 두 공간을 분리하면서 공간의 밀도를 최대한 낮추는 역할을 한다. 이처럼 가시성을 과시함으로써 거주 주체인 가족은 더 높은 수준의 집단적 조직, 즉 사회적 유기체 속에 하나의 "세포"로 통합됨과 동시에 "집합 주거 블록"에서 그 궁극적인 표현 형식을 찾게 된다. 실증주의와 근대 유토피아적 사회주의 사이의 연관성이 여기서 엿보인다. 실증주의적 주거의 궁극적인 목적은 계몽주의 프로젝트로서 집합적 주거 블록을 통해 공공 공간, 즉 도시를 건설하는 것이다. 도시에 대한 과학적 원칙, 다시 말해 완벽한 질서를 갖춘 사회적 유기체에 도달하는 방법으로서 어바니즘urbanismo은 실증주의적 비전을 노동자 주택에서 도시 전체로 확장한다. 결과적으로 아르펠 씨 주택의 공간적 확장체인 도시는 계획된 거대 기계이자, 실증주의적 사회의 유토피아가 될 것이다. 이처럼 자크 타티의 영화는 아르펠 씨의 집과 도시를 통해 거주 및 건축에 대한 실증주의적 비전의 한계를 풍자적으로 드러낸다. 그렇다면 우리는 이처럼 "모더니즘으로부터 물려받은 감방"에서 어떻게 벗어날 수 있을까?

2. 실증주의적 원형을 넘어 새로운 주체성으로

「나의 삼촌」에는 아르펠 부부와 대립하는 인물로 윌로 씨와 그를 따르는 조카(아르펠 부부의 아들)가 등장한다. 윌로 씨는 아르펠 부부와 달리 파리 시내의 낡고 허름한 다락방에 거주하며, 햇빛이 유리창에 반사되어 새들의 지저귐을 부추기는 듯한 광경을 멍하니 바라보는 것을 좋아한다. 그의 조카는 삼촌과 함께 교외의 공터와 시장을 자유롭게 산책하는 것을 좋아한다. 이는 가장 강렬한 사회적 교류가 이루어지는 공간을 체험하는 행위로서, 실증주의적 주택이라는 닫힌 사회와 그 외부 세계를 가로지르며 새로운 삶의 형식을 부단하게 꿈꾸는 것이다. 그런 의미에서 조카의 시선은 실증주의의 외부에서 새로운 거주 방식을 모색하는 저자의 관점과 가장 근접하다.

다락방이라는 "현상학적 미로"에 거주하는 윌로 씨는 실증주의와 공리주의가 지배하는 근대성의 공간에서 "기생충"처럼 살아가는 자신의 존재를 통해, 거대한 사회적 유기체를 그 근원에서 해체한다. 윌로 씨는 "현재"에 거주하며 영원히 지속되는 매 순간을 자율적인 경험으로 인식하는 주체다. 어린아이처럼 강렬하고 순수한 시선으로 세계와 대상을 마주하며 스스로를 정립할 뿐만 아니라, 현재의 순간을 충만하게 경험하는 "현상학적 주체"다. 다음에 등장하는 미스 반 데어 로에의 중정 주택, 하이데거의 오두막, 피카소의 집도 그렇다. 구체적으로 드러나는 양태는 조금씩 다르지만 넓게 보면 모두 현상학적 경험을 통해 형성된 주체와 집이라고 해도 과언이 아니다.

2.1. 미스 반 데어 로에의 중정 주택: 초인의 관조적 시선, 그리고 영원회귀

저자는 첫 번째 방문 대상으로 루트비히 미스 반 데어 로에의 「세 개의 중정이 있는 주택」(1934) 프로젝트를 택한다. 미스 반 데어 로에가 살던 시대의 거의 모든 주거단지 계획에는 동일한 단위세대의 반복으로 구성된 주택이 대규모로 배치되고 있었다. 이는 부르주아 계급의 주택뿐만 아니라, 노동계급의 주거 유형을 최적화시킬 목적으로 시도한 "최소한의 주거 Existenzminimum" 계획에도 공통적으로 나타나는 현상이다. 이러한 주택은 결국 포드사의 '모델 T'처럼 대량 생산을 기초로 하는 산업화 패러다임의 건축적 표현에 다름 아니다. 반면 미스의 프로젝트는 실증주의와 공리주의에 대한 철저한 거리두기와 고립된 삶으로부터 시작된다.

의뢰인을 상정하지 않은 채 계획된 미스의 「중정 주택」에서 가장 주목할 점은 가족이 존재하지 않는다는 사실이다. 미스는 근대적 삶의 본질이자 "기억과 정체성의 영원한 반복으로서 가족이라는 무거운 짐"에서 벗어나려 한다. 중정 주택에 거주하는 주체는 인간을 무겁게 짓누르는 중력에서 벗어나고자 했던 차라투스트라처럼 근대성의 굴레를 벗어던지고 스스로 고립된 삶을 살아가면서 참된 자유를 누리는 독신자가 될 수밖에 없다. 특히 집을 둘러싸고 있는 3미터 가량의 높은 담을 비롯해 연속성과 연결성을 기반으로 하는 공간 구성을 보면, 그것이 단 한 명의 거주자를 위한 주택이라는 것을 쉽게 알 수 있다. 미스가 상상한 주체는 니체의 "초인"처럼 타인들과의 접촉을 단절하고 자아를 새롭게 재구성하기 위해 처음부터 고립될 필요가 있었다. 고립된 삶을 사는 주체는 근대적인 전통이나 도덕, 모든 종류의 사회 정치적 감시와 통제, 그리고 종국에는 칼뱅주의적 도덕의식이 실증주의적 건축에 부과한 견딜 수 없는 가시성과 투명성에서 벗어나 마음껏 자유를 누릴 수 있게 된다. 미스의 집은 플라톤에서 비롯된 형이상학적 사유와 유대-기독교 전통에 내재된 "노예의 도덕"에 맞서 귀족주의적인 "주인의 도덕"을 실현하기 위한 "자아의 제국"이다.

새로운 주체가 추구하는 시간은 유대-기독교 전통의 종말론적이고 목적론적인 성격을 벗어나 "디오니소스적인 순환하는 시간, 대립적인 것들 사이를 오가는 헤라클레이토스의 시간", 즉 니체의 "영원회귀"의 사상을 추구한다. 순환하는 시간, 반복되는 시간은 매 순간의 강렬한 경험을 통해 현재에 전념함으로써 죄의식 대신 기쁨의 세계에 살 수 있도록 한다. 이는 "생성의 유동성"을 복원하는 것이고, 플라톤 이래로 자취를 감춘 "생성으로서의 시간" 또는 "우연의 필연성에 대한 긍정"이다. 다시 말해 영원회귀는 종교와 근대성이 요구하는 미래와 과거의 압제, 즉 노예의 도덕에 대항해 현재적 삶의 열정을 기르면서 "생명"의 근원으로 돌아가는 것이다. 미스 건축의 주체, 즉 거주자는 유리 회랑에서 주택의 확장인 동시에 자연을 표상하는 중정을 바라본다. 초인으로서의 주체와 자연의 축소인 중정 사이에는 "관조적 관계"가 형성된다. 주체는 유리로 둘러싸인 회랑에 앉아 "자연의 순환을 관조"함으로써, "순환하는 시간과 자기 자신을 동일시하며 내면세계를 산책"하게 된다.

그때 우리의 눈앞에는 직선으로 진행되는 역사적 시간과는 반대로 자연적 시간의 절대적 순환, 즉 동일한 시간이 영원히 반복되는 모습이 나타날 것이다. 낮과 밤이 주기적으로 반복되듯이, 잔디밭에 눈이 내린 후 비가 오고 나무에 꽃이 피고 낙엽이 떨어지는 광경이 연속적으로 반복된다. 그런데 이러한 광경은 하늘과 정원 – 자연 – 이 순환하는 시간의 메타포로 나타나고, 커다란 유리 파사드는 관조와 명상을 위한 탁월한 디오라마로 보이는 무대 세트가 된다.

니체적인 초인–주체와 순환하는 시간에 기반을 둔 중정 주택은 기억과 시간의 활성화를 통해 주관성, 친화성, 개인적인 것과 차이에 대한 긍정을 되살림으로써 건축물의 내재성과 비초월성을 강조한다. 이에 따라 미스는 자신의 프로젝트에서 모든 수직성을 배제하고 공간을 수평적으로 구성한다. 이는 "공간적 연속성과 유동성을 반영한 것"이며, 또한 중력의 작용에 의해 수직으로 쏟아지는 초월적 천광天光을 거부하는 "현세적 정신의 결과"라고 할 수 있다. 이처럼 급진적인 수평성은 모든 것을 수직으로 연결하고 위계화시키는 신성을 제거한 결과다. 따라서 중정 주택의 모든 것은 실증주의적인 수동적 주체를 능동적 주체로 변화시키는 반중력적 방식에 따라 설계되고, 주체로 하여금 "현상학적인 경험"을 통해서 새로운 비전에 도달하게 해준다. 미스 반 데어 로에의 중정 주택은 실증주의라는 이름의 집단주의적 폭력을 넘어 건축의 새로운 지평을 열어 준 셈이다.

2.2. 하이데거의 오두막: 시간적 일관성을 통한 실존의 구원

"언어는 존재의 집이다. 그 집에 인간이 산다"고 주장했던 마르틴 하이데거의 철학에 있어서 집은 단순한 메타포라기보다 실존주의 철학의 주체 그 자체라고 볼 수 있다. 하이데거에 있어서 존재를 사유하는 것, 철학의 근원으로 돌아가 집을 사유하고 그것의 실존적 의미를 해석하는 것은 오늘날의 기술적 소외 현상에 맞서기 위한 전략이다. 1951년 「건축하기 거주하기 사유하기」라는 제목의 강연에서 하이데거는 근대성의 근간인 목적론적 시간 개념, 즉 "현재의 행위에 의미를 부여하는 과정이 미래를 자극한다는 믿음"에 근거하는 세계관을 비판하면서 뿌리로 돌아갈 것을 제안한다. 하이데거의 존재론적 사유를 관류하는 것은 이처럼 긍정적인 가치로서의 기억이 맹목적인 진보와 질서를 대체하면서 시간의 화살을 과거로 되돌리는, 이른바 "시간적 일관성"이다. 우리는 오로지 이러한 실존적 시간 속에서만 지속성의 세계인 사물을 "영속적인 거주"의 자리로 만들 수 있다. 결과적으로 하이데거의 시간적 일관성은 실존의 구원, 즉 "무언가가 자신의 본질에 들어가는 길을 제대로 열어주는 것"을 의미한다. 이제 인간은 집이라는 시간을 통해 영속하는 사물 속에서 자신의 실존과 행복하고 안전한 합일을 이루며 머무르게 된다.

하이데거에 의하면, 건축하다는 뜻의 독일어 'bauen'은 본래 "거주하다"는 의미를 가지고 있다. 이와 더불어 거주로서 건축이 갖는 근본적인 지향성은 거주자의 존재를 "보살핌"에 있다고 지적한다. 거주하면서 보살피는 것은 진정한 머무름의 감각을 되살려 존재가 펼쳐지도록 해준다. 특히 하이데거는 "머무르다verweilen"라는 동사를 "모으다versammeln"라는 의미의 타동사로 사용한다. 인간은 사물들 곁에 머무를 수 있으니, 이것은 사물들이 지속하는 세계의 연관들을 모아들이기verweilen 때문이다.[003] 세계에 흩어진 요소들을 한데 모아들이기 때문에 인간은 사물들 속에 머무를 수 있게 된다. "사물은 사물적으로 된다. 사물은 사물적으로 되면서 땅과 하늘을, 신적 존재들과 유한한 인간들을 모아들인다. 사물은 모

---

003   『시간의 향기Duft der Zeit』(한병철 저, 김태환 역, 문학과지성사, 2022) pp.116~117

아들이면서 멀리 떨어져 있는 이 넷을 가까이 가져온다."[004]

시간적 일관성으로 제시되는 집은 폐쇄적인 공간이 아니다. 그것은 "전이적 성격"을 지닌 "다리"라는 이미지를 통해 신과 인간, 그리고 땅과 하늘을 하나로 연결시킨다. 이 네 가지 요소는 검은 숲의 오두막에서 한데 어우러지면서 "사방das Geviert"이 일체를 이루게 된다. 시간이 역류하고 기억이 미래의 자리를 차지하는 반면, 공간은 더 이상 쓸모없는 처지로 전락하면서 비로소 인간의 운명이 땅과 하늘의 운명과 연결되는 다리 역할을 하는 실존적 주체의 거주 "장소loci"가 만들어진다. 결과적으로 장소, 기억 그리고 자연은 공간, 시간 그리고 기술에 직접적인 방식으로 대항함으로써, 1960년대 말부터 최근에 이르기까지 건축계에서 일어났던 모든 가치관의 변화를 실질적으로 설명할 수 있는 일대 돌파구를 만들어냈다.

이와 같은 시간과 공간의 개념을 소유한 주체, 즉 실존적인 집에 거주하는 이는 사방과 대화하며 자신의 존재와 주체성을 구성하는 사람, "부성적 권위의 형상으로 변모한 철학자의 모습" 그 자체일 수밖에 없다. 다시 말해 집에 거주하는 이는 언어를 지배하고 언어를 통해 자신의 생각을 구성하는 사람으로, 수직적 위계질서(사방)의 중심을 차지하는 권위주의적인 가부장의 존재이다. 과거를 이상화하면서 땅과 하늘, 신과 인간을 연결하는 "중심적이고 지배적인 주체에 대한 향수"가 도사리고 있는 실존적인 집의 수직적 배치 속에서 땅과 하늘에 종속되는 것은 전통적으로 권위를 가진 자, 즉 "가부장의 지위"라는 사실을 명백하게 드러내 준다.

따라서 실존적인 집에서는 자연과 외부 세계의 폭력으로부터 우리를 보호하기 위해 아버지라는 초월적인 존재를 중심으로 수직적으로 배치된 공간 및 위계적인 주거 방식이 잠재적으로 항상 존재하게 된다. 하이데거의 오두막은 자연의 폭력성뿐만 아니라, 모든 공적, 사적 영역의 폭력으로부터 "도피"를 상징하기 때문에 궁극적으로 "내향성"을 띠고 있다. 그런 점에서 실존적 집에서 가장 큰 비중을 차지하는 곳은 거실이나 벽난로가

004 Martin Heidegger, *Vortrȧger und Aufsȧtze*, Gesamtausgabe Bd.7, Frankfurt a. M., 2000, p.179. 위의 책 p.117에서 재인용.

아니라 "외부와 내부 사이의 경계", 즉 "벽"이다. 오히려 실존적 집은 내부성이나 사적 공간 개념을 완전히 제거하고 이를 시간으로 대체하면서 "내면의 영역", 즉 심오한 정신세계의 모델에 집착하는 내면적 인간의 영역으로 현상한다. 하이데거는 건축하기와 거주하기의 근원적인 의미를 통찰함으로써 실존적 집-오두막-이 어떻게 파괴적이고 맹목적인 기술적 진보에 맞서 새로운 주체를 표현하고 구성하는지 보여준 셈이다.

2.3. 피카소의 집: 강렬한 현상학적 경험이 빚어내는 무질서와 자유

근대성이라는 감옥에서 벗어나 자유롭고 창조적인 개인을 만들어낸 최고의 거주 방식은 어떤 것일까? 저자는 실증주의적인 집에서 아르펠 부부의 아들이 꿈꾸던 무질서와 자유의 세계, 혹은 피카소처럼 동심에서 비롯된 천진함과 무질서로 가득한 아나키스트적이고 현상학적인 집에서 그 가능성을 본다. 윌로 씨와 조카, 그리고 피카소는 모두 현상학적 시선을 직관적인 방식으로 보여주고 이를 삶에서 실천하고 있다. 이러한 현상학적 시선은 하나의 참된 사유 형식으로서 실증적 객관주의의 패권적 구조를 전복시키고 자신의 삶에 주어진 것만을 통해 "주관성"을 회복하는 것을 목표로 한다. 그래서 이들은 무엇보다 "세계와의 순수한 접촉"을 재발견하면서 모습을 드러내는 "세계에 전념하는 주체"다. 이들은 세계 앞에서 느끼는 경이로움의 에포케, 즉 시각의 지향성을 드러내는 현상 앞에서 일종의 의식적 고립과 망각을 통해 사물과 자기 자신에 대한 "순수한 체험"을 얻는다.

이처럼 에포케를 통해 자아와 세계, 주체와 객체가 연결되고 세계와 삶의 자연스러운 통일성이 형성됨으로써 감정적이고 지적인 의미의 현상으로서 공간과 개인의 연관성이 증대된다. 현상학적 집에 거주하는 주체는 부계적 권위주의와 위계적 가족 결속력으로 구현된 실존적 주체와 달리, 세계를 대면하는 순수한 경험을 통해 구성되고 의식적으로 세계 및 사물과 연결되는 "민감한 신체"일 것이다. 따라서 실존주의적 집이 시간적-존재론적 "일관성"에 기초하고 있다면, 현상학적 집은 강렬하고 순수한 경험과 의식을 본질로 하고 있다. 현상학적 집을 구성하는 주체가 과

거의 기억과 회상, 그리고 현재의 감각적 경험과 연결된 공간 경험을 가진 개인이라면, 그는 바로 우리의 "내면에 숨어 있는 어린아이"일지도 모른다. 피카소와 윌로라는 인물이 기억을 간직한 집의 거주자, 즉 현상학적 주체인 까닭은 바로 어린이다운 직관이자 회상이다. 현상적 집에서 주체는 자신의 기억을 담고 있는 정서적인 물건들 더미에 둘러싸이게 된다. 피카소의 집처럼 그 물건들은 효용성에 따른 분류 체계에서 벗어나 무질서한 미로처럼 조직되어 집 자체를 무질서한 자유로 재현하고, 이를 통해 주체를 재구성한다.

현상학적인 집은 어린 시절 누구나 상상할 수 있는 그런 집, 즉 지하실과 다락방, 비밀스러운 구석과 긴 복도 그리고 헤아릴 수 없이 많은 방이 마치 미로처럼 이어져 있는 "바슐라르적인 집"으로 묘사될 수 있을 것이다. 위계적 질서나 기능적인 공간 배치 대신 "다양한 경험 가능성이 그물처럼 나란히 펼쳐지는 구조", 그리고 경이로운 심층구조와 다수의 소우주로 나타나는 위상학적 속성. 이것이야말로 어린아이 같은 건축가의 상상력과 순수한 경험을 가장 잘 표현해낸 것이리라. 그러한 공간에서 자연은 단지 외적인 요소에 그치지 않고, 감각적 경험을 형성하고 위상학적 복합성에 의미를 부여하면서 내부 공간의 활동에 역동적으로 참여한다. 따라서 현상학적 집은 자연환경을 내부로 끌어들이면서 접촉을 강화하고 수평 방향으로 확장하는 공간 배치를 그 특징으로 하고 있다.

감각적 신체로서 민감한 감정의 필터 역할을 하는 외피를 가진 현상학적 집은 "반쯤 벌어진 유기체"이자 연속으로 이어지는 문턱이고, 미로와 같은 복잡성이 만들어지는 "전환의 공간"이다. 집이 그 충만함으로 절정에 이르러 현상학적 광휘光輝가 비치고 온 자연이 다시 활짝 열리면서 내부와 외부가 하나로 이어지는 순간, "세계에 전념하는 주체"의 눈앞에는 기쁨과 환희로 가득 찬 경이로운 세계가 펼쳐진다. 이는 바로 윌로 씨의 상상력, 그리고 억제할 수 없을 정도로 무한히 확장하는 피카소의 독창성, 즉 "정신과 감각의 방랑"으로 이루어지는 현상학적 경험이다.

3. 주체의 죽음, 그 이후의 삶-거주-사유 방식

3.1. 앤디 워홀의 팩토리: 자본주의적인 코뮌, 창조적 기생충의 꿈

마르크스와 프로이트의 연구와 실천, 그리고 연이어 나타난 역사적 사건을 통해 근대의 주체 개념과 거주 방식은 근본적인 위기를 맞게 된다. 러시아의 혁명적 코뮌의 일상생활 문제들을 분석한 『성 혁명』(1936)에서 빌헬름 라이히는 가족 내의 억압이 사회 전반의 억압과 어떻게 관련되어 있는지, 위기의 순간에 가정 안에서 내면화된 권위의 메커니즘이 어떻게 카리스마적 지도자를 출현시키는지 분석하면서 마르크스와 프로이트를 결합시키려고 했다. 그는 단순히 더불어 살고자 하는 욕망을 넘어 코뮌을 세계와 자아를 연결하는 새로운 사회적 학습의 축이자 삶의 형식으로 삼을 것을 제안한다. 따라서 새로운 주체의 구성은 사적 공간과 공적 공간, 그리고 이 둘 사이의 관계 및 연결의 근본적인 변혁이라는 과제를 수반한다.

1960년대 뉴욕에서는 이러한 논의들이 대항문화의 흐름에 흡수되면서 다양한 거주 방법과 라이프 스타일이 나타나기 시작한다. 그중에서 가장 두드러진 것은 다락방을 거주 가능한 공간으로 상업화한 "로프트loft"였는데, 이는 도시 공간의 활용이라는 "대안적" 성격을 넘어 새로운 사유, 설계 및 삶의 또 다른 형식으로 확장되었다. 기본적으로 로프트는 넓은 면적에 공기가 잘 통하는 작업실 겸용 아파트이다. 19세기 말부터 경제적으로 낙후된 시내 중심 지역의 산업 공간이나 창고에 만들어졌으며, 대개는 사적 공간과 작업 공간이 구분 없이 연결되어 있었다. 로프트의 가장 인상적인 버전은 분명히 앤디 워홀이 이끌던 "생산적인 코뮌, 팩토리Factory"일 것이다. 워홀이라는 인물 덕분에 로프트는 "코뮌 전통과 1960년대 언더그라운드 분위기의 진보적이고 반항적인 카리스마가 응축된 원형"으로 자리 잡을 수 있었다. "자본의 상징 그 자체인 도시에 위치한 고도로 자본주의적인 코뮌"은 역설적이게도 아나키스트적인 사고의 정점을 이루게 되었다.

결국 팩토리는 권위주의적이고 위계적인 질서의 흔적을 모두 지우고 자유로운 창의성을 통해 생산적이면서도 즐거운 사교적 공동체 생활을 창조하려는 욕망의 표현이었다. 팩토리는 일종의 오픈 하우스로 파티의 장소이자 일터, 즉 축제의 장이 되는 작업 공간인 동시에 어떤 배제와 소외도 용납하지 않는 열린 장소가 되었다. 그것은 가난한 이들과 부자들이 함께 참여하고, 미술관을 위한 예술 작품과 대중을 위한 음악을 만드는 파티의 장이다. 파티와 창작 작업이 지속적으로 이루어지는 팩토리 특유의 분위기 속에서 우리는 코뮌을 건설하려는 수많은 시도와의 유사성, 즉 특정 개인의 창조적인 작업을 지향하는 상황주의 인터내셔널의 선언문을 발견할 수 있다. 그뿐만 아니라 하위징아의 호모 루덴스에서 드러나는 놀이의 정신, 라이히와 마르쿠제의 반권위주의적 태도의 흔적 또한 쉽게 발견할 수 있다.

위홀의 팩토리가 시도한 일상생활의 변화, 삶의 예술에 대한 모색, 전통적인 가족 개념의 폐기 그리고 삶과 성을 조직하기 위한 새로운 규범의 실천은 기존 코뮌의 정치적 급진성을 버리면서 마침내 자본주의의 가장 해방적인 측면으로 나타난다. 이는 뉴욕의 사회와 경제에 새로운 활력을 일으켰다. 위홀은 유럽과 미국의 진보적 흐름을 한데 모으는 데 성공했고, 그 과정에서 뉴욕의 진보적이고 글로벌한 자본주의를 그 안에 통합시키는 중요한 모델을 제시했다. 팩토리가 이처럼 커다란 반향을 일으킨 배경에는 새로운 유토피아 프로젝트가 아니라 이 집단 특유의 예술적 실천, 즉 "발견된 오브제objet trouvés"와 그것의 탈맥락화를 가능하게 만든 방법인 "차용apropiación"[005]이 자리 잡고 있었다.

팩토리가 사실 버려지고 재활용된 공장 건물인 것과 마찬가지로, 그 공간을 차지하는 사물 또한 버려진 것에서 "차용"되고 재활용되었다. 그러면서 널리 알려진 20세기의 예술적 메커니즘, 즉 뒤샹 풍의 탈맥락화된 '발견된 오브제'를 재생산해냈다. 화려함과 부르주아적 안락함, 현상학적 기쁨, 근대의 기술화 또는 니체적인 집이 추구하는 관조적인 삶에 맞서, "사소한 물건이나 소비 폐기물의 탈맥락화와 증식에 기초한 공간

---

005   차용은 상황주의 인터내셔널이 혁명적 실천으로서 제기한 "우회détournement", 즉 "기존의 미적 요소에서 벗어나 현재 또는 과거의 예술적 대상을 보다 훌륭한 사회, 문화적 배경 속에서 통합시키는 것"이라고 규정한 것과 아주 유사한 방식이다.

의 개념"이 등장한 셈이다. 이러한 사물들은 일단 재맥락화되면 미적 특성을 획득하고, "생산과 소비의 사이클에 끼어드는 창조적 기생parasitar creativo"이라는 풍자적 의미를 얻는다. 재활용된 '발견된 오브제'의 세계에는 근대성의 고정 관념이나 실존적 일관성과 달리 이질적이고 모순적인 사물들이 누적되고 무질서하게 혼재하면서 "과잉의 미학", 확산되는 "축적의 미학"을 낳게 되는데, 앤디 워홀의 경우 이는 "강박적이고 물신적인 소비주의"로 나타난다. 따라서 워홀의 팩토리에 거주하는 주체는 자본주의적 생산과 소비의 순환을 따라 움직이면서 버려진 사물—상품!—을 삶의 예술이라는 유희를 통해 다시 생산하고 소비하는 창조적인 기생충이다.

결과적으로 팩토리와 같은 로프트는 근대성을 철저히 부정하는 공간이며, 거주에 대한 실증주의적 이상화를 버리고 근대 이전의 상업 및 산업 공간으로 옮겨갈 수 있는 주체를, 다시 말해 일상생활의 정형화된 질서에 맞서 아나키즘적인 무질서를 창조할 수 있는 "유희적인 주체"를 필요로 한다. 팩토리는 긍정적인 가치를 지닌 무질서, 항상 예측 불가능하고 즉흥적으로 사용되는 공간에서 시간 자체로 확장되면서, 전형적인 삶의 방식에서 벗어나 전혀 다른 삶의 리듬과 속도를 형성하는 무질서를 향한다. 그리고 이를 통해 공적, 사적 공간에서 "주체성의 해방"과 더불어 도시 혁명을 이끌어낸다. 팩토리는 쉽게 규정될 수 없는 자신만의 고유한 리듬과 생명력을 계속 유지하며, 창조적 작업이나 디오니소스적 파티가 벌어지면 도시의 나머지가 모두 활동을 중단하는 시점에서 최고의 순간을 맞이한다.

워홀의 팩토리는 차용을 통해 자본주의 상품의 생산과 소비 과정을 왜곡하고 정교하게 탈맥락화한 결과로 나타나는 "완벽한 소비주의적 파생물"이자 "기회주의적인 기생충"이다. 거기에 거주하는 주체—호모 루덴스는 대항문화적인 실천을 자본주의적 소비주의라는 피상적인 세계 속에 통합시킴으로써 거주와 삶의 방식에 있어서 커다란 질적인 도약을 이루었다. 이제 팩토리의 창조적인 놀이 정신은 내부 공간을 넘어서 거리로 확산된다. 근대의 어바니즘urbanismo이 "억압"하려는 거리는 이미 저항의 장이 되어 도시의 유쾌한 재전용이 펼쳐지는 장소로서 나타난다. 이처럼 팩토리를 비롯한 뉴욕의 로프트 공간은 사적인 영역에서 출발해 기억과 주관적 경험의 도시, 점진적인 소멸 위기에 처한 도시, 객관주의적인 근대 도시 전체를 혁명적 환경으로 변화시킨 소중한 사례가 될 것이다.

3.2. 도요 이토의 텐트-집: '특성 없는' 도시를 떠도는 노마드적 주체

미셸 푸코가 『말과 사물』에서 언급한 "주체의 죽음"은 근대성의 토대이던 고전적 휴머니즘 주체에 대한 파산 선고나 마찬가지였다. 푸코는 칼 마르크스, 프리드리히 니체, 마르틴 하이데거 그리고 지그문트 프로이트와 같은 근대 사상가들의 텍스트를 새롭게 해석함으로써 휴머니즘적 주체가 정신적 구성물이라는 사실을 명백히 드러낸다. 인간은 더 이상 자유롭고 자발적인 주체가 아니라 특정한 사회적 권력관계의 산물에 지나지 않는다. 따라서 인간의 신체는 국가와 권력의 필요성을 벗어나는 그 어떤 개별적 행동도 용납되지 않는 사물-대상으로 전락한다. 주체는 이제 개인적으로 의미를 만들어내는 생산자가 아니라, 오히려 "끊임없이 유동하는 이질적인 집합체"이자 사회적 관행과 합의를 통해 구성되는 "가변적이고 분산된 실체"다. 다시 말해, 포스트휴머니즘적 주체 혹은 포스트모더니즘적 주체는 "다중적이고 복수로만 표현"될 수 있는 모호한 현상이다.

이처럼 "사라짐으로써 생성되는 새로운 존재 방식"인 주체는 오늘날의 사유에서 다양한 형태를 취하고 있다. 데리다의 "기생충"이나 들뢰즈와 가타리의 "노마드" 또는 료타르의 "방랑자"라는 형상은 오늘날 주체가 처한 위기 상황을 적절히 드러낸다. 전통적 주체의 모습이 해체됨에 따라 가부장적 가족과 같은 고전적 인간 중심 모델과의 연관성도, 특정한 혈통과 장소와의 연결 고리도 모두 해체된다. 이와 더불어 전통적 주체는 사람들과의 관계가 일시적인 성격으로 변함에 따라 예측 가능한 이동성 혹은 안정적인 행동의 모델을 포기함으로써 모호해진다. 그의 행동반경 또한 금융 자본과 마찬가지로 경제적 필요성에 기초하여 증가하며 "무작위화 randomización"를 따르게 된다.

이제 저자는 우리와 함께 "잠재적인 거주자를 위해 가상적인 환경에 지어진 집"을 방문하게 된다. "잠재적인 거주자"란 니체 이래로 수많은 사상가들이 해체의 대상으로 삼은 주체, 즉 포스트휴머니즘적 주체다. 푸코가 주체의 죽음에 대해 니체를 떠올리게 하는 어조로 논쟁한 내용부터 들뢰즈와 데리다에 이르기까지 현대 사상의 주요 부분을 해체의 대상으로 삼은 주체다. 여기서 말하는 "집"은 일상적 공간과 도시에 실제로 존재하는 원형적인 집이 아니라, 일상의 현실을 구성하는 요인들에 의해 억압된 집으로서 "타자성과 다양성"을 제대로 보여주는 정신적 구조물이다. 이러한 가상의 집은 새로운 거주 및 건축 방식과 주체성을 제시하는 동시에 근대적 가족 개념에 대한 근본적인 비판의 도구가 될 수도 있다. (버스터 키튼의 영화 「일주일One Week」과 자크 타티의 「나의 삼촌」은 급격하게 변한 세계에서 험난하게 생존하는 전통적 주체를 패러디로 보여준다는 점에서 상당히 유사하다. 그러나 윌로 씨의 집과 그의 거주 방식은 아르펠가의 집에 대한 완벽한 대안으로 등장하는 반면 키튼은 어떠한 대안도 없을 뿐더러, 전통적인 집을 계속 짓는 것이 불가능하다는 것을 풍자적으로 보여준다.)

저자는 도요 이토의 「파오Pao 1」(1985)과 「파오Pao 2」(1989) 연작 프로젝트에서 가상의 집과 잠재적인 거주자의 전형적인 사례를 발견한다. 「파오」 주택은 텐트처럼 개인 공간이 위 공간과 거의 분리되어 있지 않은 미니멀하고 간소한 구조로 설계되었으며, 현재 일본에서 부상 중인 아주 독특한 인물이 살고 있다. 독립적이고 특별한 직업은 없으나 소비 지향적인 태도를 가진 젊은 여성이다. 그 자체로는 평범하고 새로울 것 없는 "기생적 주체"이지만 그 존재만으로도 고도로 위계적이고 성차별적이면서 전통적인 일본의 사회 구조에 의문을 제기하는 "노마드 여성"이다. 도요 이토는 이처럼 새로 등장한 거주자를 "영웅적이고 남성중심적인 지배적 주체"에서 특성이 없는 "익명적 존재Any"로 변화시킨다.

노마드 여성은 도시에 기생해 살아가며 공공 공간과 사적 공간의 경계를 최대한 없애는 한편, 집이라는 공간을 옷이나 차려입고 데이트 준비를 할 수 있는 정도의 아주 작고 취약한 장소로 변화시킨다. 그녀에게 집은 그냥 구획된 실내 공간으로서 더 이상 관심의 대상이 아니다. 집은 기능적, 실존적, 현상학적 의미가 사라지면서 단지 쾌락을 위한 준비 도구로만 인식되는 사물의 집합체로, "순수한 소비 지향적 쾌락"의 장으로 변한다. 그녀의 노마디즘은 워홀의 팩토리에서 한 걸음 더 나아가 도시적이고 소비주의적인 존재, 즉 "실존적 허무"에 빠진 쾌락적 존재로 변한다. 하지만 그녀는 그런 환경에 맞서 대항하기는커녕 스스로 도시 환경 속에서 유혹의 대상이 되려고 한다. 그녀의 존재는 "소비주의가 구체화되어 물리적 형체를 갖추는 데 바쳐지는 제물"이다. 그녀는 아무것도 생산하지 않기 때문에 기생적 존재에 지나지 않지만, 그녀의 소비주의적 행태로 인해 후기 산업 자본주의 메커니즘에서 중요한 역할을 한다. 그것은 즉 과잉 축적을 방지하고 상품 순환과 유통의 유동성을 조절하는 일이다.

그녀가 거주하는 텐트는 급격한 변화를 일으키는 정보와 경제의 비가시적 흐름이 지속되는 도시, 즉 포스트휴머니즘적 주체가 거주하는 "특성 없는 도시"로 상공을 떠다니다 쇼핑센터 위에 내려앉는다. 텐트-집들은 제2의 자연이 된 도시 환경 속에 "기생충"처럼 자리 잡고 시스템 외부에 있지만 시스템에 따라 작동하며, 자율적인 존재로 분화함으로써 사회적 신체를 형성하지 않는다. 그것의 배치 또한 일관성이 없고 무작위적이다. 외부에서 온 포스트휴머니즘적인 주체는 혼란스러운 구성 원리를 가진 이 잡동사니의 도시 세계 속에 "잠정적으로 거주"하며 이동성과 여정을 통해 자신의 존재를 드러낸다. 기생충처럼 그녀는 "안에 있으면서, 동시에 밖에 있다."

3.3. 호크니의 집: '지금 여기'가 중요한 실용주의자의 경험과 미학

도시 공간뿐 아니라 가족의 형태에서도 급격한 변화가 일어나고 있는 현 시대에선 시민의 감성과 갈등을 시적으로 표현할 수 있는 "대화"가 이루어지고, 이질적이면서도 연대 가능한 환경이 구축될 수 있도록 현대적 주체에 대한 새로운 이해와 구성이 절실하게 필요하다. 오늘날 다양한 모습으로 등장하고 사라지는 주체들을 역사 속에서 제대로 이해하고, 이를 통해 올바른 주체의 해방으로 이끌 때만이 '더 나은 삶'을 향한 미래의 전망이 가능하다. 저자는 데이비드 호크니의 「요란한 물거품A Bigger Splash」(1967)이라는 그림에서 새로운 삶의 가능성, 즉 실용주의적 주거 방식의 면모를 상상을 통해 재구성한다. 저자는 "쾌락과 가벼움"을 지닌 이 집의 모습에서 실용주의적인 사유의 토대를 이루는 "생명력", 즉 "변화와 적응 역량"을 보여줌과 동시에, 절대적인 자율성을 가진 현대적 가정의 가능성을 재확인한다.

윌리엄 제임스는 실용주의를 "객실마다 서로 다른 세계관을 수용하는 호텔의 복도"에 비유해 설명한다. 여기서 "복도"는 모든 세계관이 서로 교차하면서 다양하고 풍요로운 대화가 이루어지는 생산적인 장소를 의미한다. 따라서 실용주의를 가장 적절하게 표현하는 메타포는 "복도", 더 나아가 "대화"가 된다. 실용주의적 전망은 실증주의적 신념, 즉 확실성과 객관성을 사유의 목표로 삼는 태도를 과감하게 포기하고, 그 대신 서로 다른 관념들이 서로 다른 물질적 실천을 의미한다는 것, 모든 이론이 자아와 세계를 다시 서술하는 데 사용될 수 있다는 점을 인정하는 것이다. 그런 의미에서 실용주의적인 주체는 각 개인의 개별적인 예술 창작—개별적이며 주관적인 세계관—의 산물, 즉 자신의 정체성을 구성하고 이를 실현하는 일련의 경험, 메타포, 언어이다. 리차드 로티는 이러한 실용주의적인 주체를 일컬어 "자유주의적 아이러니스트ironista liberal"라고 규정하기도 했다.

실용주의적인 주체를 형성하는 시간은 실증주의의 목적론적인 시간(미래)과 반대로 "사실들pragmata의 시간, 행동의 시간, 현재의 시간, 잊히지 않은 시간"이다. "단순한 약속이자 현재를 둘러싸고 있는 후광"에 불과한 미래와 달리 실용주의적 시간은 "행진하는 메타포의 군대"를 통해 자신의 기억을 보존하고, 거기에 "현재를 부각시키기 위해 과거의 성공을 활용하는" 방식으로 새로운 메타포를 지속적으로 추가한다. 실용주의가 중시하는 시간, "경험의 자리"로서 현재는 니체나 하이데거처럼 영웅적이거나 서사적이라기보다 일상적 경험이 이루어지는 장소이다. 즉 그간의 수많은 사유들이 철저히 무시해왔던 "바로 지금 여기"를 가리킨다. 이러한 일상적 현재를 창조의 힘으로 변화시키는 것, 현재 속에서 개인적 세계의 완성을 이룰 시적인 토대를 파악하는 법을 배우는 것이야말로 실용주의의 가장 주요한 과제다. 실용주의적 관점에서 보면 예술, 건축 그리고 궁극적으로 집은 풍경과 정서적인 관계를 맺음으로써 자연 환경을 경험으로 변화시키는 역할, 즉 일상 경험의 틀을 구성하는 역할을 하게 된다.

호크니의 그림에 표현된 실용적인 집은 캘리포니아의 어느 집에 있는 수영장에서 다이빙을 하는 일상적인 장면이다. 물거품이 수영장 주변의 공중으로 흩어지는 순간, 단순하게 처리된 건물의 세심한 윤곽이 전체 장면의 틀을 잡으며 다른 요소들에 반향을 일으킨다. 푸른 하늘을 배경으로 야자수가 서 있고, 수평선과 따뜻한 색상의 단순한 건물 정면이 보인다. 이 그림은 우리에게 "일상적인 것에 대한 긍정적인 시선"과 "미적인 경험으로서 평범한 순간"에 관해, 자연적 환경과 인공적 환경 사이의 상호작용으로 나타나는 안락한 공간에 관해 그리고 개인적 즐거움에 관해 말해주고 있다. 우리는 호크니의 그림에서 "바로 지금 여기"를 "우주의 중심으로 바라보는 시선"이 구체화되어 있음을 발견하게 된다. 실용주의적인 집은 여유롭고 쾌락을 보장하는 "좋은 날씨"에서 최고의 순간을 누린다. 그곳은 스프링클러가 소리를 내며 돌아가고, 수영장에 뛰어들며 생긴 물거품이 아직 공중에 떠 있는 정원이다. 그것은 "평범한 삶의 우연성 속에, 가장 덧없이 지나가는 것 속에 존재하는 아름다움을 감상할 수 있는 세심한 시선을 통해서만 예술 작품으로 변할 수 있는 일상의 풍경"이다. 이러한 시선은 집을 사유하고 건설하고 거주하는 특별한 방식으로, 궁극적으로 실용주의적인 프로젝트의 기법 그 자체다.

따스하고 단조로운 색상과 영화 같은 느낌을 주는 구성, 그리고 매혹적이면서도 진부한 광고 같은 호크니의 그림이 일으키는 감정은 "진정한" 실존 또는 장소와의 자기 동일시나 관조적인 시선을 통한 시간과의 동일시가 아니라, 오히려 "웰빙"이라고 하는 실용주의적인 물질문화 개념에 가까울 것이다. 실용주의 건축가는 "지금 여기"에서 "시적인 차원"을 되찾아내고 이미 알려진 것을 기존의 맥락에서 벗겨냄으로써 거기에 시적인 광휘를 부여할 수 있는 사람이다. 따라서 이들의 작업은 단순한 "발명"이 아니라 "의도", 즉 사회에 의해 만들어진 제품을 새롭고 특이한 용도와 목적에 적용함으로써 새로운 거주 방식을 창안하는 것이다. 그것은 또한 감동과 아름다움을 자극하기 위해 "있는 그대로의 모습으로" 지금 여기서 현재와 나누는 "대화"일 것이다.

이유출판으로부터 이 책의 번역 요청을 받았을 때만 해도, 평소 건축에 관심을 갖고 있었기에 반가운 마음으로 수락했다. 하지만 막상 번역 작업에 들어가 보니 예상 외로 만만치 않은 저항이 느껴졌다. 우선 문학을 전공한 역자로선 건축 분야의 용어를 매끄럽게 옮기는 작업이 쉽지 않았고, 사유의 영역과 건축 공간을 넘나들며 깊이 있는 담론을 펼치는 저자를 따라가기가 여간 벅찬 게 아니었다. 마냥 길게 이어지는 저자의 글쓰기 또한 역자를 곤혹스럽게 했다. 그래도 이 책을 번역하면서 건축에 관한 생각을 다시 하게 된 것은 역자로서 커다란 소득이라고 할 수 있다. 건축 실무와 강의에 쫓기면서도 동시대 사상의 흐름을 자신의 전공 영역에 통합하려는 저자의 문제 의식을 대하면서 오늘날 스페인 현대 건축이 높은 수준에 도달한 게 우연이 아니라는 생각이 들었다. 아울러 인간의 사유와 건축은 긴밀히 맞물려 있어, 건축에 대한 사유가 곧 사유의 건축으로 이어진다는 사실도 새삼 확인할 수 있었다. 저자도 서문에서 밝혔듯이 우리의 주체성을 구성하는 문제는 건축과 도시라는 물질의 구성 문제와 연동되어 있는 것이다.

　　역자 후기를 쓰겠다고 시작한 글이 책 내용을 요약한 것처럼 된 것도 아마 이 책이 역자에게 미친 영향을 방증하는 결과가 아닐까 싶다. 명강의를 듣고 잊어버리기 전에 서둘러 요점을 정리한 학생의 심정이라고 할까. 독자 여러분도 그렇게 이해해주시리라 믿는다. 책이 나오기까지 인내심을 갖고 기다려주고 부족한 부분을 세심하게 살펴준 이유출판에 이 자리를 빌려 감사의 마음을 전한다.

굿 라이프
20세기 주거건축의 사상을 찾아서

이나키 아발로스 지음 | 엄지영 옮김

초판 1쇄 발행 2024년 11월 28일

펴낸이 이민 · 유정미
편집인 최미라
디자인 오성훈

펴낸곳 이유출판
주소 대전시 동구 대전천동로 514 (34630)
전화 070-4200-1118
팩스 070-4170-4107
전자우편 iu14@iubooks.com
홈페이지 www.iubooks.com
페이스북 @iubooks11
인스타그램 @iubooks11

정가 24,000원
ISBN 979-11-89534-57-8(03540)